用于国家职业技能鉴定

国家职业资格培训教程

GUOJIA ZHIYE ZIGE PEIXUN JIAOCHENG

YONGYU GUOJIA ZHIYE JINENG JIANDING

计算机（微机）维修工

（中级）

编审委员会

| 主　任 | 刘　康 |
| 副主任 | 张亚男 |

委　员　陈　敏　陈　禹　孟庆远　王　林　田本和
　　　　周明陶　陈孟锋　许　远　丁桂芝　张晓云
　　　　陈瑛洁　张　瑜　陈　蕾　张　伟

编审人员

主　编　杨俊清
编　者　杨俊清　王　民　盛　宜　李　磊
主　审　张晓云
审　稿　陈孟锋　陈瑛洁　许　进　张　瑜

中国劳动社会保障出版社

图书在版编目(CIP)数据

计算机（微机）维修工：中级/中国就业培训技术指导中心组织编写．—北京：中国劳动社会保障出版社，2009

国家职业资格培训教程

ISBN 978-7-5045-7764-1

Ⅰ．计… Ⅱ．中… Ⅲ．电子计算机-维修-技术培训-教材 Ⅳ．TP307

中国版本图书馆 CIP 数据核字(2009)第 109219 号

中国劳动社会保障出版社出版发行

（北京市惠新东街1号 邮政编码：100029）

出 版 人：张梦欣

＊

北京市科星印刷有限责任公司印刷装订 新华书店经销

787 毫米×1092 毫米 16 开本 23 印张 401 千字

2009 年 7 月第 1 版 2024 年 9 月第 15 次印刷

定价：42.00 元

营销中心电话：400-606-6496

出版社网址：http://www.class.com.cn

版权专有 侵权必究

如有印装差错，请与本社联系调换：（010）81211666

我社将与版权执法机关配合，大力打击盗印、销售和使用盗版图书活动，敬请广大读者协助举报，经查实将给予举报者奖励。

举报电话：（010）64954652

前　言

电子信息产业是现代产业中发展最快的一个分支，它具有高成长性、高变动性、高竞争性、高技术性、高服务性、高就业性的特点。

目前，我国已经成为世界级信息产业大国。随着社会信息化程度的不断提高，信息技术在通信、教育、医疗、游戏等各行业的应用将日渐深入，软件、硬件及网络技术人才的需求都保持了上升走势。尤其是电子信息类企业内部分工渐趋细化和专业化，更需要大量的信息化人才。另外，电子信息产业又是一个不断更新的产业，对于人才的需求还远远得不到满足。

大量的人才需求，催生了电子信息产业职业培训的迅速发展，培养实用的电子信息产业人才的呼声日益高涨，大量电子信息类的职业培训机构应运而生。为推动电子信息类职业培训和职业技能鉴定工作开展，在其从业人员中推行国家职业资格证书制度，中国就业培训技术指导中心在完成《国家职业标准·计算机操作员》(2008年修订)、《国家职业标准·计算机（微机）维修工》(2008年修订)、《国家职业标准·计算机网络管理员》(2008年修订)、《国家职业标准·计算机程序设计员》(2008年修订)（以下简称《标准》）制定工作的基础上，组织参加《标准》编写和审定的专家及其他有关专家，编写了计算机操作员、计算机（微机）维修工、计算机网络管理员、计算机程序设计员国家职业资格培训系列教程。

以上4个职业的国家职业资格培训系列教程紧贴《标准》要求，内容上体现"以职业活动为导向、以职业能力为核心"的指导思想，突出职业资格培训特色；结构上针对各职业活动领域，按照职业功能模块分级别编写。

其中，计算机（微机）维修工国家职业资格培训系列教程共包括《计算机（微机）维修工（基础知识）》《计算机（微机）维修工（初级）》《计算机（微机）维修工（中级）》《计算机（微机）维修工（高级）》4本。《计算机（微机）维修工（基础知识）》内容涵盖《标准》的"基本要求"，是各级别计算机（微机）维修工均需掌握的基础知识；其他各级别教程的章对应于《标准》的"职业功能"，节对应于《标准》的"工作内容"，节中阐述的内容对应于《标准》的"技能要求"和"相关知识"。

本书是计算机（微机）维修工国家职业资格培训系列教程中的一本，适用于对中级计算机（微机）维修工的职业资格培训，是国家职业技能鉴定推荐辅导用书。

　　本书由国家职业技能鉴定专家委员会计算机专业委员会集体承担编写任务，作者队伍由有关信息产业技术、行业企业代表及中高职院校电子信息类专业教师共同组成，由职业培训、课程开发专家进行技术把关，最后由中国就业培训技术指导中心审查定稿。

中国就业培训技术指导中心

目 录

CONTENTS 国家职业资格培训教程

第1章 计算机系统安装配置与调试 ……………………………（1）
  1.1 电源系统连接 ………………………………………………（1）
    1.1.1 连接电源 ……………………………………………（1）
    1.1.2 连接不间断电源 ……………………………………（8）
  1.2 外围设备的连接与应用 ……………………………………（12）
    1.2.1 外围设备的分类 ……………………………………（12）
    1.2.2 扫描仪、光笔、操纵杆、摄像机等输入设备的连接使用 ……（13）
    1.2.3 打印机、绘图仪、音响系统等输出设备的连接使用 ……（17）
  本章练习题 ………………………………………………………（17）

第2章 计算机部件识别与检测 …………………………………（19）
  2.1 主板的识别与检测 …………………………………………（19）
    2.1.1 主板型号识别 ………………………………………（19）
    2.1.2 主板性能检测 ………………………………………（47）
  2.2 CPU 的识别与检测 …………………………………………（51）
    2.2.1 识别 CPU 型号 ……………………………………（51）
    2.2.2 检测 CPU 性能 ……………………………………（70）
  2.3 打印机识别与检测 …………………………………………（78）
    2.3.1 识别打印机型号 ……………………………………（78）
    2.3.2 检测打印机性能 ……………………………………（88）
  2.4 网卡的识别与检测 …………………………………………（99）
    2.4.1 识别网卡型号 ………………………………………（99）
    2.4.2 检测网卡性能 ………………………………………（103）

2.5 声卡的识别与检测 …………………………………………… (110)
  2.5.1 识别声卡型号 ………………………………………… (110)
  2.5.2 检测声卡性能 ………………………………………… (117)
本章练习题 …………………………………………………………… (131)

第3章 计算机系统组装与检验 …………………………………… (132)
3.1 主板安装 ………………………………………………………… (132)
  3.1.1 安装主板 ………………………………………………… (132)
  3.1.2 设置主板跳线 …………………………………………… (137)
3.2 硬盘工作准备 …………………………………………………… (141)
  3.2.1 设置硬盘工作状态 ……………………………………… (141)
  3.2.2 低级格式化、分区和格式化 …………………………… (148)
3.3 存储系统的检验 ………………………………………………… (159)
  3.3.1 检验存储系统硬件质量 ………………………………… (159)
  3.3.2 测试存储系统整体性能 ………………………………… (161)
本章练习题 …………………………………………………………… (165)

第4章 计算机系统日常维护 ……………………………………… (166)
4.1 计算机外围设备日常维护 ……………………………………… (166)
  4.1.1 显示器、键盘、鼠标等外围设备的日常使用与维护 … (166)
  4.1.2 打印机、扫描仪等外围设备的日常使用与维护 ……… (171)
4.2 配置、安装与调试相关的软件和硬件 ………………………… (179)
  4.2.1 添加与卸载软件 ………………………………………… (179)
  4.2.2 添加与卸载硬件设备 …………………………………… (183)
4.3 计算机安全维护 ………………………………………………… (185)
  4.3.1 安装杀毒软件和防火墙软件 …………………………… (185)
  4.3.2 定期进行磁盘碎片整理与病毒查杀 …………………… (191)
4.4 BIOS 的优化与处理 …………………………………………… (196)
  4.4.1 设置 BIOS 优化系统性能 ……………………………… (196)
  4.4.2 解决 BIOS 设置错误 …………………………………… (203)
4.5 系统恢复 ………………………………………………………… (205)
  4.5.1 重装系统 ………………………………………………… (205)
  4.5.2 备份与恢复系统 ………………………………………… (208)

4.6 系统检测、分析、评估与改进建议 ………………………………………… (221)
　4.6.1 定期检测计算机系统并分析、评估现状 ………………………………… (221)
　4.6.2 提出计算机系统现状的改进建议 …………………………………………… (223)
　本章练习题 ……………………………………………………………………………… (224)

第5章 计算机系统故障分析与处理 …………………………………………………… (226)
5.1 计算机软硬件故障的检测、分析、判断 ………………………………………… (226)
　5.1.1 使用常用检测设备与工具对故障进行分类 ……………………………… (226)
　5.1.2 判断计算机软件故障 ………………………………………………………… (240)
　5.1.3 判断计算机硬件故障 ………………………………………………………… (242)
5.2 操作系统故障分析与处理 ………………………………………………………… (243)
　5.2.1 在安全模式下解决系统故障 ………………………………………………… (243)
　5.2.2 排除多操作系统造成的系统故障 …………………………………………… (247)
5.3 计算机音频设备故障分析与处理 ………………………………………………… (251)
　5.3.1 分析与处理声卡硬件故障 …………………………………………………… (251)
　5.3.2 分析与处理声音设置故障 …………………………………………………… (254)
5.4 计算机网络设备故障分析与处理 ………………………………………………… (256)
　5.4.1 网络硬件故障 ………………………………………………………………… (256)
　5.4.2 网络协议与配置故障 ………………………………………………………… (258)
5.5 笔记本计算机故障分析与处理 …………………………………………………… (266)
　5.5.1 笔记本计算机故障检测与诊断 ……………………………………………… (266)
　5.5.2 笔记本计算机故障分析与处理 ……………………………………………… (271)
　本章练习题 ……………………………………………………………………………… (278)

第6章 板级维修 ………………………………………………………………………… (279)
6.1 光驱与刻录机损坏的确认与维修 ………………………………………………… (279)
　6.1.1 确认光驱与刻录机损坏的程度 ……………………………………………… (279)
　6.1.2 维修光驱与刻录机 …………………………………………………………… (282)
6.2 打印机维修 ………………………………………………………………………… (285)
　6.2.1 确认打印机损坏的程度 ……………………………………………………… (285)
　6.2.2 维修打印机 …………………………………………………………………… (288)
6.3 USB存储设备损坏的确认与维修 ………………………………………………… (307)
　6.3.1 确认USB存储设备损坏的程度 ……………………………………………… (307)

6.3.2 维修USB存储设备 ………………………………………… (308)
6.4 扫描仪损坏的确认与维修 ………………………………………… (312)
6.4.1 确认扫描仪损坏的程度 ………………………………………… (312)
6.4.2 维修扫描仪 ………………………………………… (313)
6.5 主板损坏程度的确认与维修 ………………………………………… (315)
6.5.1 确认主板损坏的程度 ………………………………………… (315)
6.5.2 更换或维修主板 ………………………………………… (317)
本章练习题 ………………………………………… (327)

第7章 数据备份与恢复 ………………………………………… (328)

7.1 数据的存储与处理 ………………………………………… (328)
7.1.1 数据备份的必要性 ………………………………………… (328)
7.1.2 数据备份的常用方法 ………………………………………… (330)
7.2 分离和附加数据库 ………………………………………… (331)
7.2.1 分离和附加数据库的概念 ………………………………………… (331)
7.2.2 分离和附加数据库的方法 ………………………………………… (332)
7.3 数据库备份和恢复 ………………………………………… (335)
7.3.1 数据库备份和恢复的概念 ………………………………………… (335)
7.3.2 数据库完全备份和恢复 ………………………………………… (337)
7.3.3 数据库差异备份和恢复 ………………………………………… (343)
本章练习题 ………………………………………… (348)

附录 POST 代码表 ………………………………………… (349)

第1章 计算机系统安装配置与调试

本章主要学习有关电源方面的知识,并能够连接计算机电源、UPS 电源,以及相关外围设备。重点是了解各外围设备的信号传输原理和信号连接线的选择与使用。难点是各外围设备的操作使用方法,如数码摄像机、扫描仪、绘图仪等。

1.1 电源系统连接

1.1.1 连接电源

学习目标

➢ 了解交流电源、直流电源的基本知识
➢ 能够连接计算机电源

一、电源基础知识

1. 电源

把其他形式的能转换成电能的装置叫做电源。发电机能把机械能转换成电能,干电池能把化学能转换成电能,发电机、干电池等都叫做电源。通过变压器和整流器，把交流电变成直流电的装置叫做整流电源。能提供信号的电子设备叫做信号源。晶体三极管能把前面送来的信号加以放大，又把放大了的信号传送到后面的电路中去。晶体三极管对后面的电路来说，也可以看做是信号源。整流电源、信号源有时也叫做电源。

2. 负载

把电能转换成其他形式能的装置叫做负载。电动机能把电能转换成机械能，电阻能把电能转换成热能，电灯泡能把电能转换成热能和光能，扬声器能把电能转换成声能。电动机、电阻、电灯泡、扬声器等都叫做负载。晶体三极管对于前面的信号源来说，也可以看做是负载。

3. 电路

电流流过的线路叫做电路。最简单的电路由电源、负载和导线、开关等元件组成。电路处处连通叫做通路。只有通路，电路中才有电流通过。电路某一处断开叫做断路或者开路。电路某一部分的两端直接接通，使这部分的电压变成零，叫做短路。

4. 周期

交流电完成一次完整的变化所需要的时间叫做周期，常用 T 表示。周期的单位是秒（s），也常用毫秒（ms）或微秒（μs）做单位，1 s ＝ 1 000 ms ＝ 1 000 000 μs。

5. 频率

交流电在 1 s 内完成周期性变化的次数叫做频率，常用 f 表示。频率的单位是赫（Hz），也常用千赫（kHz）或兆赫（MHz）做单位。1 kHz ＝ 1 000 Hz，1 MHz＝1 000 000 Hz。交流电频率 f 是周期 T 的倒数，即 $f=1/T$。

6. 相位

相位是反映交流电任何时刻状态的物理量。交流电的大小和方向是随时间变化的。比如正弦交流电流，它的公式是：

$$i(t)=I\sin(2\pi ft)$$

i 是交流电流的瞬时值，I 是交流电流的最大值，f 是交流电的频率，t 是时间。随着时间的推移，交流电流可以从零变到最大值，从最大值变到零，又从零变到负的最大值，从负的最大值变到零。在三角函数中 $2\pi ft$ 相当于角度，它反映了交流电任何时刻所处的状态，因此把 $2\pi ft$ 叫做相位（或"相"）。

7. 相位差

两个频率相同的交流电相位的差叫做相位差，或者叫做相差。这两个频率相同的交流电，可以是两个交流电流，可以是两个交流电压，可以是两个交流电动势，也可以是这三种量中的任何两个。

8. 三相四线制

在低压配电网中，输电线路一般采用三相四线制，其中三条线路分别代表A、B、C三相，另一条是中性线N。三相自成回路，正常情况下中性线是无电流的，故称三相四线制，N线常用来进行零序电流检测，以便进行三相供电平衡的监控。

在低压配电网中相间电压（A—B—C）为380 V，线间电压（A、B、C—N）为220 V。

9. 三相五线制

三相五线制是指A、B、C、N和PE线，其中，PE线是保护地线，也叫安全线，专门用于接到设备外壳等以保证用电安全。PE线在供电变压器侧和N线接到一起，但进入用户侧后绝对不能当做零线使用，也不能将N线和PE线接在一起，否则在实际使用中容易发生触电事故。

在实际应用中，应使用标准、规范的导线颜色：A相用黄色，B相用蓝色，C相用红色，N线用褐色，PE线用黄绿色。

10. 市电

市电是通常说的交流电（AC），是三相四线制中的线间电压。描述交流电的物理量有电压、电流、频率三个，不同的国家和地区使用不同的电压和频率，其频率可分为50 Hz与60 Hz两种，电压为100～240 V，我国使用的是220 V/50 Hz。

二、直流电源基础知识

1. 电源的重要性

计算机电源特指将交流电源转换为直流电源的交直流变换器（以后均称为开关电源或电源），如图1—1所示。如果没有高品质的电源，再好的CPU及其他计算

图1—1 计算机用交直流电源变换器

机部件都无法充分稳定地发挥作用，甚至可能对主机造成损害。

长期以来人们强调的是 CPU、主板、显卡等硬件，对电源不太重视，忽略了开关电源的质量对计算机的可靠性、稳定性以及对使用者健康的影响。电源选用不当，不但可能烧毁 CPU、主板、硬盘，而且可能给使用者的健康和生命财产安全造成损失，因而有必要重新认识电源的重要性。

2. 电源的工作原理

市电 220 V 进入，首先要经过扼流圈和电容，滤除高频杂波和同相干扰信号。然后再经过电感线圈和电容，进一步滤除高频杂波。接下来再经过由 4 个二极管组成的全桥电路整流和大容量的滤波电容滤波后，电流才由高压交流电转换为高压直流电。经过了交直流转换后，电流就进入了整个电源最核心的部分——开关电路。开关电路主要由两个开关管组成，通过它们的轮流导通和截止，便将直流电转换为高频率的脉动直流电，再送到高频开关变压器上进行降压。

经过高频开关变压器降压后的脉动电压，同样要使用二极管和电容进行整流和滤波，还会使用 1~2 个电感线圈与滤波电容一起滤除高频交流成分，输出稳定的直流电压，其内部结构如图 1—2 所示。

图 1—2　开关电源内部结构

3. 有关性能参数说明

（1）PG（Power Good）信号

从电源开通那一瞬间起，到电源输出稳定电压需要一定的时间，+5 V 的爬升时间通常为 2~20 ms。当开通电源后，电源首先会自行检查输出电压是否正常，如果正常，即向 CPU 发出一个 PG 信号，意即"电源就绪"。为了保证相互间的衔接，CPU 厂商推出 CPU 时，就 PG 信号进行了规定，要求电源发出 PG 信号的时间是在开机后的 100~500 ms 时间内，如果 CPU 在这个范围内得不到 PG 信号，就意味着开机失败。

(2) PF (Power Fail) 信号

PF 信号是指当电源的交流输入电压切断后，电源首先给 CPU 一个持续时间约 1 ms 的 PF 信号，通知 CPU 电源将马上关闭。PF 时间不够容易造成相关设置数据丢失。

(3) 保持时间（Hold Up Time）

指在输入电压切断后，电源能继续保持输出的时间，一般为 20 ms 左右，通常不小于 16 ms。这段时间很重要，一方面使 CPU 在得到 PF 信号后有足够时间保存系统设置，使系统下次能正常开机；另一方面使 UPS 有足够的时间启动，并开始工作。

(4) 纹波（Ripple）和杂讯（Noise）

电源的功能是将交流电转换为直流电，但事实上，输出的直流电并不是一条纯净的直线，而是依附着一些周期性和随机性的交流信号，我们称之为纹波和杂讯，它们的数量一般都很小，用毫伏表示。纹波和杂讯对计算机电源来说是非常重要的指标，纹波和杂讯过大可能让 CPU 产生误判，严重者可能烧坏计算机。

(5) 负载调整率（Load Regulation）

电源负载的变化会引起电源输出的变化，负载增加，输出降低；相反负载减少，输出升高。好的电源将负载变化引起的输出变化减到最低，通常指标为 3%～5%。

(6) 线路调整率（Line Regulation）

指输入电压在最高和最低之间变化（180～264 V）时输出电压的波动范围，一般为 1%～2%。

(7) 电源输出（Output）

有以下几种直流电压：

1) +3.3 V。最早在 ATX 结构中提出，现在基本上所有的新款电源都设有这一路输出，而在 AT/PSII 电源上没有这一路输出。以前电源供应的最低电压为 +5 V，提供给主板、CPU、内存、各种板卡等。从第二代奔腾芯片开始，由于 CPU 的运算速度越来越快，Intel 公司为了降低能耗，把 CPU 的电压降到了 3.3 V 以下，为了减少主板产生热量和节省能源，现在的电源直接提供 3.3 V 电压，经主板变换后用于驱动 CPU、内存等电路。

2) +5 V。目前用于驱动除磁盘、光盘驱动器电动机以外的大部分电路，包括磁盘、光盘驱动器的控制电路。

3) +12 V。用于驱动磁盘驱动器电动机、冷却风扇，或通过主板的总线槽来驱动其他板卡。在最新的 P4 系统中，由于 P4 处理器能源的需求很大，电源专门增加了一个 4 PIN 的插头，为主板提供＋12 V 电压，经主板变换后提供给 CPU 和其他电路。所以 P4 结构的电源＋12 V 输出较大，P4 结构电源也称为 ATX12V。

4）－12 V。主要用于某些串口电路，其放大电路需要用到＋12 V 和－12 V，通常输出小于 1 A。

5）－5 V。在较早的 PC 中用于软驱控制器及某些 ISA 总线板卡电路，通常输出电流小于 1 A。在许多新系统中已经不再使用－5 V 电压，现在的某些形式的电源如 SFX 和 FLEX ATX 一般不再提供－5 V 输出。

6）＋5 V Stand-By。最早在 ATX 提出，在系统关闭后，保留一个＋5 V 的等待电压，用于电源及系统的唤醒服务。以前的 PSII、AT 电源都是采用机械式开关来开、关机，从 ATX 开始（包括 SFX）不再使用机械式开关来开、关机，而是通过键盘或按钮给主板一个开、关机信号，由主板通知电源关闭或打开。由于＋5 V Stand-By 是一个单独的电源电路，只要有输入电压，＋5 V SB 就存在，这样就使计算机能实现远程 Modem 唤醒或网络唤醒功能。最早的 ATX1.0 版只要求＋5 V SB 达到 0.1 A，随着 CPU 及主板功能的提高，＋5 V SB 0.1 A 已不能满足系统的要求，所以 INTEL 公司在 ATX2.01 版提出＋5 V SB 不低于 0.72 A。随着互联网应用的不断深入，一些系统要求＋5 V SB 提供 2 A、3 A，甚至更大的电流输出，以保障系统功能的实现，因此对电源提出了更高的设计要求，现已开发出＋5 V SB 达到 6 A 的电源。

（8）电源的功率

功率等于电压乘以电流，对于有多路输出的电源，功率就等于各路电压乘以电流然后相加。对于 PSII 和 AT 电源可以这样计算，对于 ATX 电源则不能这样计算。

[例 1—1] PSII 电源输出参数及功率计算方法见表 1—1。

表 1—1　　　　　　　　　　PSII 电源输出参数表

输出电压（V）	最大输出电流（A）	输出功率（W）
＋5	25.5	5×25.5＝127.5
＋12	10.0	12×10＝120
－5	0.5	5×0.5＝2.5
－12	0.5	12×0.5＝6
合计		127.5＋120＋2.5＋6＝256

[例 1—2] 某 ATX 电源输出参数表见表 1—2。

表 1—2　　　　　　　　　ATX 电源输出参数表

输出电压（V）	最大输出电流（A）	输出功率（W）
+3.3	16.0	3.3×16=52.8
+5	25.0	5×25=125
+12	13.0	12×13=156
-5	0.5	5×0.5=2.5
-12	0.8	12×0.8=9.6
+5 V SB	2.0	5×2=10
+3.3 V 与+5 V 最大联合输出		145
+3.3 V、+5 V 与+12 V 最大联合输出		240

如果用 PSII、AT 电源的方法来计算功率，得出的结果是：52.8+125+156+2.5+9.6+10=355.9 W。但电源标贴上标注的额定功率是 250 W，上述计算方法有误，正确的计算方法是：2.5+9.6+10+240=262.1 W。

■说明：ATX 电源（包括 FLEX、SFX 等）的+3.3 V 与+5 V 有最大联合输出功率的限制，所以其功率等于+3.3 V 与+5 V 最大联合输出功率再加上其他各标称输出电压与标称输出电流后的乘积。+3.3 V 与+5 V 最大联合输出功率总是小于+3.3 V 与+5 V 乘以其标称电流之和，所以，如果按照 PSII 或 AT 电源计算功率的方法来计算 ATX 电源的功率，就夸大了电源的功率。

4. 开关电源安全标准

(1) 安全标准的主要内容

安全标准是以保障使用者的生命财产安全为出发点，对电子电器产品在原材料的绝缘、阻燃等方面做出了严格的规定。符合安全规格的产品，不仅要求产品本身符合安全标准，也要求生产厂商有完善的安全生产、质量保证体系。我国的国家标准是《信息技术设备（包括电气设备）的安全》（GB 4943-1005）。安全认证主要包括爬电距离、抗电强度、漏电流和温度四方面的要求。

1) 爬电距离。指沿绝缘表面测得的两个导电零件之间或导电零件与设备界面之间的最短距离。强调爬电距离是为了防止器件间或器件与地之间打火，以致威胁人身安全。

2) 抗电强度。指在交流输入线之间或交流输入与机壳之间将零电压增加到 1 500 V 交流或 2 200 V 直流时，不击穿或拉电弧。

3) 漏电流。通过隔离变压器在电源的火线或零线与易触及的金属之间串接电流表，开关电源的漏电流在 260 V 交流输入下不应超过 3.5 mA。

4）温度。安全标准对电子电器的要求很严格，要求材料有阻燃性，开关电源的内部温升不应超过 65℃，比如环境温度是 25℃，电源元器件的温度应小于 90℃。

(2) 安全规格产品与非安全规格产品的区别

经安全规格认证的产品在元件、材料的绝缘、阻燃等方面进行了严格的规定。但应注意产品是符合安全规格的并不代表其性能的好坏。

■提示：什么是安全规格认证？

随着我国经济的高速发展，人们的生活水平不断提高，电子产品大量进入家庭，由于这些设备存在不同程度的触电、火灾、有害辐射、化学、爆炸及机械伤人的危险，为了保护用户的生命财产安全，维护消费者利益，促进企业提高产品质量，国家相继制定了有关产品的安全标准，将上述危险减到最小，并通过立法保证安全标准的贯彻执行。被国家认可的国家认证机构，对通过有关检验的电子产品予以认可，承认这些产品符合有关安全标准。

安全认证的申请时间较长，而且有严格的限制和要求。像我国的中国电工产品认证委员会（CCEE）认证，不仅送检产品本身要符合 CCEE 标准，而且要求工厂要具有相对完善（类似 ISO 9000 审核）的质量保证体系，以保证大批量生产时，每一个产品都符合 CCEE 的要求；不仅如此，工厂还要接受 CCEE 机构定期和不定期的质量监督及检查。基于这种原因，在申请安全认证时，厂家都会考虑产品本身的完善性和实用性。因为安全认证申请后，不得随意对产品作任何变更、替代或修改，所以相对地讲，安全规格产品的起点会较非安全规格产品高出许多。非安全规格电源，在积尘、潮湿、高温、雷电、振动等情况下容易出现短路现象。一旦出现短路，非安全规格电源极易引起火灾，严重影响用户的生命财产安全。所以，世界各国对安全规格标准执行得非常严格。

1.1.2 连接不间断电源

 学习目标

➢了解 UPS 电源的基本知识

➢能够连接 UPS 电源

不间断电源（UPS，Uninterruptible Power Supply）是一种含有储能装置、以逆变器为主要组成部分的恒压恒频的电源设备，是通信设备、计算机系统等不得断电系统不可缺少的外围设备之一,它的作用是在外界中断供电的情况下,及时给计算机等设备供电,以免影响通信的中断、重要数据的丢失和硬件的损坏。UPS 不间断电源广泛应用于精密仪器、医疗设备、通信系统、安全监控、网络系统、自动控制生产线等对电流稳定性要求较高的场合,特别是像通信等要求电流不得中断的应用系统。

一、UPS 电源的类别

常见的 UPS 电源主要有在线式(OnLine)、后备式(OffLine)两种。

1. 在线式 UPS 电源

在线式 UPS 电源如图 1—3 所示。其供电方式是市电输入 UPS 电源后,被其转换成直流电,直流电为电池充电,电池输出的电流通过 UPS 电源的逆变器转换为交流电输出为设备供电。

在线式 UPS 电源的特点是:逆变器一直处于工作状态,电源的切换时间为零;输出的电压和频率稳定,多用在供电质量要求很高的场合;由于无切换时间,使用起来可靠;由于可以改善供电质量,所以其价格相对较贵。

图 1—3　在线式(OnLine)UPS 电源

2. 后备式 UPS 电源

后备式 UPS 电源如图 1—4 所示。其供电方式是市电输入 UPS 电源后分为两路运行,一路为设备直接供电,另一路通过 UPS 电源将市电转换为直流电为电池充电。当市电发生故障,无电压输出或电压较大时,UPS 电源会自动切换,继续为设备供电,确保设备的正常工作不间断。

后备式 UPS 电源的特点是:大多数后备式 UPS 电源的切换时间为 4~8 ms,对于一般的用户能够满足要求;在市电正常的情况下,市电直接为设备供电,所以其结构简单,价格便宜。

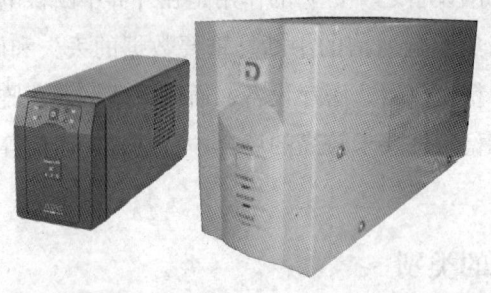

图 1—4 后备式（OffLine）UPS 电源

二、UPS 电源的正确使用与维护

UPS 电源的电力来源是其所配的化学电源，所以 UPS 电源工作的质量高低主要依赖其化学电源的性能，以及正确使用和精心维护。在购买、使用中应注意以下 10 个问题。

1. UPS 电源在功率选配上要有适当的余量，充分考虑功率因素，所有用电设备的功率之和不得超过 UPS 电源功率的 80%。如为 800 W 的负载选配 UPS 电源，其功率应选购 1 000 W 以上的。

2. UPS 电源应避免频繁地开、关机，最好长时间地处于开机状态。负载开机时应逐一进行，最好不要同时开机。

3. 新购的 UPS 电源在使用前要对电池进行补充电，因为 UPS 在销售过程中电池在不断地自放电，其能量有很大一部分被消耗了，如果不及时进行补充电，不仅会影响正常的使用，还会缩短电池的使用寿命。电池补充电的方法是：将电池串联起来，根据电池使用说明书提供的具体方法进行充电。一般是采用恒压充电，每只电池控制电压为 2.30～2.35 V，限制初始电流范围不得超过 0.25～5 A（可以用电池的额定容量来计算具体的数值），以免烧坏电池，充电电流连续 3 h 不变即为充足，可以投入使用，充电持续时间应在 12～24 h。

4. 如果市电一直处于正常的供电中，UPS 电源就没有工作的机会，其电池就有可能长时间浮充而损坏。所以，长时间不用或一直正常供电的 UPS 电源要定时进行人为的强制工作，这样不但可以活化电池，还可以检验 UPS 电源是否处于正常状态，并可以使操作人员熟悉 UPS 电源供电系统的使用。

5. UPS 电源在使用后要立即进行恢复充电，即使电池恢复到正常状态。充电方法是：恒定电压为 2.35～2.40 V，限制初始电流范围不得超过 0.25～5 A，在 25℃的环境下，全放电的电池充足需要 18～24 h。如果未将电能放完，可根据电流的持续不变为终止标志。

6. 如果 UPS 电源的电池为非免维护式电池，还要经常检查溶液的比重及电液量，及时补加电解液或蒸馏水。

7. UPS 电源在使用中，每月要检查一次浮充电压，单只电池的浮充电压低于 2.20 V 时，则应对整组电池进行均衡充电。方法是：在 (25±5)℃ 的环境下，限制初始电流范围不得超过 0.25~5 A，恒定电压为 2.35~2.40 V，充电 24~48 h。

8. 如果用户自行配置长延时电池组时，外配的充电器应同时具有恒压和恒流功能，不应选用只有恒压功能的充电器，以免影响电池的使用寿命。

9. 外接电池组至 UPS 电源的距离应尽量短，导线的面积应尽量大，以增大导电量，减小线路上的电能损耗，特别是在大电流工作时，电路上的损耗是不可忽视的。

10. 要经常用柔软的抹布擦拭电池，以保持电池表面清洁卫生，防止灰尘通过电池的缝隙进入电池的电解液中造成污染，使电池的性能恶化。

UPS 电源的问题在很大程度上是电池的问题，只要正确使用电池，并经常对电池进行维护，就能使其保持良好的状态，也就解决了 UPS 电源的关键问题，就能保证 UPS 电源随时处于正常工作状态，也就可以使设备在安全的环境中工作。

UPS 电源的电池种类很多，有开口的铅酸电池、阀控式铅酸电池、镉镍开口式电池以及其他类型的电池。目前常用的主要是阀控式铅酸电池、镉镍开口式电池。以上介绍的主要是阀控式铅酸电池在使用中的注意事项，如果使用的是镉镍开口式电池，则应根据镉镍开口式电池的使用说明书进行使用维护。

三、UPS 电源的连接

在办公室常用的 UPS 电源为后备式电源。其连接方法是将 UPS 电源输入端接交流 220 V 市电，UPS 电源输出端接主机和显示器等设备，并尽量不在插座上插入其他用电器。

1.2 外围设备的连接与应用

1.2.1 外围设备的分类

 学习目标

➢了解输入设备的种类与特点
➢了解输出设备的种类与特点

计算机的外围设备可以分成输入设备和输出设备两类。

一、输入设备（Input Device）

输入设备是向计算机输入数据的设备，它是计算机与用户或其他设备通信的桥梁。输入设备是用户和计算机系统之间进行信息交换的主要装置之一，键盘、鼠标、摄像头、扫描仪、光笔、手写输入板、游戏杆、语音输入装置等都属于输入设备。

现在的计算机能够接收的数据，既可以是数值型的数据，也可以是各种非数值型的数据。例如，图形、图像、声音等都可以通过不同类型的输入设备输入到计算机中，进行存储、处理和输出。计算机的输入设备按功能可分为下列几类：

1. 字符输入设备：键盘。
2. 光学阅读设备：光学标记阅读机，光学字符阅读机。
3. 图形输入设备：鼠标器、操纵杆、光笔。
4. 图像输入设备：摄像机、扫描仪、传真机。
5. 模拟输入设备：语言模数转换识别系统。

二、输出设备（Output Device）

输出设备是人与计算机交互的一种部件，用于数据的输出。它把各种计算结果数据或信息以数字、字符、图像、声音等形式表示出来。常见输出设备有以下几种：

1. 显示输出设备：显示器、影像输出系统、投影仪。

2. 打印输出设备：打印机、绘图仪。
3. 语音输出设备：扬声器、音频输出系统。
4. 数据记录设备：软盘驱动器、硬盘驱动器、其他磁光记录设备等。

■说明：大部分数据记录设备既是输出设备，又是输入设备。

1.2.2 扫描仪、光笔、操纵杆、摄像机等输入设备的连接使用

 学习目标

➢ 了解各输入设备的使用方法
➢ 掌握各输入设备的连接方法和驱动程序的安装

一、扫描仪的使用

安装扫描仪的程序，一般来说都是先安装扫描仪的驱动程序，再安装硬件及随机所附的应用软件。下面就不同接口的安装进行简单说明。

1. EPP 扫描仪（使用 Parallel Port 接口，如 Phantom 336cx/636cx）

先连接扫描仪与主机，将连接线接于扫描仪后方标示为"PORT A"的接头与计算机上的打印机连接端口。

置入标示为"扫描驱动程序与软件"的 CD-ROM，安装程序会自动激活安装程序。选择 EPP 接口后，首先安装驱动程序，在驱动程序的复制动作将近结束时，会出现一个小画面询问是否要测试扫描仪的连接情形，此时请选择"Yes"。若是一切正常，会显示出一个画面，显示找到一个扫描仪。在按下确定键后，会进行第二次测试，若正常则会出现同前次的画面，此时请点击选择确定键等待安装程序作业完毕即可，接下来就可以接着安装其他想要使用的软件。

安装软件后，通过该软件中使用扫描仪的第一个动作就是"选择影像来源"。不同的软件可能有不同的写法，例如选择扫描仪，Select TWAIN _ 32 Source 等，此动作会弹出一个对话窗，其中显示出目前计算机中所有符合 TWAIN 的影像来源，此时请选择"全友 ScanWizard（32 Bit）"，如果使用 ScanWizard Pro 或是 ScanWizard 5 则请选择"Microtek ScanWizard Pro"或"Microtek ScanWizard 5"。此动作只要在安装后执行一次就可以了。下一步就可以选择扫描影像的功能，不同的软件其扫描功能的称呼有可能不同，但是不外乎有扫描影像、获取、Acquire 等几种。

2. USB 扫描仪（使用 USB 接口，如 SlimScan C3u/C6u、ScanMaker X6u）

安装 USB 扫描仪时，请先不要连接硬件。并请先在控制台的系统选项里，确认通用序列总线装置是否正常。再用"扫描驱动程序与软件"的 CD 来安装扫描仪驱动程序，安装好驱动程序后，请重新启动计算机。

重新开机后用随机所附的 USB 连接线来连接扫描仪与计算机，此时计算机上即会出现找到新的硬件提示，并会自行寻找对应的安装程序。安装完成后即可正常使用。

3. SCSI 扫描仪（使用 SCSI 接口，如 ScanMaker V636/X6EL/4 等）

请先利用"扫描驱动程序与软件"的 CD 来安装扫描仪驱动程序，安装完成后，请关机安装 SCSI 卡，不同的机型所搭配的适配卡可能有所不同，不过目前搭配的都是随插即用的适配卡。

装入适配卡后重启计算机，在进入 Windows 时就会出现找到新硬件的信息，并会要求放入 Windows 的光盘片让它读取适配卡的驱动程序。当适配卡安装完成后请关机并连接扫描仪与计算机，先将扫描仪电源打开，待扫描仪的 Ready 灯亮起后再打开计算机电源，等进入 Windows 时就会出现找到新硬件的信息，并会自动安装相对应的程序。软件安装与初步设定与 EPP 扫描仪相同。

二、光笔的使用

光笔是一种接触式条码识读设备，学名笔式扫描器（Wand）。它是一种外形像笔的扫描器，使用时以机就物，即移动光笔去扫描物体上的条码[*]。光笔中的光学装置将条码的条空信息转换成电平信息，再由专用译码器翻译成相应的数据信息。使用时，光笔必须与被扫描阅读的条码接触，才能达到读取数据的目的。

光笔的优点是成本低、耗电低、耐用，适合数据采集，可读较长的条码符号；其缺点是光笔对条码有一定的破坏性。

一般而言，光笔无须安装驱动程序，只要将其与计算机连接即可工作。

三、连接操纵杆

操纵杆（Joy Stick）是一种用于计算机游戏的专用输入设备，用于接收游戏者

---

[*] 条码是由一组按一定编码规则排列的条、空符号，用以表示一定的字符、数字及符号组成的信息。条码是迄今为止最经济、实用的一种自动识别技术。条码技术具有输入速度快、采集信息量大、灵活实用的特点。条码的编码格式很多。目前，国际广泛使用的条码种类有 EAN、UPC 码（商品条码，用于在世界范围内唯一标示一种商品，在超市中最常见的就是这种条码）等。其中，EAN 码是当今世界上广为使用的商品条码，已成为电子数据交换（EDI）的基础；UPC 码主要在美国和加拿大使用。

的游戏控制操纵指令。现在的大多数操纵杆都是安装在 LPT 接口上,像安装声卡一样。操纵杆连接后,一般需要安装驱动程序,还可以通过 Windows XP "控制面板"中的"游戏控制器"来设置和调试。

四、连接摄像机

摄像机分为模拟摄像机和数字摄像机(常说的 DV),如图 1—5 所示。

图 1—5　摄像机

要连接摄像机就必须先安装视频采集卡和 1394 卡,视频采集卡用于模拟视频信号,1394 卡用于连接数字摄像机进行视频数据的采集和处理。现以一种二合一卡为例,如图 1—6 所示。

图 1—6　二合一卡

将该卡插入计算机 PCI 插槽,如图 1—7 所示。其外部连接插孔如图 1—8 所示。该二合一卡 AV-DV 的切换用拨动开关来选择。切换时必须在计算机关机时进行。

1. 模拟摄像机的连接

模拟摄像机必须通过视频采集卡连接到计算机中,连接时须连接视频信号和音频信号,如图 1—9 所示。使用专用的视频采集压缩软件进行采集。

图 1—7　安装采集卡

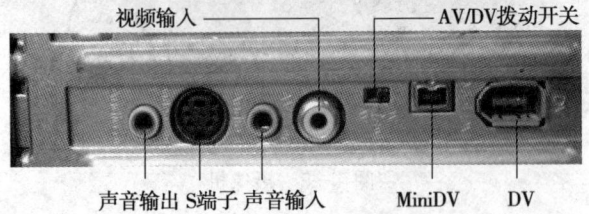

图 1—8　采集卡连接插孔

图 1—9　模拟摄像机的连接

2. 数字摄像机的连接

数字摄像机必须通过 1394 卡连接到计算机中,如图 1—10 所示。使用 1394 卡软件采集视频数据。使用"会声会影"等软件采集编辑视频数据。

图 1—10　数字摄像机的连接

1.2.3 打印机、绘图仪、音响系统等输出设备的连接使用

 学习目标

➢ 了解各种输出设备的使用方法
➢ 掌握各输出设备的连接方法和驱动程序的安装

一、连接打印机

1. 并行口打印机的连接（针式点阵打印机和早期激光打印机）

（1）连接打印机电源。
（2）用并行口专用电缆连接打印机和计算机。
（3）添加该打印机驱动程序即可。

2. USB 口打印机的连接（喷墨打印机和激光打印机）

（1）连接打印机电源。
（2）通过 USB 线与计算机 USB 口连接打印机。
（3）安装该打印机驱动程序。

二、连接绘图仪

连接绘图仪电源，安装绘图仪驱动程序，重启计算机后连接绘图仪，再安装应用软件即可使用。

三、连接音响系统

连接音响系统电源，将音响系统的输入端连接到计算机的线路输出端（Out Line），无线路输出端口的连接到扬声器（Speak）端。这是典型的 2.0 式音箱的连接方法。

对于 5.1 式音响系统，要按其各个音频输入端连接到有该功能的声卡上。

本章练习题

1. 什么是电源？什么是负载？
2. 什么是电流的周期、频率和相位？

3. 我国使用的交流电的电压和频率是多少？
4. 简述电源的工作原理。
5. 什么是PG、PF、保持时间？
6. 简述电源输出的各个电压的作用。
7. 试计算表1—2中ATX电源的输出功率。
8. 开关电源有哪些安全指标？
9. 什么是UPS电源？它的作用是什么？
10. UPS电源有哪些类别？各自的工作原理是什么？
11. 怎样连接UPS电源和计算机？
12. 扫描仪的接口一般有哪几类？
13. 怎样连接和安装USB接口扫描仪？
14. 怎样连接和安装USB接口打印机？
15. 怎样连接和安装绘图仪？

第 2 章 计算机部件识别与检测

本章主要介绍计算机部件的识别知识,包括 CPU、主板、打印机、声卡、网卡等,要求熟悉和掌握 CPU、主板、声卡、网卡、打印机的构成、分类、工作原理、技术性能指标、主流技术、维护保养知识。学会用相关的软件测试工具,检测其主要的性能,扫描计算机部件的工作状态。

重点难点:掌握 CPU、打印机、主板、声卡、网卡的工作原理和主要的技术性能指标,能检测相关的工作状态及主要性能。

2.1 主板的识别与检测

2.1.1 主板型号识别

 学习目标

➢ 了解主板上的常见部件、主板芯片组
➢ 掌握主板构成和结构类型
➢ 熟悉当前主板新技术及主流品牌,能检测主板的相关性能

一、主板的组成

现在市场上的主板虽然品牌繁多，布局不同，但其基本组成是一致的，主要包括南北桥芯片、板载芯片、核心部件插槽、内部扩展槽、各种接口及电子电路器件。

下面以市场上流行的 ATX 结构主板为例，介绍主板上的主要部件及其功能，如图 2—1 所示。

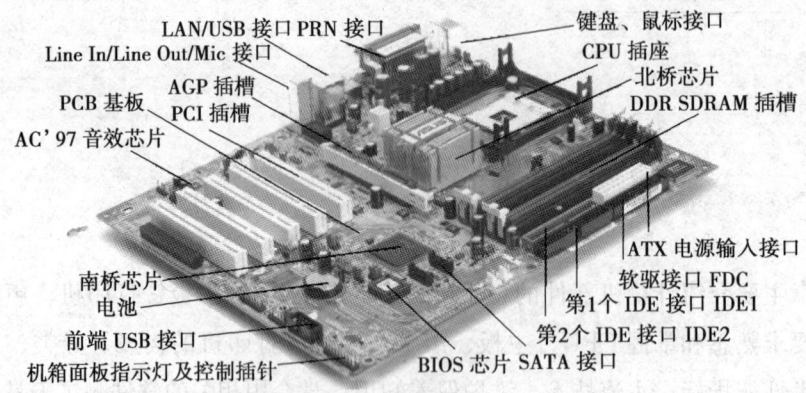

图 2—1 主板上的主要部件

1. PCB 基板

PCB（Printed Circuit Board，印制电路板）基板由多层 PCB 构成，在每一层 PCB 板上都密布有信号走线。主板所用的 PCB 是由几层树脂材料黏合在一起的，内部采用铜箔走线。一般的 PCB 基板分为 4 层，最上和最下的两层是信号层，中间两层是接地层和电源层。

2. CPU 插座或插槽

主板上最醒目的接口便是 CPU 插槽，针对不同的 CPU，这种插槽现在主要可以分为 Socket 插座和 Slot 插槽。

目前存在的 CPU 架构有 Socket 939、Socket 478、Socket 7、Socket 370、Socket A、Slot A 和 Slot 1。其中 Socket 478、Socket 370、Socket A 的 CPU 针脚插座采用零插拔力 ZIF（Zero Insert Force）标准，如图 2—2 所示。Slot 1、Slot A 系列的 CPU 采用插槽的形式，看上去像扩展槽，如图 2—3 所示。

目前主流桌面处理器主要分为两大类：AMD 的 Socket 462（又称 Socket A）以及 Intel 的 Socket 478，它们分别对应不同的芯片组，因此并不是任何一款主板都能随便使用 AMD 或者 Intel 的 CPU。决定芯片组支持何种 CPU 的关键在于北桥芯片。

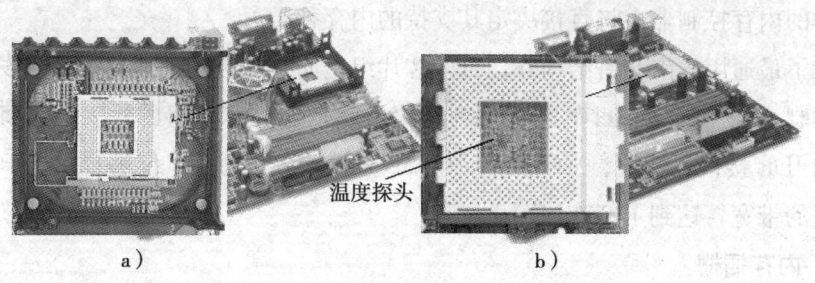

图 2—2 CPU 插座
a) Socket 478 b) Socket A/462

图 2—3 Slot A 主板

3. 控制芯片组

在计算机系统中，CPU 起着主要作用，而在主板系统中，起重要作用的则是主板上的逻辑控制芯片组（Chipset），芯片组是主板的核心组成部分，它们将大量复杂的电子元器件最大限度地集成在一起。对于主板而言，芯片组几乎决定了这块主板的性能，进而影响到整个计算机系统性能的发挥，可以说它是主板的灵魂。芯片组的功能和主板上 BIOS 中存储的 BIOS 程序性能是决定主板品质和技术特性的关键因素。

控制芯片组一般由两片组成，按照在主板上的排列位置的不同，通常分为北桥芯片和南桥芯片。其中靠近 CPU 的一块为北桥芯片，另一块为南桥芯片。北桥芯片提供对 CPU 的类型和主频、内存的类型和最大容量、ISA/PCI/AGP 插槽和 ECC 纠错的支持。南桥芯片则提供对 KBC（键盘控制器）、RTC（实时时钟控制器）、USB（通用串行总线）、Ultra DMA 33/66/100/133、EIDE 数据传输方式和 ACPI（高级能源管理）的支持。其中北桥芯片起着主导性的作用，也称为主桥（Host Bridge）。主板使用何种北桥芯片将决定主板支持何种 CPU，而包含在北桥芯片中的内存控制器也将直接决定其支持的内存种类。

除了最通用的南北桥结构外,目前芯片组正向更高级的加速集线架构发展,即中心控制式芯片组。Intel 的 8xx 系列芯片组就是这类芯片组的代表,它将一些子系统如 IDE 接口、音效、MODEM 和 USB 直接接入主芯片,能够提供比 PCI 总线宽一倍的带宽,达到了 266 Mb/s。

4. 内存插槽

内存插槽的作用是安装内存条,目前的内存主要分为 SDRAM、DDR、RDRAM、DDR2 四种,其中 SDARM 使用 168Pin 接口,DDR 和 RDRAM 采用 184Pin 接口,DDR2 采用 240Pin 接口。采用 168Pin 的 SDRAM 内存插槽有两个非对称缺口,采用 184Pin 的 DDR 内存插槽只有 1 个缺口,采用 184Pin 的 RDRAM 内存插槽有两个位置对称的缺口,采用 240Pin 的 DDR2 内存插槽只有 1 个缺口。如图 2—4 所示。

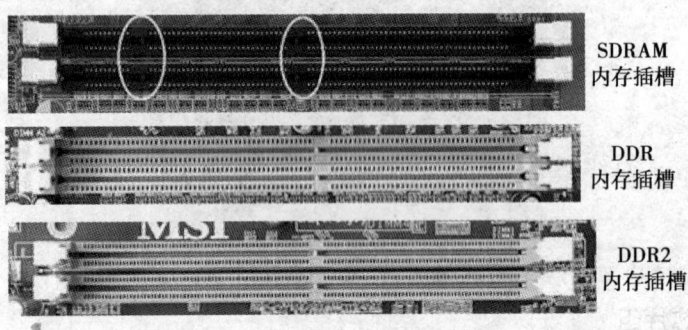

图 2—4 内存插槽

此外,采用 nForce4、I865/875、SiS655 等芯片组的主板都支持双通道 DDR,此时必须将两条内存插在不同的两组通道才能激活双通道 DDR 以提高性能。为了方便用户安装,目前,部分厂商的主板将对称的内存插槽用不同的颜色标示出来,用户只要把内存安装在颜色相同的 DDR 插槽上即可。

5. 总线扩展槽

总线是构成计算机系统的桥梁,是各个部件之间进行数据传输的公共通道。在主板上占用面积最大的部件就是总线扩展插槽,它们用于扩展 PC 机的功能,也被称为 I/O 插槽,大部分主板都有 1~8 个扩展槽。总线扩展槽是总线的延伸,也是总线的物理体现,在它上面可以插入任意的标准选件,如显示卡、声卡、网卡等。

扩展槽按其发展历史和连接的总线类型分为许多种。8 位机、16 位机、32 位机和 64 位机分别使用 8 位、16 位、32 位和 64 位并行总线。常见的总线结构有 ISA、MCA、EISA、VESA 和 PCI 总线结构,其对应的扩展槽有 ISA 扩展槽、

MCA 扩展槽、EISA 扩展槽、VESA 扩展槽和 PCI 扩展槽。其中前 3 种为总线标准，后面两种为局部总线标准。586 以上主板上最常见的是 ISA 总线扩展槽和 PCI 局部总线扩展槽。

（1）ISA 扩展槽

ISA（Industry Standard Architecture，工业标准体系结构），它是 IBM 公司在 PC 机中最早推出的一种总线标准。该标准规定，数据总线宽度为 16 位，工作频率为 8 MHz，数据传输率最高为 8 Mb/s。ISA 扩展槽为黑色且长度最长，如图 2—5 所示。

（2）PCI 扩展槽

目前主板上 PCI 扩展槽有 3~6 个，PCI 扩展槽为白色且长度较短，PCI 扩展槽仅能插 PCI 接口卡，如 PCI 显卡、PCI 声卡、PC 网卡等，如图 2—6 所示。

PCI 总线是独立于 CPU 的系统总线，采用了独特的中间缓冲器设计，可将显示卡、声卡、网卡、硬盘控制器等高速的外围设备直接挂在 CPU 总线上，使得 CPU 的性能得到充分发挥。PCI 扩展槽有多项不同的规范。常用的 PCI 扩展槽为 33 MHz、23 Bit。

（3）PCI Express 扩展槽

PCI Express 总线是第三代输入/输出总线，简称 3GIO（Third-Generation Input/Output），另外它的开发代号是 Arapahoe，所以又称为 Arapahoe 总线。

图 2—5 ISA 扩展槽

图 2—6 PCI 扩展槽

PCI Express 采用串行差分接口技术让设备以点对点的方式进行连接，在两个设备间构筑起专用通道，仅供两端的设备使用。根据 PCI Express 1.0 标准，PCI Express 的信号传输速度可达每组差分线对单向 2.5 Gb/s。PCI Express 最基本的物理串行连接被称为 X1 模式。PCI Express 还提供了扩展带宽模式，分别为：X2、X4、X8、X12、X16、X32，以便灵活配置、轻松扩展。X2~X32 模式是建立在

X1模式之上的，"X"后的数值越大就意味着基于该连接模式的设备间的带宽越大。PCI Express X16模式最大能为显卡提供4 Gb/s带宽。如图2—7所示为PCI Express X1和X16扩展槽。

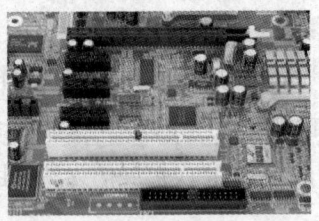

图2—7　PCI和PCI Express X1、X16

按照相应的规范，PCI Express的X1、X4、X8、X16几类插槽已经得到一定程度的应用，主要性能和应用领域见表2—1。

表2—1　　　　　　　　PCI Express插槽分类及主要性能

接口类型	总线单向带宽（Mb/s）	总线工作频率（GHz）	主要应用领域
PCI Express X1	250	2.5	桌面PC、声卡、网卡接口
PCI Express X4	1000	2.5	服务器领域、千兆网络等
PCI Express X8	2000	2.5	服务器领域、千兆网络等
PCI Express X16	4000	2.5	桌面/服务器领域、显卡接口

从不同的针脚定义可以看出，X4的插槽就是在X1的基础上增加了3对差分信号传输通道，因此总线带宽变为X1的4倍。PCI Express X16插槽的应用主要是为了取代目前的AGP插槽。今后的主流平台主板的I/O扩展插槽是1个PCI Express X16接口加4个PCI Express X1接口的组合方式，同时也可以根据需求而保留一定的PCI插槽。

PCI Express总线架构的适用途径非常广，比如桌面计算机、笔记本计算机、企业级别的应用、通讯和工作自动化等。

（4）AGP接口插槽

为了让PC的3D应用能力能同图形工作站相比，Intel公司开发了AGP（Accelerated Graphics Port，加速图形接口）标准，主要目的就是要大幅度提高PC机的图形处理能力，尤其是3D图形的处理能力。AGP不是一种总线，因为它是点对点连接，即连接控制芯片和AGP显示卡。AGP在主内存与显示卡之间提供了一条直接的通道，使得3D图形数据越过PCI总线，直接送入显示子系统，这样就能突破由于PCI总线形成的系统瓶颈，从而达到高性能3D图形的描绘功能。AGP标准可以让显卡通过专用的AGP接口调用系统主内存做显示内存，是一种解决显卡板载显示内存不足的廉价解决方案。

AGP 插槽的形状与 PCI 扩展槽相似，位置在 PCI 插槽的右边偏低，为褐色。AGP 插槽只能插显卡，因此在主板上 AGP 接口只有一个，如图 2—8 所示。

AGP 的工作模式有 AGP 1X、AGP 2X、AGP 4X、AGP 8X 四种，其对应的数据传输率为 266 Mb/s、533 Mb/s、1 066 Mb/s 和 2 133 Mb/s。

其中 AGP 4X 的插槽和金手指与 AGP 1X、AGP 2X 都不一样。支持 AGP 4X 的插槽中没有了原先的隔断，但金手指部分的缺口却多了一个。只要是支持 AGP 4X 芯片组（如 Intel i820、VIA 694X），板子上都采用 Universal AGP Socket，这种 AGP 插槽是 4X 模式的，不过由于有向下兼容的特性，所以 1X/2X/4X 的显示卡皆通用；而对于早期不支持 AGP 4X 的主板，上面的 AGP 插槽则是 AGP 2X 的，只能向下相容至 1X 的显示卡，把 AGP 4X 的显示卡插在 2X 的插槽上，并非不能工作，只不过是会以 2X 模式来工作。不同规格的 AGP 插槽，如图 2—9 所示。

(5) AMR 插槽和 CNR 插槽

AMR 是从 i810 主板才开始有的，它是主板上一个褐色的插槽，比 AGP 插槽

图 2—8　AGP 4X 插槽

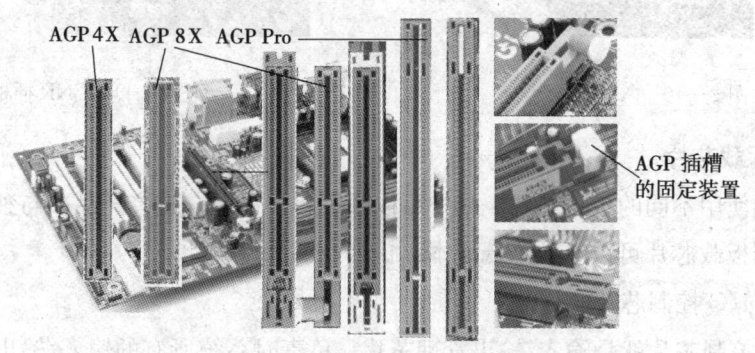

图 2—9　不同规格的 AGP 插槽

短许多。如图 2—10 所示。Intel 公司开发的 AMR（Audio/Modem Riser，声音/调制解调器界面）是一套基于 AC'97（Audio Codec'97，音频系统标准）规范的开放工业标准，采用这种标准，通过附加的解码器可以实现软件音频功能和软件调制解调器功能。从其全称就能发现它是由 Audio Riser（AR）和 Modem Riser（MR）两部分组成的。AMR Modem 扩展卡就属于 MR 的一部分，AR 部分一般都集成在主板上，所以就没有了 AMR 声卡。

声卡、Modem 和视频卡上均有接口、模拟电路、解码器、控制器和数字电路，控制器和数字电路很容易集成在主板上或整合在芯片组中，而接口电路和模拟电路部分集成在主板上则有一定困难。例如，由于电磁干扰、电话接头、电信标准的不同，Modem 的调制解调电路和接口电路就不宜集成在主板上。

Intel 公司制订 AMR 标准的目的就是解决上述问题，将模拟 I/O 电路留在 AMR 插卡上，而将其他部件集成在主板上。AMR 标准的基本用途是将音频和 Modem 的接口电路、模拟电路和解码器制作在一张 AMR 接口卡上。例如，在 Intel i810 芯片组的 ICH 中已集成了 AC'97 控制器与 MC'97 控制器，只要连接相应的解码器即可获得声卡或 Modem 的功能。

CNR（Communication Network Riser 通讯网络插卡），它是 AMR 的升级产品，从外观上看，它比 AMR 稍长一些，而且两个的针脚也不相同，所以两者不兼容，如图 2—10、图 2—11 所示。

图 2—10　AMR 插槽

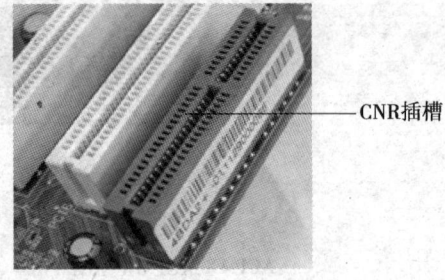

图 2—11　CNR 插槽

6. 板载芯片

通过使用不同的板载芯片，用户可以根据自己的需求选择产品。与独立板卡相比，采用板载芯片可以有效降低成本，提高产品的性价比。

(1) I/O 控制芯片

I/O 控制芯片就是输入/输出管理芯片，负责对系统所有的输入/输出设备如并口、串口、PS/2 等进行管理。此外，现在的 I/O 控制芯片往往还具备 CPU 过压保护、风扇转速检测、5 V/12 V 电压监控等功能。I/O 控制芯片总是与特定的芯片组配合使用,例如,W83627HF-AW I/O 控制芯片就与 i865/i875 芯片组配合使用,如图 2—12 所示。

(2) 时钟频率发生器

时钟信号在电路中的主要作用就是同步,保证数据在传输过程中不出差错。时钟频率发生器可以给出 CPU 的外频频率,而倍频由 CPU 自身电路决定。此外,时钟频率发生器还配合晶振负责对 AGP/PCI 进行分频。图 2—13 所示为主板上的晶振和时钟发生器。

图 2—12 I/O 控制芯片

图 2—13 时钟发生器和晶振

(3) 网卡控制芯片

随着宽带网的普及,如今大多数主板都带有一个网络接口。常见的网卡控制芯片有 Realtek RTL8100B 和 VIA VT6105。

现在 i865/i875 主板开始集成千兆网卡控制芯片,例如,Broadcom BCM5702WKFB、3COM 940 以及 Intel82554 等都是最为常见的集成性千兆网卡控制芯片。

板载网卡控制芯片一般在主板后部的 I/O 面板上的 RJ45 接口附近,网卡控制芯片较大,如图 2—14 所示。

图 2—14 常见板载网卡控制芯片

(4) 声卡控制芯片

由于信号干扰的原因，声卡控制芯片不可能完全集成于南桥芯片，具体的数模转换以及声音输入/输出还得依靠声卡控制芯片。目前板载声卡控制芯片都符合AC'97规范，主要型号有 Realteck ALC 650、CMI 8738-6CH/CMI 9739A、Creative CT-580、VT1611、VIA Envy24 等。

对于板载 AC'97 软声卡的主板，一般在 PCI 插槽上端的主板上能看到一块小小的 AC'97 芯片，如图 2—15 所示。

图 2—15　常见板载声卡芯片

(5) USB2.0/IEEE1394 控制芯片

VIA VT6202 和 ALI M5621 是最常见的 USB2.0 控制芯片。IEEE1394 控制芯片目前以 VIA VT6306 及 TI 的 23AV9TT 为主。

1) USB 控制芯片。主板及 I/O 面板上的 USB 接口，如图 2—16 所示。

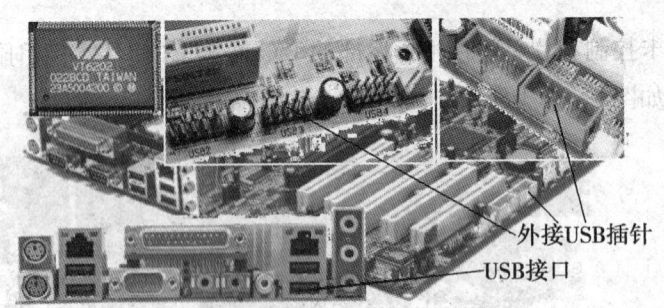

图 2—16　主板及 I/O 面板上的 USB 接口

2) IEEE1394 控制芯片。主板及 I/O 面板上的 IEEE1394 接口，如图 2—17 所示。

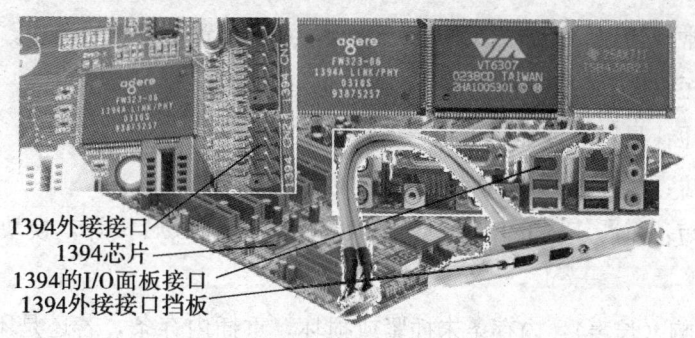

图 2—17 主板及 I/O 面板上的 IEEE1394 接口

7. BIOS 芯片

BIOS（Basic Input/Output System）完整地说应该是 ROM-BIOS，是只读存储器基本输入/输出系统的简写，它是安装在主板上的一个 ROM 芯片，其中固化保存着计算机系统最重要的基本输入/输出程序、系统 CMOS 设置程序、开机上电自检程序和系统启动自举程序，为计算机提供最低级的、最直接的硬件控制。准确地说，BIOS 是硬件与软件程序之间的一个"转换器"或者说是接口（虽然它本身也只是一个程序），负责解决硬件的即时需求，并按软件对硬件的操作要求具体执行。一块主板性能优越与否，很大程度上取决于主板上的 BIOS 管理功能是否先进。主板上的 ROM BIOS 芯片是主板上唯一贴有标签的芯片，上面印有"BIOS"字样，虽然有些 BIOS 芯片没有明确印出"BIOS"，但凭借外贴的标签也能很容易地将它认出，国内品牌机和组装机的主板上主要使用 Award 和 AMI 两种 BIOS，进口品牌机中多使用 Phoenix 或专用的 BIOS，在芯片上都能见到厂商的标记。

从功能上看，BIOS 分为自检及初始化程序、硬件中断处理、程序服务请求三个部分。

由于 BIOS 直接和系统硬件资源打交道，因此总是针对某一类型的硬件系统，而各种硬件系统又各有不同，所以存在各种不同种类的 BIOS，随着硬件技术的发展，同一种 BIOS 也先后出现了不同的版本，新版本的 BIOS 比起老版本来说，功能更强。目前主板采用的 BIOS 主要有 AMI BIOS、Award BIOS 和 Phoenix BIOS。

计算机启动时首先通过 BIOS 对计算机进行自检。自检情况一般通过 PC 扬声器发出的响铃予以表达。了解这种响铃，对于诊断计算机硬件故障大有裨益，不同种类的 BIOS 自检响铃所表达的意义有所不同，其具体意义如下。

(1) Award BIOS

1 短：系统正常启动，机器没有任何问题。

2 短：常规错误，请进入 CMOS Setup，重新设置不正确的选项。

1 长 1 短：RAM 或主板出错。

1 长 2 短：显示器或显示卡错误。

1 长 3 短：键盘控制器错误，检查主板。

1 长 9 短：主板 Flash RAM 或 EPROM 错误，BIOS 损坏，换块 Flash RAM 试试。

不断地响（长声）：内存条未插紧或损坏。重插内存条，若还是不行，只有更换一条内存。

不停地响：电源、显示器未和显示卡连接好，检查一下所有的插头。

重复短响：电源有问题。

无声音无显示：电源有问题。

(2) AMI BIOS

1 短：内存刷新失败，更换内存条。

2 短：内存 ECC 校验错误。在 CMOS Setup 中将内存关于 ECC 校验的选项设为 Disabled 就可以解决，不过最根本的解决办法还是更换一条内存。

3 短：系统基本内存（第 1 个 64 KB）检查失败，更换内存。

4 短：系统时钟出错。

5 短：中央处理器（CPU）错误。

6 短：键盘控制器错误。

7 短：系统模式错误，不能切换到保护模式。

8 短：显示内存错误，表明显示内存有问题，更换显卡试试。

9 短：ROM BIOS 检验错误。

1 长 3 短：内存错误，内存损坏，更换即可。

1 长 8 短：显示测试错误，显示器数据线没插好或显示卡没插牢。

8. CMOS 芯片

CMOS（本意是指互补金属氧化物半导体，一种大规模应用于集成电路芯片制造的原料）是主板上的一块可读写的 RAM 芯片，用来保存当前系统的硬件配置和用户对某些参数的设定（如 BIOS 参数），开机时看到的系统检测过程（如主板厂商信息和各种系统参数信息的显示等）就是 CMOS 中设定程序的执行。CMOS 芯片可由主板电池供电，即使关闭计算机，信息也不会丢失。CMOS RAM 本身只是一块存储器，只有数据保存功能，而对 CMOS 中各项参数的设定要通过专门的程序。早期的 CMOS 设置程序是驻留在软盘上的，使用很不方便。现在大都将 CMOS 设置程序做到了 BIOS 芯片中，在开机时通过特定的按键就可进入 CMOS 设置程序，从而方便地对系统进行设置，因此 CMOS 设置又被叫做 BIOS 设置。

9. 电池、电源插座

为了在主板断电期间维持系统 CMOS 内容和主板上系统时钟的运行，主板上特别地装有一个充电式电池，电池的寿命一般为 2~3 年。常见的电池有电容电池、纽扣电池和集成块式电池。

主机板、键盘和所有接口卡都由电源插座供电。传统的 AT 主板使用 AT 电源，ATX 主板使用 ATX 电源。一些 Super 7 主板为了能够使用两种不同结构的机箱，集成了 AT 和 ATX 两种电源插座。现在的主板上已经很少采用 AT 电源插座，相应地 AT 电源也逐渐被 ATX 电源所取代。

ATX 电源插座是 20 芯双列插座，该插座具有方向性，可以有效防止误插，并且能固定电源，避免因为接头松动导致主板在工作状态下突然断电。在软件的配合下，ATX 电源可以实现软件关机和通过键盘、Modem 远程唤醒开机等电源管理功能，电源插座如图 2—18 所示。

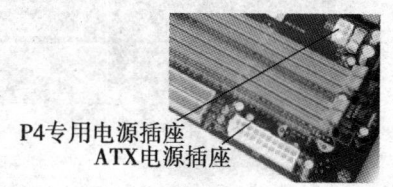

图 2—18　电源插座

另外，有些 P4 主板为了加强 CPU 以及 AGP 显卡的电源供应而多出 4Pin 和 6Pin 辅助电源接口，对应电源上的专用输出接头，如图 2—19 所示。

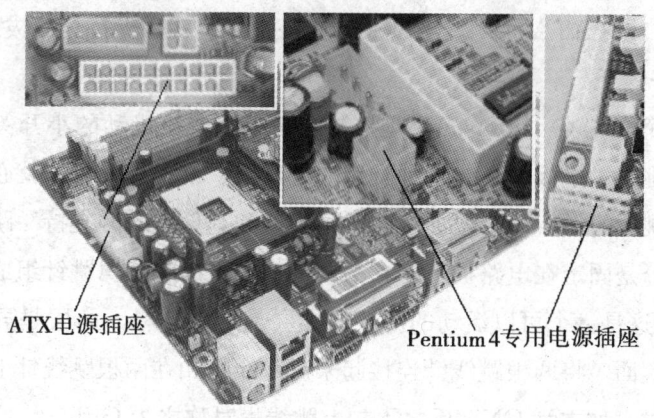

图 2—19　CPU 供电单元

10. 硬盘、光驱、软驱接口

（1）IDE 接口插槽

靠近主板右侧边的长条形端口是 IDE 端口，诸如硬盘驱动器和光盘驱动器这样的IDE设备通过IDE信号排线插接在上边。IDE端口有40根针脚，每根针脚都有特定的作用。主板IDE接口插槽，如图2—20所示。

(2) 软盘驱动器接口插座

主板上只提供一个软盘驱动器（简称软驱）接口，它是一个34针双排针插座。

(3) SATA接口插座

随着技术的成熟，越来越多的主板和硬盘都开始支持Serial ATA（串行ATA，简称SATA）接口，如图2—21所示。

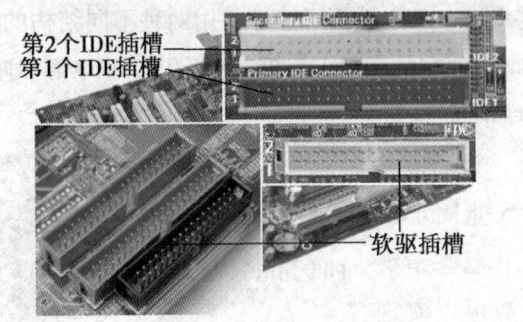

图2—20 IDE接口和软驱接口　　　　图2—21 主板SATA接口

SATA接口逐渐有取代传统的PATA（并行ATA）的趋势。SATA的最大数据传输率为150 Mb/s（SATA 1.0）和300 Mb/s（SATA 2.0），而且其接口非常小巧，排线也很细，有利于机箱内部空气流动，从而加强散热效果，也使机箱内部显得不太凌乱。与PATA相比，SATA还有一大优点就是支持热插拔。

11. 跳线开关

跳线开关简称跳线（Jumper），是控制电路板上电流流动的小开关，最常见的就是主板上的跳线。主板为了与各种类型的处理器、设备相兼容，就必须有一定的灵活性，通过跳线的设置可以增加对各种处理器和其他设备的支持。跳线由两个部分组成，一部分是固定在电路板上的，由两根或两根以上金属跳针组成，另一部分是"跳线帽"，这是一个可以活动的部件，外层是绝缘塑料，内层是导电材料，可以插在跳线针上面，将两根跳线针连接起来。跳线帽扣在两根跳线针上时是接通状态，有电流通过，称之为ON，反之不扣上跳线帽时称之为OFF。

最常见的跳线主要有两种，一种是只有2根针，另一种是3根针。2针的跳线最简单，只有两种状态，ON或OFF；3针的跳线可以有3种状态，1和2之间短接，2和3之间短接，全部开路。3针以上的跳线所呈现的状态更多，这里就不一一列举了。

跳线最常用的地方就是在主板上，一般可以用来设置CPU的频率和电压。

另外，还有使用 DIP 开关实现跳线设置的主板，它的功能和普通跳线是一样的，只是把小跳线做成了开关。目前免跳线的技术十分流行，在这种主板上除了一个清除 CMOS 信息的跳线之外再无任何跳线，只要把 CPU 插入，机器就可以自动识别，并为其设置频率和工作电压，而且还可以通过 BIOS 对主频、工作频率和电压进行更改。

常见跳线及主板上的说明如图 2—22 所示。DIP 开关与普通跳线一样，只是把小跳线做成了开关，如图 2—22 所示。图中的表格一般会印制在主板的空白处，和跳线的标号相同。

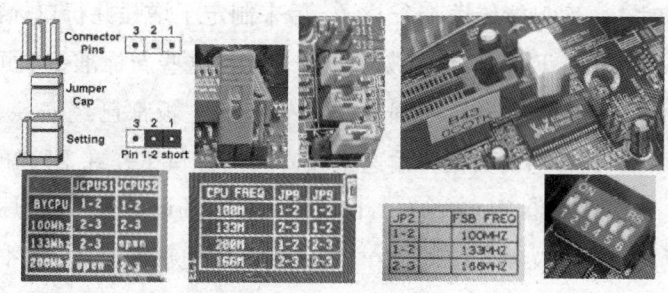

图 2—22 跳线、DIP 及主板上的跳线说明

12. 外围设备接口

主板上的外围设备接口有串口、并口、USB 接口，如图 2—23 所示。

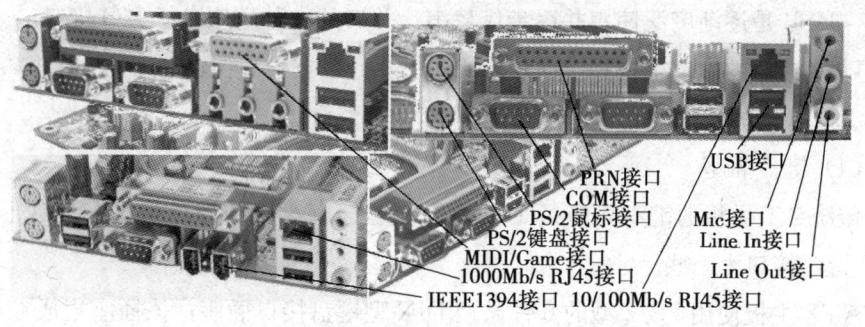

图 2—23 ATX 主板后 I/O 面板上的外围设备接口

（1）串行口插座

串行口（Serial Port）也叫通信口（COM PORT）。"COM"就是 Communication（通信）的缩写。串口是所有计算机都具备的 I/O 接口。串口在品牌计算机上常用"Serial"表示，在有 2 个串口的计算机上则分别标为 COM1 和 COM2，或者 Serial A 和 Serial B。串口每次只能传送 1 个 bit，串口的最高数据传输速率为 115 200 b/s，

支持所有能使用串口与计算机交换数据的外围设备,如调制解调器、数码相机、手持扫描仪以及鼠标等,每个串口可连接一个外设。串口的连接器通常使用 D 型 9 针或 D 型 25 针插头插座,但以 9 针 D 型插头为多,在 ATX 主板上已经集成了串口。

(2) 并行口插座

并行口 (Parallel Port) 由于主要连接打印机 (Printer),也称打印口 (LPT、PRN)。并口的连接器采用 25 针 D 型插头插座,这种接口是作为通信接口发展起来的,比如在两台计算机之间互传一些文件,即可用并口电缆将两台计算机的并行口连上,然后使用通信软件就可以很方便地实现两台计算机的通信了。早期的并行口在传输数据时,一次只能传送 4 个 bits,后来制定了增强并行口标准 EPP (Enhanced Parallel Port),EPP 标准又被改进为 ECP。这些新标准一次可以传送 8 个 bits,而且双向通信的能力也有增强。现在生产的主板都已经安装了符合 EPP/ECP 标准的并行口。并口的数据传输速率较高,当并口工作在 EPP 模式时的最高速率实测能在 200~1 000 Kb/s 左右。目前使用并口的设备除了打印机外,还有外置式光驱、硬盘、扫描仪和 MO 等。在 ATX 主板上也已经集成了并口。

(3) USB 接口插座

USB 是通用串行总线 (Universal Serial Bus) 的缩写。USB 使用特殊的两种 D 型 4 针插头插座,小的一头与外设上设置的 USB 接口相连,大的一端与计算机 USB 插座相连。目前 586 级以上计算机主板均已设置 USB 接口,一般为 2 个 USB 插座,USB 是逐渐广泛使用并逐步代替串、并口的一种高速串行 I/O 接口。

USB 接口的速率根据标准而定,USB 1.0 的数据最高传输速率为 12 Mb/s,而 USB 2.0 标准的数据传输速率可高达 460 Mb/s。

(4) 键盘插座

传统 AT 主板的键盘插座是 1 个圆形 5 芯插座,这种键盘接口在外观上要比 PS/2 键盘接口大一些。

ATX 主板使用 PS/2 型的 6 针微型 DIN 型键盘接口插座,该插座集成在 ATX 主板上。当然也可以使用 AT 转换为 PS/2 或 PS/2 转换为 AT 的转换线,来转换不同类型的键盘接口。

(5) PS/2 鼠标器插座

PS/2 接口因最初应用于 IBM PS/2 计算机而得名,它是一个 6 针微型 DIN 接口。如果两个 COM 口均已占满(比如连接了调制解调器、数字化仪等),则无法用 9 针串口鼠标,而应改用小圆口的 PS/2 型鼠标。有些老主板的 PS/2 鼠标口的缺省设置是关闭的,如果计算机不认 PS/2 鼠标,则要在 CMOS 设置中将 PS/2 鼠标功能打开。

13. 机箱面板指示灯及控制按钮插针

主机板上有一组插针接口，机箱面板上的电源开关、重置开关、电源指示灯、键盘锁、硬盘指示灯，都是连接到该接头组上。接头组用途见表2—2。

表 2—2　　　　　面板指示灯及主板控制按键插针说明

主板标注	用途	针数	插针顺序及机箱接线常用颜色
PWR SW	ATX电源开关	2针	1. 黄（+）；2. 黑（－）
RESET SW	复位接头，用硬件方式重新启动计算机	2针	无方向性接头。1. 红；2. 黑
POWER LED	电源指示灯接头，电源指示灯为绿色，灯亮表示电源接通	2针	1. 绿（+）；2. 白（－）
SPEAKER	扬声器接头，使计算机发声	4针	无方向性接头。1. 红（+5 V）；4. 黑；2、3短接将启动板上蜂鸣器，开路则关闭板上蜂鸣器
HDD LED	硬盘读写指示灯接头，LED为红色，灯亮表示正在进行硬盘操作	2针	1. 红（+）；2. 白（－）

表2—2中所标出的插头连线颜色仅供参考，不同机箱插头连线颜色可能有所不同。主板上的插针有多组，其中最重要的一组是机箱面板插针，如图2—24所示。

图2—24　机箱面板插针

二、主板芯片组

1. Intel 芯片组

Intel研制的Pentium系列芯片组主要有以下几种。

（1）i82810/815/820 芯片组

Intel i82810、i82815 和 i82820（简写为810、815 和820）芯片组的设计思想是一样的，都引入了最新集线器概念，只不过所面对的市场定位不同。它们都具有以下特点：

1) 加速集线器结构。

2) 正式的 133 MHz 外频。

3) 支持新型内存。

4) 整合技术。

(2) Intel i82840

与以前的芯片组相比，840 具有如下特点：

1) 2 个 RAM bus 通道（820 只有 1 个）。

2) 理论峰值带宽 3.2 Gb/s（PC100 和 PC133 体系分别为 0.8 Gb/s 和 1 Gb/s）。

3) 提供 133 MHz 外频，支持 AGP 4X。

4) 840 的定位是服务器市场，支持 2 个 Pentium Ⅲ 或 Xeon Ⅲ 处理器。

5) 双 PCI 总线，1 个 33 MHz/32 位，1 个 66 MHz/64 位。

6) 840 芯片组由 82840 MCH、82801 ICH、82802 FWH 芯片组成。

(3) Intel i82845/850

Intel 845/850 系列芯片组不再有北桥芯片和南桥芯片之分，而是用 MCH 和 ICH 两个核心芯片代替，MCH 就相当于传统意义上的北桥，ICH 相当于传统意义上的南桥。

1) 850/850E 芯片组。850 是 Intel 推出的支持 Pentium Ⅳ 处理器的芯片组。发布的时间是 2001 年 1 月，支持的 CPU 接口为 Socket 423/478。

MCH 芯片支持 Pentium Ⅳ，可以达到 3.2 Gb/s 的数据交换速度，支持双 RAM bus 通道，可以提供 3.2 Gb/s 的带宽。可以为 AGP 接口提供 1 Gb/s 的带宽，全面支持 AGP 2X/4X 标准。

850E 芯片组是 850 芯片组的升级版本，和 850 最大的区别就是可以支持 533 MHz 前端总线。

2) 845/845D。由于 850 芯片组只支持 RDRAM 内存，使得 Pentium Ⅳ 一时成了高贵的象征。Intel 公司为了开拓市场，在 2001 年 7 月正式推出了 845 芯片组，和 850 芯片组的区别是它不支持 RDRAM，而支持廉价的 SDRAM。

845 主板的 MCH 和 850 芯片组最大的差别是支持内存的型号不同。由于支持 SDRAM，所以内存带宽最大可以达到 1.06 Gb/s，最大内存容量为 2048 MB。

ICH2 和 850 芯片组的 ICH2 一样，支持 2 个 ATA100 硬盘接口，向下支持 ATA66/33，提供 4 个支持 USB1.1 规范的接口，提供 6 声道输出，为 PCI 设备提供了 133 Mb/s 的带宽。

3) 845E/845G/845GL。845E 支持 533 前端总线。ICH4 和 ICH2 相比最大的改变是可以支持 USB2.0 规范，并且可以提供 6 个 USB 输出端口。

845G 和 815E 采用同一个概念，整合了图形显示芯片组。

845G 和 845E 相比，ICH 方面没有变化，也是支持 USB2.0，6 声道输出，集成了网卡。但是 MCH 方面就不一样了，845G 支持数字图像输出，支持 DDR333 和 533 MHz 前端总线。支持最大内存容量为 3 072 MB。

845GL 是 Intel 为 Pentium Ⅳ 系列整合主板开发的芯片组，相当于 Pentium Ⅲ 系列中的 810 主板。845GL 主板和 845G 主板相比，只是不能外接 AGP 显示卡，其他的方面完全一样。

集成在 845G/845GL 中的显示图形芯片叫做 Intel Extreme Graphics，中文意思大概是"极度的图形芯片"，性能规格如下。

200 MHz 的工作频率，256 bit 的图形引擎，350 MHz 的 RAMDAC，支持硬件 DVD 解码，支持双屏同步显示。

2. VIA 芯片组

VIA（威盛电子）是一家老资格的控制芯片组生产厂商，VIA 芯片组如图 2—25 所示。

图 2—25　VIA 公司出品的 Apollo 系列的 586 档次芯片组

(1) Apollo Pro

Apollo Pro 是一组支持 Slot 1 架构的高性能芯片组。它支持便携式计算机系统和台式 PC 机系统的高级系统电源管理、66/100 MHz 外频、PC100 SDRAM、AGP 2X 规范和多 CPU/DRAM 定时配置。

Apollo Pro 采用两片结构，北桥芯片是 VT82C691，南桥芯片是 VT82C596。用于 MVP3 芯片组的南桥芯片 VT82C586B，也可以与 VT82C691 配合使用。

(2) Apollo Pro Plus

Apollo Pro Plus 是一组支持 Slot 1 或 Socket 370 架构的高性能芯片组。它适用于便携式计算机系统和台式 PC 机系统,包含了 Apollo Pro 芯片组的全部功能。

1)它由两片芯片组成,北桥芯片 VT82C693(492 脚 BGA)与南桥芯片 VT82C596A(324 脚 BGA)。

2)系统控制器 VT82C693 为 CPU、DRAM、AGP、PCI 总线和管线突发并行操作提供了良好的工作平台,极大地提高了系统性能,最大内存容量为 1 GB。

3)它内含的存储控制器支持 FPM、EDO、SDRAM,允许混合配置使用。

4)符合 AGP V2.0 标准,支持 2X 模式。

5)支持 3.3 V/5 V AGP 和 PCI 系统总线,允许它们以同步/伪同步方式与 CPU 总线通信。

6)集成了键盘控制器、PS2 鼠标控制器、DS12885RTC 和 256 字节的 CMOS RAM,集成了主方式 EIDE 控制器,支持 On Now/ACPI 接口功能。

7)与 VT82C693 配套的最新南桥芯片 VT82C686A,除包含 596A 的全部功能外,还支持 Ultra DMA/66 标准。

(3)Apollo KX 133 芯片组

Apollo KX133 芯片组是 VIA 第一款支持 K7 的芯片组,Apollo KX133 有如下特点:

1)采用了和 AMD-751 类似的设计方式。

2)支持 66 MHz、100 MHz、133 MHz 外频。

3)支持 PC133 SDRAM。

4)Apollo KX133 支持 4 条 DIMM 和最大 2 GB 的内存,是 BX 芯片组支持数的两倍。

5)Apollo KX133 的北桥芯片为 VT8371,主要负责管理高速的系统总线(支持 AGP 4X);南桥芯片则是和 Apollo Pro 133 相同的 VT82C686A,可以支持 Ultra DMA/66 和 4 个 USB 接口,具有强大的外设扩充功能。

6)Apollo KX 133 还内建了符合 AC'97 的音频芯片和软 Modem,提高了产品的集成度。

(4)Apollo P4X266/ P4X266A/ P4X333/ P4M266/ P4X400

上述芯片组是 VIA 为 Pentium Ⅳ 系列处理器推出的芯片组。

P4X266 北桥芯片采用的是 VIA VT8753,支持 Socket 423/478 接口 CPU,同时支持 PC100/133 SDRAM 和 PC200/266 的 DDR SDRAM,支持 AGP 4X/2X 显示卡,前端总线频率为 400 MHz。南桥芯片采用的是 VIA VT8233,支持 VIA 的

V-Link 技术，它可以让南北桥以 266 Mb/s 的速度传送数据，支持 6 个 USB1.1 标准的接口，内置 AC'97 规范的声卡，支持 5.1 声道，还集成了 3COM 的 10 MB/100 MB 以太网网卡。

P4X266A 芯片组，只支持 Socket 478 接口的 CPU。北桥采用 VIA 的 VTP4X266A 芯片，取消了对 SDRAM 的支持，全面支持 DDR 内存，正式支持 533 MHz 前端总线，支持内存容量最大为 3072 MB。南桥采用 VT8233A 芯片，支持的 PCI 插槽变成了 4 个，USB 接口的数量也减少到 4 个，但是正式提供了 ATA 133 规范。

P4X333 也只支持 Socket 478 接口。北桥采用 VT8754 芯片，南桥采用的是 VT8235 芯片。P4X333 可以支持 DDR333 规范的内存，最大内存支持容量可以达到 32 GB。AGP 总线标准也达到了 8X，采用 V-Link 技术，南桥和北桥之间数据的交换速度可以达到 533 MB/s，提供 6 声道输出，整合了 10 M/100 M 的以太网网卡，支持 ATA 133 标准的硬盘，传输速率可以达到 133 Mb/s。P4X333 也支持 USB2.0 规范，可以提供 6 个标准的输出接口，整合了 MC'97 规范的内置 Modem。

P4M266 是整合了图形显示芯片的基于 Pentium Ⅳ 处理器的主板，整合的图形显示芯片是 S3 公司的 ProSavage8 显示芯片。支持 DDR SDRAM PC200/266，也支持 SDRAM PC133/100，最大支持内存容量为 4 GB，只支持前端总线为 400 MHz 的 Pentium Ⅳ，整合了 ProSavage8 显示芯片，但可以外接 AGP 接口的显示卡。

P4X400 是 VIA 新推出的芯片组，北桥采用 VIA Apollo P4X400 芯片，南桥采用 VT8235 芯片。支持前端总线为 533 MHz 的 Pentium Ⅳ，3 个 DDR400 规格内存接口，最大支持内存容量为 3 GB，一个 APG 8X 的接口，标准电压为 1.5 V，提供 6 个 PCI 插槽，6 声道音频输出，6 个基于 USB2.0 标准的接口，还提供一个 IEEE1394 接口。整合了 MC'97 的内置 Modem。

3. SiS 芯片组

（1）SiS635/SiS735

SiS635 和 SiS735 芯片组的外形图，如图 2—26 所示。

SiS635 和 SiS735 芯片组的主要功能如下：

1) 支持 Intel Celeron、Pentium Ⅲ 处理器；SiS735 支持 AMDAthlon

图 2—26 SiS（矽统科技）和扬智科技的芯片组

及 Duron 处理器。

2) 支持使用 DDR266、DDR200 或 PC133 SDRAM 内存，支持 3 个 DIMM 插槽。

3) 内建 Multi-Threaded IO Link（多线程输入输出连接），集成北桥、南桥控制功能，外部 PCI 总线带宽 1.2 Gb/s。

4) 支持 AGP 4X 接口与 Fast Write 传输。

5) 双重通道支持 IDE ATA 33/66/100 传输速率。

6) 双通道 USB 控制器，可支持 6 个 USB 接口。

7) 组合 AC'97Audio/Modem 控制器，采用 S/PDIF 输出。

8) 提供高品质数据通讯（56 KB Modem）、高速以太网络传输（10 MB/100 MB Fast Ethernet）及家庭网络（1 MB/10 MB Home Net Working）。

9) 符合 ACPI1.1/APM1.2 规范。

(2) SiS645/645DX/648

SiS645 芯片组于 2001 年 11 月推出，SiS645 芯片组并不支持 423 接口，只支持 478 接口的 Pentium Ⅳ。北桥采用的是 SiS645 芯片，但它是最早支持 DDR333 规格内存的芯片组，最大支持容量为 3 GB，在 AGP 总线方面提供 2.1 Gb/s 的带宽，前端总线为 400 MHz。南桥采用 SiS961 芯片，提供 6 个 PCI 接口，6 个 USB1.1 接口，可以提供基于 AC'97 规范的 5.1 声道输出（6 声道），提供两个标准 IDE 接口，全面支持 ATA 100/66/33 规格。南桥和北桥的传送数据的速度是 533 Mb/s。

SiS648 芯片组北桥采用全新的 SiS648 芯片，全面支持 AGP3.0 标准，也就是 AGP 8X，带宽为 2.1 GB/s，兼容 AGP 4X。和 645DX 一样支持最大内存容量为 2048 MB。可以外接 AGP 4X 的显示卡。南桥采用 SiS963 芯片，几乎包括了现有主板的所有主流技术，ATA133 规格兼容 ATA100/66/33。提供 6 个 USB2.0 接口，6 个 PCI 插槽，基于 AC'97 的 6 声道输出，提供 3 个 IEEE1394 接口，整合了 10 MB/100 MB 网卡。

4. 典型主板芯片组

(1) Intel Pentium 4 平台

Pentium 4 芯片组一览表参见表 2—3。

表 2—3   Pentium 4 芯片组一览表

芯片组	Intel865PE/875P	VIA PT880	SiS655FX/TX	Ati RADEON 9100 IGP	Ali M1683
北桥芯片	865PE/875P	PT880	SiS655FX/TX	RADEON 9100 IGP	M1683

续表

最高支持 PSB 频率	800 MHz	800 MHz	800 MHz	800 MHz	800 MHz
最高支持内存规格	DDR400	DDR400	DDR400	DDR400	DDR400/DDR500
双通道 DDR	支持	支持	支持	支持	不支持
最高内存规格带宽	6.4 Gb/s	6.4 Gb/s	6.4 Gb/s	6.4 Gb/s	3.2 Gb/s
最多支持内存容量	3 GB	8 GB	4 GB	4 GB	4 GB
AGP 8X	支持	支持	支持	支持	支持
集成图形芯片	865G Intel Extreme Graphics 2	不支持	不支持	RADEON 9000 级 VPU	不支持
南桥芯片	ICH5 或 ICH5R	VT8237	SiS964	IXP150	M1563
南北桥连接总线	Intel Hub Architecture	Ultra V-Link 8X	MuTIOL 1G	A-Link	HyperTransport
南北桥连接带宽	266 Mb/s	1 066 Mb/s	1 024 Mb/s	266 Mb/s	1 600 Mb/s
ATA 100/133	支持	支持	支持	支持	支持
SATA	支持	支持	支持	不支持	不支持
集成音效	AC'97 6 声道	AC'97 8 声道 Vinyl Audio	AC'97 6 声道	AC'97 6 声道	AC'97 6 声道

（2）AMD Athlon XP 平台

AMD 平台包括 Athlon XP 和 Athlon 64 两大架构。目前市面上所出售的 AMD 平台主板采用的芯片组基本上都是 VIA、nVIDIA 和 SiS 三家厂商的产品，形成了三分天下的市场格局。

下面主要介绍 Athlon XP 芯片组，见表 2—4。

表 2—4　　　主流 Athlon XP 平台芯片组技术参数对比

芯片组	VIA KT600	nForce2	SiS741
北桥芯片	KT600	IGP/SPP	SiS741
前端总线频率	266/333/400 MHz	266/333/400 MHz	266/333/400 MHz
兼容内存	DDR266/333/400	DDR266/333/400	DDR266/333/400
双通道 DDR	不支持	支持	不支持
最高内存规格带宽	6.4 Gb/s	6.4 Gb/s	3.2 Gb/s
最大内存容量	4 GB	3 GB	3 GB
AGP 接口	AGP 4X/8X	AGP 4X/8X	AGP 4X/8X
整合图形芯片	不支持	Geforce4MX (IGP)	Real256E
南桥芯片	VT8237	MCP 和 MCP-T	SiS964

续表

南北桥连接	8X V-Link (533 Mb/s)	HyperTransport (800 Mb/s)	MuTIOL 1G
ATA100/133	支持	支持	支持
SATA	支持	不支持	不支持
整合音效	AC'97 6 声道	MCP；AC'97、MCP-T；APU	AC'97 5.1 声道
网卡	VIA MAC 10/100 Ethernet	nVIDIA 10/100 Ethernet	10/100 Ethernet
Modem	MC'97	不支持	MC'97

三、主板的分类

1. 按主板上使用的 CPU 架构分类

不同的 CPU 需要搭配不同的主板。主板按照 CPU 接口的架构分为 Socket 370、Slot A、Socket A、Socket 423、Socket 478、Socket 479、Socket 603、Socket754、PAC 418、Socket T、Socket 940 和 Socket 939 等。这几种类型的主板分别适合不同的 CPU 类型，如图 2—27 所示。

另外，同一名称的 CPU 由于内核不同，芯片组也不相同，与这种 CPU 配套的主板也不同。

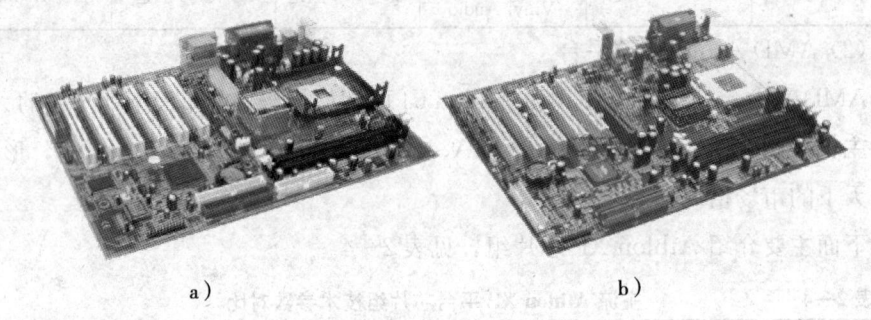

图 2—27 主板示意图
a) Socket 478 b) Socket A

2. 按芯片组结构特点分类

（1）南、北桥型芯片组

传统的南、北桥型芯片组一般由两块芯片组成。其中一片负责支持和管理 CPU、内存和图形系统器件；另一片负责支持 IDE 设备，各种高速串、并行接口及能源管理等部分。两片芯片之间的信息则由 PCI 总线沟通。此时的芯片组就像桥梁或纽带一样将计算机系统中各个独立的器件和设备连接起来形成整体，如图 2—28、图 2—29 所示。

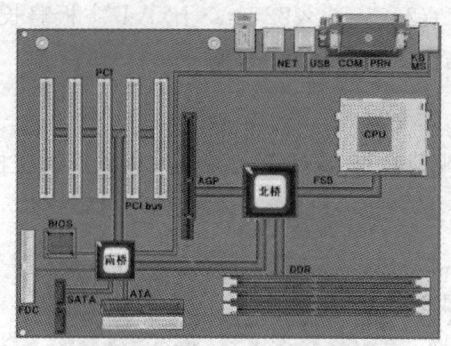 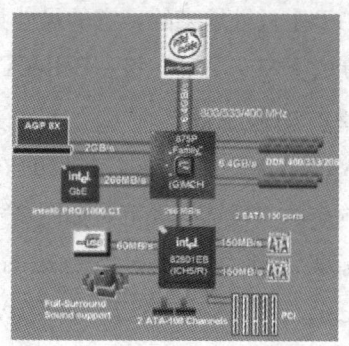

图 2—28 芯片组功能示意图　　图 2—29 芯片组厂家提供的功能示意图

（2）中心控制式芯片组

Intel 继 440BX 之后开始放弃传统的南、北桥架构而首次推出中心控制型芯片组 i810。这种架构的芯片组与南、北桥芯片组之间的最大差别是中心控制型芯片组中 3 片集成电路之间的连接（信息通道）改用数据带宽为 266 Mb/s（比 PCI 总线高了一倍）的新型专用高速总线，芯片组之间采用这种专用高速总线进行数据通信，显然在理论上比采用 PCI 总线（带宽为 133 Mb/s）进行连接的传统南、北桥芯片组的运行速率要快得多。而且连接在 ICH 上的各种设备或器件需要与 CPU 交换数据时，可以不经 PCI 总线而直接通过内部专用高速总线进行，这就是其定义为"中心控制型"芯片组的缘由。

3. 按主板结构分类

主板结构标准主要分为 ATX、Baby AT、BTX 和 NLX 等类型。主流结构是 ATX，早先的 Baby AT 结构已很少使用，只有个别用户在对其原来的 AT 型机箱升级时才使用。至于 NLX 结构的主板，市场上没有零售的，由于它的结构小巧特殊，可以使用体积较小的机箱，所以一般仅用于国外品牌机。

（1）AT 主板

AT 主板是一种主板尺寸大小和结构的规范，因首先应用在 IBM PC/AT 机上而得名，已成为一种工业标准。AT 主板尺寸为长×宽＝32 cm×30 cm，以键盘插座所处边为上沿，样式如图 2—30 所示。

Baby AT 为袖珍尺寸的 AT 主板，比 AT 主板小，因而得名。很多原装机的一体化主板首先采用此主板结构。Baby AT（Mini 型 AT）主板是从最

图 2—30 AT 主板

早的 AT 主板继承来的，它的尺寸为长×宽＝26.5 cm×22 cm，比 AT 主板略长，而宽度大大窄于 AT 主板。Baby AT 主板使用 AT 或 ATX 电源。

(2) ATX 主板

ATX（AT eXternal，扩展的 AT 主板规范）是 Intel 公司首创并得到广大主板厂商响应的主板结构规范，如图 2—31 所示。

标准 ATX 主板长×宽＝19 cm×30.5 cm，使用 ATX 电源，符合 ATX 标准的主板上集成了常用的功能芯片和 I/O 端口。ATX 主板提供 7 个 I/O 槽（1 个槽共享），需要配合专门的 ATX 机箱，它是广泛采用的主板结构。ATX 主板的变形结构有 Micro ATX 主板结构，即小板，提供 4 个 I/O 槽。由于 AT 结构的主板有许多缺点，如主板横向宽度太窄、主板上 CPU 和内存的位置不合理、软硬盘控制器及软硬盘支架没有特定的位置，所以 ATX 主板针对 AT 和 Baby AT 主板的缺点做了改进，主板外形在 Baby AT 主板的基础上旋转了 90 度、CPU 与内存插槽位置更加合理、优化了软硬盘驱动器接口位置。

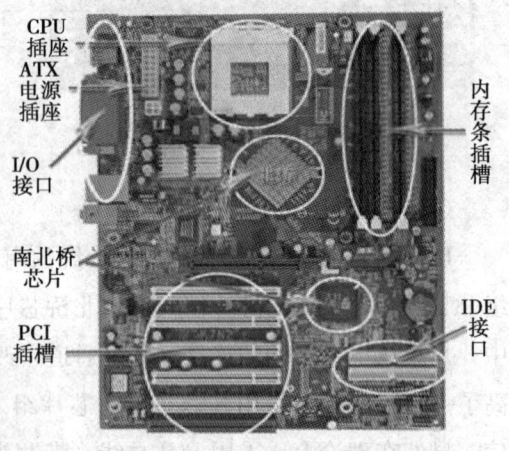

图 2—31　ATX 主板

除了对 AT、Baby AT 主板布局上的改进，ATX 机箱还有几项独到的创新。

1) 兼容性与可扩充性。ATX 主板尽可能地统一了 AT、Baby AT 和 ATX 的安装孔位置，只在 ATX 主板前侧和右部加了 5 个新孔（其中 1 个可选），取消了 Baby AT 主板上右侧的两个孔和超出 ATX 主板外的插孔，从而保持了兼容。

ATX 规范对主板上元件的高度做了规定，对边界位置做了改动，对顶部右上角电源预留空间和右下角驱动器预留空间也做了规定。

2) 增强的电源管理。ATX 主板在电源开关关闭时仍然提供 5 V、100 mA 的弱电流，以维持计算机内部一小部分电路的工作，这块电路的功能之一就是检测各种开机命令，比如 Modem 呼叫信号、遥控开机信号等。当接收到这些开机信号后，它就向电源发出开启信号，电源就完全打开，使整部计算机开始工作。这个特征可以真正实现计算机的软件开/关机和绿色节能功能，也使计算机在诸如收发传真、应答电话、智能控制家电等方面更接近实际应用的水平。

(3) BTX 主板结构

随着 SerialATA 和 PCI Express 等充满活力的新技术的诞生，一种全新的架构 BTX（Balanced Technology eXtended）产生了。BTX 在设计理念上和 ATX 十分相似，只是经过一系列改进，使得该架构可以显著提高系统的散热效能并降低噪声。BTX 主板如图 2—32 所示。

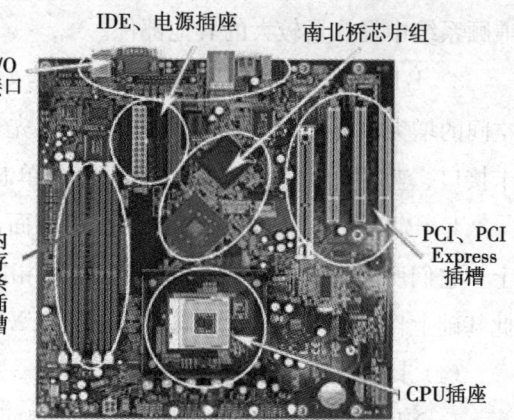

图 2—32 BTX 主板

1）BTX 的 3 种样式。目前 BTX 1.0 规范共有 4 种规格。根据板型宽度的不同分为标准 BTX、microBTX、Low-profile 的 picoBTX 和针对服务器的 Extended BTX 规范。

① picoBTX 规范。此规范只提供 1~2 个扩展槽，采用 4 个安装点，提供 1 个 3.5 英寸和 1 个 5.25 英寸驱动器槽，尺寸标准为 8.0 英寸×10.5 英寸，主要是应对近两年兴起的准系统（SFF）产品，体积相对较小。这种规格很显然是 Intel 对威盛（VIA）受人欢迎的 MiniITX 平台的呼应。

② microBTX 规范。相对应于 Micro ATX 规范，提供 3~4 个扩展槽位，采用 7 个安装点，可以提供 1 个 3.5 英寸和最多两个 5.25 英寸的驱动器槽，尺寸标准为 10.4 英寸×10.5 英寸，也就是相对于将标准 BTX 的长度缩短而成。microBTX 主要适用于精简的系统。

③ 标准 BTX 规范。此规范提供 7 个扩展槽，采用 10 个安装点，可以提供 3 个以上的 3.5 英寸和 3 个以上的 5.25 英寸驱动器槽，尺寸标准为 12.8 英寸×10.5 英寸。

④ Extended BTX 规范。这个主要是针对服务器领域制定的规范，其在标准 BTX 的基础之上取消传统的串、并口，PS/2 界面。

值得一提的是，不同尺寸的 BTX 样式之间并不涉及大规模的位置改动。由于 BTX 架构把系统最主要的组件都安排在了主板的上部，因此减小主板的尺寸只需要去掉多余的外围设备扩展槽便可实现，picoBTX 就仅保留了一条外围设备扩展槽，如图 2—32 所示。

2）BTX 的散热系统。散热模块是 BTX 系统提高散热效能和降低噪声水平的重要组成部分。BTX 规范重新设计了系统处理器的位置，CPU 位于主板的上方和前方，这个位置配合新的散热模式不但可以对处理器进行散热，散热模块同时可以兼顾系统中发热量较大的其他部件。

3) BTX 的 I/O 背板。BTX 背板上的 USB 接口需要 2 倍或 3 倍的增加。背板空间的增大使得 BTX 主板可以整合多项先进技术，如 Wi-Fi（802.11x）、多个网卡接口、蓝牙，甚至是 Intel 最终整合成单芯片的 WiMax。

4) BTX 的电源供给。在电源供给方面，BTX 并没有背离 ATX 的设计。事实上，它们所演示的样板就是使用和 ATX 相同的电源连接，BTX 的电源设计不会在此基础上作大的改变。BTX 标准支持 ATX12V、SFX12V、CFX12V 和 LFX12V。

(4) 其他主板结构

1) NLX 主板。NLX 主板是一种低侧面主板，标准尺寸为长×宽＝32.5 cm×22.5 cm，使用专用机箱，采用 AT 或 ATX 电源。它支持各类微处理器技术，支持新的 AGP 接口，支持高内存技术，提供了更多的系统级设计和灵活的集成能力。这种设计上的灵活性允许系统设计者快速完成主板的拆装，在多数情况下甚至不必拆卸一个螺钉。因此 NLX 主板降低了整个 PC 系统的成本。

NLX 主板由两个部分构成，一部分是布有逻辑控制芯片和基本输入输出端口的基板，另一部分是具有 ISA、PCI、AGP 等扩充插槽的附加板，即 Add in 卡。Add in 卡则像显示卡一样插在基板的特殊端口中，这样做可以使一些很"高大"的板卡能够与主板平行，不仅可使机箱变矮，而且抽取起来更加方便；Add in 卡位于主板的边缘，通过一个带定位隔板的长插槽与主板连接；Add in 卡上有 PCI、ISA、AGP 的扩充插槽，以及软驱、硬盘（IDE1、IDE2）接口，为整个主板供电的电源插座也在 Add in 卡的前端；正常情况下，Add in 卡是固定在机箱上的，而主板像一块附加卡一样插到 Add in 卡上。NLX 主板的左前方为 CPU 插槽，内存插槽等"高"元件也位于主板的左侧，这样当主板右侧的 Add in 卡上插了宽尺寸的扩展卡时就不会与这些"高"元件发生空间上的冲突。

NLX 主板采用的 I/O 扩充槽与主板分离和主板无连线设计（所有需要外接或连接的设备均在 Add-in 卡上）技术，使主板的升级异常方便、快捷，更换一块 NLX 主板不再需要将整套计算机拆卸后再重新拼装。

2) 一体化主板。一体化（All in one）主板上集成了声卡、显卡、Modem、网卡（NIC）等多种电路，一般不需再插卡就能工作，具有集成度高、可靠性高、节省空间、价格较低等优点，但也有维修不便和升级困难的缺点，在原装品牌机中采用较多。

3) Flex ATX 主板。Flex ATX 主板是 Intel 研制的主板结构，Flex ATX 主板比 Micro ATX 主板小 1/3，主要用于类似 iMAC 的高度整合计算机，如有一种

Socket 370 架构的 Flex ATX 主板结构,只有 1 个 PCI 槽和 1 个 AMR 槽。

4. 按功能分类

(1) PnP 功能主板

PnP 功能主板是带有 PnP BIOS 的主板,通过配合 PnP 操作系统(如 Windows 9X/2000)可帮助用户自动配置主机外设,做到"即插即用"。

(2) 节能(绿色)功能主板

一般在开机时有能源之星(Energy Star)标志,能在用户不使用主机时自动进入等待和休眠状态,在此期间降低 CPU 及各部件的功耗。

(3) 无跳线主板

无跳线主板是对 PnP 主板的进一步改进。在这种主板上,连 CPU 的类型、工作电压的设置都无须使用跳线开关,均能自动识别,只需用软件略作调整即可。经过 Remark 的 CPU 在这种主板上会立即露出原形。

5. 按生产主板的厂家分类

生产主板芯片组的厂家虽然只有 Intel、AMD、nVIDIA、VIA(威盛)、SiS(矽统)、Ali(扬智)、ATi 等,但市场上常见的主板品牌有微星(MSI)、华硕(ASUS)、佰钰(Acorp)、建基(Aopen)、磐正(EPoX)、升技(Abit)、硕泰克(Soltek)、映泰(BIOSSTAR)、联想(QDI)等。

2.1.2 主板性能检测

 学习目标

➢了解主板的设计和技术的变化
➢掌握主板主要的性能指标
➢熟悉用相关软件检测主板的性能

一、主板设计及布局的变化

近年来,主板产品的设计及布局变化很大,省材、方便易用、抗干扰能力更强,具体包括如下几个方面:

1. 面积缩小

由于主板集成度提高,取消了部分 ISA 槽,ATX 主板开始向小型化方向发展,有些主板纵向长度已小于 20 cm;有些整合芯片组主板的扩展槽已减少至 4

只，使主板扩展槽一侧的横向宽度也相应缩小。

2. 彩色接口标志

根据 PC99 认证规定，主板的设计必须要具有人性化，主板的集成接口采用了彩色标志，连接外设时一目了然，第二 IDE 接口变为白色，很容易与第一 IDE 接口区别。PC99 规范中没有明确提出对连接器的颜色要求，只是给了一个建议，各厂商可以根据自己的情况决定使用情况。VGA 类显示器接口为蓝色；视频输出接口为黄色；平板显示器接口为白色；IEE1394 接口为灰色；音频线输入接口为浅蓝色；音频线输出接口为黄绿色；话筒接口为粉红色；MIDI/游戏杆接口为金黄色；PS/2 键盘接口为紫色；PS/2 鼠标接口为绿色；并口为紫红色；串口为青绿色；USB 接口为黑色。

3. 可伸缩的 Slot 1 支架

主板 Slot 1 接口上大多使用了可伸缩的 Slot 1 支架，比原来的固定架安装更为方便。支架自身带了 CPU 卡口，以保证 CPU 与插槽接触良好。

4. 跳线减少

由于免跳线技术使大多数系统状态设定均置入 BIOS 中，主板上的跳线大为减少。

5. 板载蜂鸣器

有些主板用板载蜂鸣器，免去了 PC 扬声器，减少了连线。

6. ISA 插槽减少

主板布局设备的又一特征是 ISA 插槽逐步减少，根据 PC99 规范，主板上应当没有 ISA 插槽，但由于很多用户手中还有不少 ISA 接口卡，主板厂商还保留有较少的 ISA 插槽。

7. 使用 AMR（Audio/Modem Riser，声音/调制解调器插卡）插槽

在有的主板上采用了一只 AMR 插槽，插上 AMR Modem 接口卡即可实现 Modem 功能，价格远比普通 Modem 便宜。

二、主板的主要性能

主板在计算机系统中占有很重要的地位，选购主板时应考虑的主要性能是速度、稳定性、兼容性、扩展能力和升级能力。

1. 速度

现在的多媒体应用使得 CPU 要处理的数据及要和外设之间交换的数据量大为增加，而 CPU 与内存、CPU 与外设（显示卡、IDE 设备等）、外设与外设的数据

通道都集成在主板上。所以主板的速度制约着整机系统的速度。

2. 稳定性

计算机的各部件都可能出现性能不够稳定的情况，但都不如主板对系统的影响大。一块稳定性欠佳的主板会在使用一段时间后暴露出其弱点，而这种不稳定性往往以较隐蔽的方式表现出来，如找不到 IDE 硬盘、显示器无显示、莫名其妙地死机等，往往让人误以为是 CPU 或外设出了问题，而实际上是由于主板性能不稳定造成的。

3. 兼容性

兼容性好的主板会使得在选择部件和将来对计算机升级时有更大的灵活性；兼容性差的主板不容易和外设匹配，造成一些优秀的板卡因为主板的限制而不能使用，致使系统性能降低或无法发挥。

4. 扩充能力

计算机在购买一段时间后都会出现要添置新设备的需求。有着良好扩充能力的主板将使用户不必为插槽空间的紧缺伤脑筋。主板的扩充能力主要体现在有足够的 I/O 插槽、内存插槽、CPU 插槽、AGP 插槽以及与多种产品兼容的硬驱接口和 USB 接口等。

5. 升级能力

CPU 的更新换代速度较快而主板相对稳定，也就是说主板比 CPU 有着更长的生命周期。一块好的主板应为现在的及未来的 CPU 技术提供支持，使 CPU 升级时不用更换主板。

三、主板的选购

选购主板时，面对性能各异、价格不一的主板，要考虑的因素很多，那么如何才能正确挑选购买好一款主板呢？一般来说，要重点查看以下几个方面。

1. 实际需求

用户应按自己的实际需求来选购主板。比如说，对一般的办公来说，如没有较高的娱乐性要求，则可选购一款性能适中的主板。

2. 主板结构

首先用户要考虑需使用什么样 CPU 的主板，选用的 CPU 大致决定了整个系统的性能档次。目前流行的主板按照 CPU 的接口可分为 Socket 478、Socket 370 和 Slot A。一定要注意所购主板是否适合 CPU 的接口。

3. 主板的技术性能

主板生产厂家研发能力的强弱也可以从主板的技术性能来体现。主板的技术特色主要体现在，超频稳定性能、安全稳定性能、方便快捷性能（免跳线技术、PC99 技术规格）、升级扩充性能和其他技术性能（UDMA100 技术、STR 技术）。

4. 主板产品的售后服务

性能再好的主板也难免会出现问题，所以主板生产厂家是否提供良好的售后服务也非常重要。最好选择可以在所在地调换产品的商家，这样就可以及时地解决所出现的问题。

5. 品牌

目前生产主板的厂家很多，主板厂商主要有华硕、微星、升技、梅捷、精英、浩鑫、建基、钻石、磐英、技嘉。在选择主板产品的时候，一定要做到知己知彼，同时多多衡量、考虑产品的利弊因素，只有这样，才能挑选到一款称心如意的产品。

四、主板性能的检测

CrystalMark 2004R2 是一款系统检测和测试的工具，它可全面测试计算机 CPU（ALU 算术逻辑和 FPU 浮点运算）、MEM 内存、HDD 硬盘、显卡 2D 及 3D 的性能，测试完成后可选择复制、保存或预览测试结果（测试结果的格式有 TEXT 和 HTML 两种）。

在 CrystalMark 2004R2 中可以查看主板性能。

1. 通过"等级"选项卡，可以查看主板（含 CPU）信息，如图 2—33 所示。
2. 通过"系统"选项卡，可以查看主板的制造商和型号信息，如图 2—34 所示。

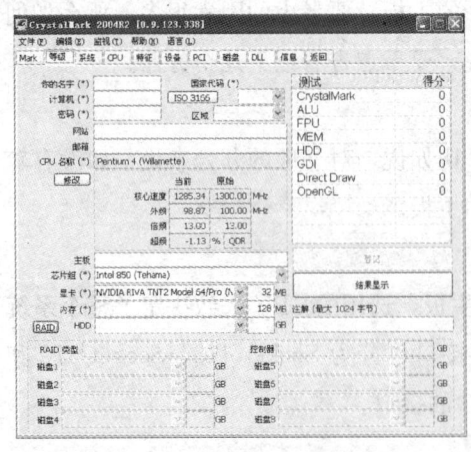

图 2—33 "等级"选项卡

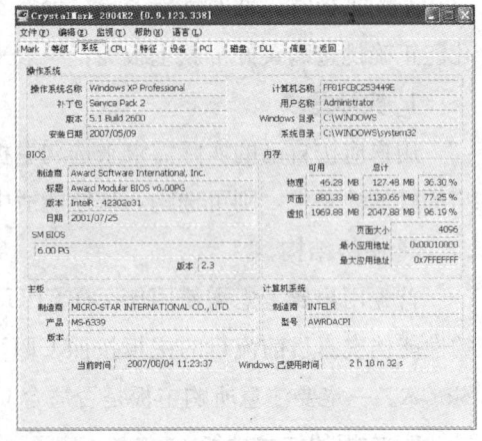

图 2—34 "系统"选项卡

3. 通过"设备"选项卡，可以查看芯片组等信息，如图 2—35 所示。

4. 通过"PCI"选项卡，可以查看计算机 PCI 接口的信息，如图 2—36 所示。

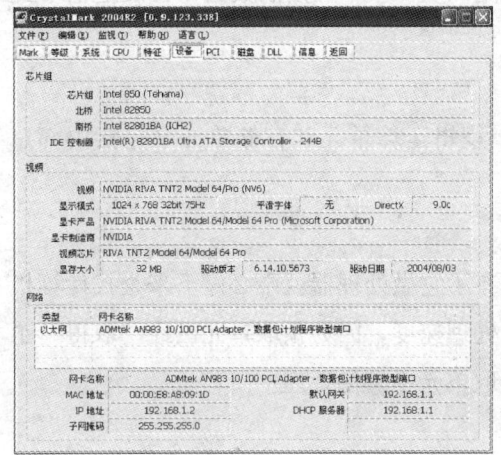
图 2—35 "设备"选项卡

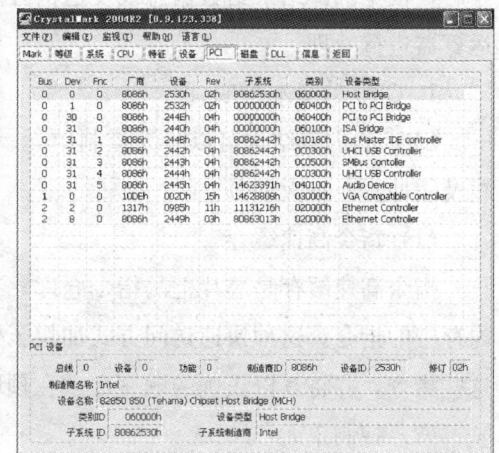
图 2—36 "PCI"选项卡

2.2 CPU 的识别与检测

2.2.1 识别 CPU 型号

 学习目标

➢了解 CPU 芯片的各个组成部分
➢掌握 CPU 的工作原理及主要技术参数的定义
➢熟悉 CPU 封装方式及特色技术

一、主流 CPU 的工作原理

中央处理器简称为 CPU（Central Processing Unit），又称为微处理器（Microprocessor），是计算机系统的核心，主要由运算器和控制器组成。中央处理器的内部结构分为控制单元、逻辑单元和存储单元三大部分，它们相互协作，进行分析、判断、运算，并控制计算机各部分的协调工作。计算机的一切工作都受 CPU 的控

制。其中，运算器主要完成基本算术运算和逻辑运算。而控制器不具有运算功能，它只是按顺序从 RAM 中取出指令，并将它们放到特殊的寄存器中。控制器翻译指令后，根据翻译结果给数据总线发送信号用以从 RAM 中读取数据，再发送信号到运算器进行处理。

1. CPU 的基本构成

CPU 的内部结构可以分为控制单元、逻辑运算单元和存储单元（包括内部总线及缓冲器）三大部分。

（1）指令高速缓存

指令高速缓存是芯片上的指令仓库，有了它微处理器就不必停下来查找计算机内存中的指令。这种快速访问方式加快了处理速度，因为预取单元已经"取得"了这些指令，并将其以正确的顺序存放在预取单元中等待处理。

（2）控制单元

控制单元是微处理器最重要的部件之一，因为它负责整个处理过程。根据来自译码单元的指令，它会生成控制信号，告诉运算逻辑单元（ALU）和寄存器如何运算、对什么进行运算以及怎样对结果进行处理。控制单元可以确保一切事情均发生在正确的时间和正确的地点。

（3）运算逻辑单元（ALU）

运算逻辑单元是芯片中的最后一个处理阶段。运算逻辑单元是芯片的智能部件，能够执行加、减、乘、除等各种命令。此外，它还知道如何读取逻辑命令，如或、与、非。来自控制单元的信息将告诉运算逻辑单元应该做些什么，然后运算逻辑单元将从它的"近邻"——寄存器中提取数据，以完成任务。

（4）寄存器

寄存器是运算逻辑单元（ALU）为完成控制单元请求的任务所使用数据的小型存储区域。数据可以来自于数据高速缓存、内存或控制单元，但都存储在寄存器内专门的位置。这就使运算逻辑单元的检索快速而高效。

（5）预取单元

预取单元可以根据命令或将要执行的任务决定，何时开始从指令高速缓存或计算机内存中获取数据和指令。当指令到达时，预取单元最重要的任务就是确保所有指令均按正确的顺序排列，以发送至译码单元。

（6）数据高速缓存

数据高速缓存与"处理合作伙伴"运算逻辑单元、寄存器、译码单元的协作非常紧密。数据高速缓存中存储了来自译码单元专门标记的数据，以备运算逻辑单元使用,同时还准备了分配到计算机不同部分的最终结果。

(7) 译码单元

译码单元的作用是将复杂的机器语言指令解译成运算逻辑单元(ALU)和寄存器能够理解的简单格式。这项工作可以使处理效率更高。

(8) 总线单元

总线单元是指令从计算机内存流进和流出微处理器的地方。

2. CPU 的工作原理

CPU 设置了 6 种工作周期,分别用 6 个触发器来表示他们的状态,任一时刻只许 1 个触发器为 1,表明 CPU 所处周期状态,即指令执行过程中的某个阶段。工作流程如图 2—37 所示。

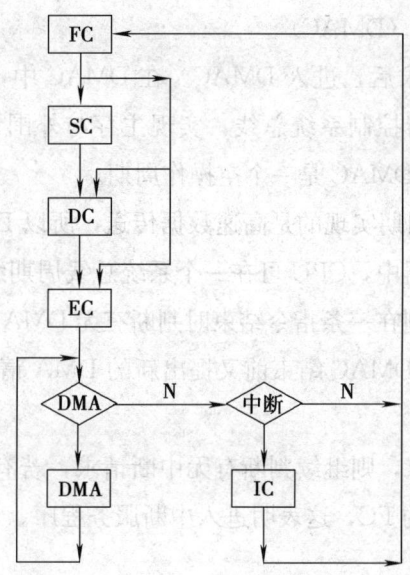

图 2—37 CPU 的控制流程

(1) 取指令周期 (FC)

CPU 在 FC 中完成取指令所需的操作。每条指令都必须经历取指令周期 FC,在 FC 中完成的操作是与指令操作码无关的公共操作。但 FC 结束后转向哪个周期则与本周期中取出的指令类型有关。

(2) 源周期 (SC)

CPU 在 SC 中完成取源操作数所需的操作。如指令需要源操作数,则进入 SC。在 SC 中根据指令寄存器 IR 中的源地址信息形成源地址,读取源操作数。

(3) 目的周期 (DC)

如果 CPU 需要获得目的操作数或形成目的地址,则需进入 DC。在 DC 中根据

IR 中的目的地址信息进行相应操作。

（4）执行周期（EC）

CPU 在取得操作数后，则进入 EC，这也是每条指令都需经历的最后一个工作阶段。在 EC 中将依据 IR 中的操作码执行相应操作，如传递、算术运算、逻辑运算、形成转移地址等。

（5）中断响应周期（IC）

CPU 除了考虑指令正常执行，还应考虑对外部中断请求的处理。CPU 在响应中断请求后，进入中断响应周期 IC。在 IC 中将直接依靠硬件进行保存断点、关中断、转中断服务程序入口等操作，IC 结束后转入取指令周期，开始执行中断服务程序。

（6）DMA 传送周期（DMAC）

CPU 响应 DMA 请求后，进入 DMAC。在 DMAC 中，CPU 交出系统总线的控制权，由 DMA 控制器控制系统总线，实现主存与外围设备之间的数据直接传送。因此对 CPU 来说，DMAC 是一个空操作周期。

由于在 DMA 传送周期实现的是高速数据传送，所以 DMA 请求的优先级应高于中断请求。在实际机器中，CPU 可在一个系统总线周期结束时响应 DMA 请求。为了简化控制逻辑，限制在一条指令结束时判断有无 DMA 请求，若有请求，将插入 DMAC；如果在一个 DMAC 结束前又提出新的 DMA 请求，则连续安排若干个 DMA 传送周期。

如果没有 DMA 请求，则继续判断有无中断请求，若有则进入 IC。在 IC 中完成所需的操作后转向新的 FC，这表明进入中断服务程序。

二、CPU 的封装技术

所谓封装是指安装半导体集成电路芯片用的外壳，它不仅起着安放、固定、密封、保护芯片和增强导热性能的作用，而且还是沟通芯片内部世界与外部电路的桥梁——芯片上的接点用导线连接到封装外壳的引脚上，这些引脚又通过印刷电路板上的导线与其他器件建立连接。因此，封装对 CPU 和其他 LSI（Large Scale Integration）集成电路都起着重要的作用，新一代 CPU 的出现常伴随着新的封装形式的使用。

芯片的封装技术已经历了好几代的变迁，从 DIP、QFP、PGA、BGA 到 CSP 再到 MCM，技术指标一代比一代先进，包括芯片面积与封装面积之比越来越接近于 1，适用频率越来越高，耐温性能越来越好，引脚数增多，引脚间距减小，重量减小，可靠性提高，使用更加方便等。

1. DIP 封装

20 世纪 70 年代流行的是 DIP 封装（双列直插封装）。DIP 封装结构形式有多层陶瓷双列直插式 DIP，单层陶瓷双列直插式 DIP，引线框架式 DIP（含玻璃陶瓷封接式、塑料包封结构式、陶瓷低熔玻璃封装式）等。DIP 封装结构具有以下特点：

（1）适合 PCB（印制电路板）的穿孔安装。

（2）比 TO 型封装易于对 PCB 布线。

（3）操作方便。

衡量一个芯片封装技术先进与否的重要指标是芯片面积与封装面积之比，这个比值越接近 1 越好。以采用 40 根 I/O 引脚塑料双列直插式封装（PDIP）的 CPU 为例，其芯片面积/封装面积＝(3×3)/(15.24×50)＝1∶8.6，离 1 相差很远。不难看出，这种封装尺寸远比芯片大，说明封装效率很低，占去了很多有效安装面积。Intel 公司早期的 CPU，如 8086、80286，都采用 PDIP 封装（塑料双列直插）。

2. 载体封装

20 世纪 80 年代出现了芯片载体封装，其中有陶瓷无引线芯片载体（LCCC）、塑料有引线芯片载体（PLCC）、小尺寸封装（SOP）、塑料四边引出扁平封装（PQFP）。

以 0.5 mm 焊区中心距、208 根 I/O 引脚 QFP（Quad Flat Package，四边引出扁平封装）封装的 CPU 为例，如果外形尺寸为 28 mm×28 mm，芯片尺寸为 10 mm×10 mm，则芯片面积/封装面积＝(10×10)/(28×28)＝1∶7.8，由此可见 QFP 封装比 DIP 封装的尺寸大大减小。QFP 的特点如下。

（1）用 SMT 表面安装技术在 PCB 上安装布线。

（2）封装外形尺寸小，寄生参数减小，适合高频应用。

（3）操作方便。

（4）可靠性高。

Intel 公司的 80386 处理器就采用塑料四边引出扁平封装（PQFP）。

3. BGA 封装

20 世纪 90 年代，随着集成技术的进步，设备的改进和深亚微米技术的使用，芯片集成度不断提高，I/O 引脚数急剧增加，功耗也随之增大，对集成电路封装的要求也更加严格。为满足发展的需要，在原有封装方式的基础上，又增添了新的方式——球栅阵列封装，简称 BGA（Ball Grid Array Package）。BGA 一出现便成为

CPU、南北桥等 VLSI 芯片的最佳选择。其特点如下：

（1）I/O 引脚数虽然增多，但引脚间距远大于 QFP，提高了组装成品率。

（2）虽然 BGA 的功耗增加，但能用可控塌陷芯片法焊接，简称 C4 焊接，从而可以改善 BGA 的散热性能。

（3）厚度比 QFP 减少 1/2 以上，重量减轻 3/4 以上。

（4）寄生参数减小，信号传输延迟小，使用频率大大提高。

（5）组装可用共面焊接，可靠性高。

（6）BGA 封装仍与 QFP、PGA（针栅陈列封装）一样，占用基板面积过大。

Intel 公司对集成度很高（单芯片里达 300 万只以上晶体管）、功耗很大的 CPU 芯片，如 Pentium、Pentium Pro、Pentium Ⅱ 采用陶瓷针栅阵列封装（CPGA）和陶瓷球栅阵列封装（CBGA），并在外壳上安装微型排风扇散热，从而使 CPU 能稳定可靠地工作。

4. 面向未来的封装技术

1994 年 9 月，日本三菱电气研究出一种芯片面积/封装面积＝1∶1.1 的封装结构，其封装外形尺寸只比裸芯片大一点点。也就是说，单个 IC 芯片有多大，封装尺寸就有多大，从而诞生了一种新的封装形式，命名为芯片尺寸封装，简称 CSP (Chip Size Package 或 Chip Scale Package)。CSP 封装具有以下特点：

（1）满足了 LSI 芯片引出脚不断增加的需要。

（2）解决了 IC 裸芯片不能进行交流参数测试和老化筛选的问题。

（3）封装面积缩小到 BGA 的 1/4 甚至 1/10，延迟时间大大缩小。

随着 LSI 设计技术和工艺的进步及深亚微米技术和微细化缩小芯片尺寸等技术的使用，技术人员产生了将多个 LSI 芯片组装在一个精密多层布线的外壳内形成 MCM 产品的想法。MCM 具有如下特点：

（1）封装延迟时间缩小，易于实现组件高速化。

（2）缩小整机/组件封装尺寸和重量，一般体积减小 25％，重量减轻 33％。

（3）可靠性大大提高。

多芯片组件 MCM (Multi Chip Model) 将对现代化的计算机、自动化、通信业等领域产生重大影响。

三、CPU 散热器

1. CPU 散热器的分类

CPU 散热器根据工作原理不同可以分为风冷式、热管散热式、水冷式、半导体制冷式和液态氮制冷等几种，但常用的散热器仍然是风冷式。

2. 风冷散热方式的工作原理

CPU 产生的热量通过热传导传递到散热片，风扇高速转动将绝大部分热量通过对流（强制对流和自然对流）的方式带走，只有极少部分的热量通过辐射方式直接散发。风冷散热器的制造成本低，可操作性强，使用起来也方便安全，所以成为现在常用的散热方式。风冷散热器主要由散热片、风扇和扣具构成。常见的风冷式散热器如图 2—38 所示。

图 2—38　常见风冷式散热器

a）Socket A/462 架构　b）Socket 478 架构

3. 风冷式散热器的主要技术参数

（1）散热片

散热片由底座和鳍片（或称鳃片）两部分组成。CPU 的内核面积通常不到两平方厘米，但功耗却达到几十瓦。通过散热片的底座把 CPU 内核处的热量传导到巨大面积的鳍片上，最终将热量散发到空气中。散热效果与散热片的底座表面积、鳍片与空气的接触面积有关，热交换面积越大，散热效果就越好。

1）散热片的材料。散热片的材料主要分为铜、铝两种。如图 2—39 所示就是采用铜铝结合散热器技术的散热器。

由于铝材质价格低廉，延展性好，易于成形，所以早期多为铝质散热器，但其缺点是导热性能不高。在高端散热器产品上多选用纯铜材质，但由于铜比铝较难以挤压成形，工艺要求更加严格，因此，铜制散热片的成本要远远高于铝制散热片。为此，目前中、高端产品中，普遍采用铜铝结合的散热器技术，即底部镶铜，CPU 散发的热量通过铜散热片传递给铝质鳍片，再通过风扇的对流作用散发到空气中，完成热传导过程，如图 2—39 所示。

2）散热片设计和工艺。散热片体积越大，其吸收和传递的热量就越多，散热效率就越高。目前散热片多采用挤压技术、切割技术、折叶技术和锻造技术，各种铝质散热片外观如图 2—40 所示。

3）散热片的形状。既然散热片是为了扩大 CPU 的表面积，那么如何使表面积

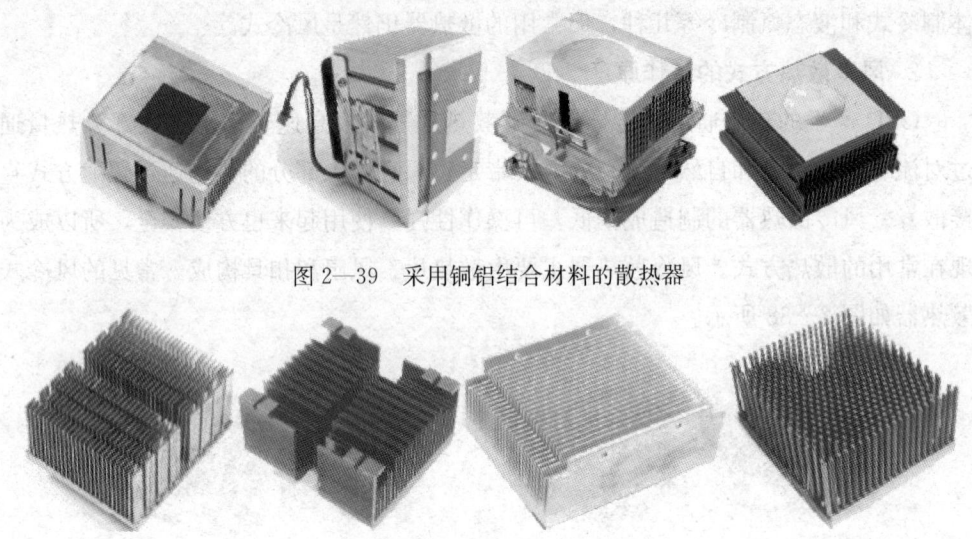

图 2—39 采用铜铝结合材料的散热器

图 2—40 采用不同工艺生产的铝质散热片

最大化,就是在材质被决定之后最重要的设计重点了。普通的散热片是压铸成的,常见的形状只是多了几个叶片的"韭"字形,这种散热片的散热效果是最为普通的。较高档的散热片则使用铝模经过车床车削而成,车削后的形状呈多个齿状柱体。在同样体积的情况下,如果散热片拥有数目越多的鳍片或齿状柱体,那么其表面积肯定也越大。

(2) 风扇

对于风冷散热器,要通过风扇的强制对流来加快热量的散失,因此,风扇对整个散热效果起到了决定性的作用,它的质量好坏往往决定了散热器的效果和使用寿命。评价一款风扇的好坏主要通过考查风量、噪声、风压、采用何种轴承、使用寿命长短等因素。

根据空气散热三要素的原理,热源物体表面的面积、空气流动速度以及热源物体与外界的温差是影响散热速度的最重要因素。风扇的性能参数如下:

1) 风扇功率。风扇功率是影响风扇散热效果的一个很重要的条件。一般情况下,功率越大,风扇的风力越强劲(前提是风扇扇叶设计相同),散热的效果也越好。

2) 风扇转速。风扇的转速与功率是密不可分的,转速的大小直接影响到风扇功率的大小。通常在一定的范围内,风扇的转速越高,它向 CPU 输送的风量就越大,CPU 获得的冷却效果就会越好。但如果转速过高,风扇在高速运转过程中可能会产生很大的噪声,还可能会缩短风扇寿命。风扇在转动的同时,本身也会产生热量,时间越长,产生的热量也就越大,磨损也会加剧。因此,在选择风扇的转速时,应该根据CPU的发热量决定,最好选择转速在3 500~5 200 r/min之间的风扇。

3) 风扇口径。该性能参数对风扇的出风量也有直接的影响。在允许的范围内,风扇口径越大出风量也就越大,风力作用面也就越大。

4) 风扇噪声。衡量风扇质量高低的另一个外在表现是噪声大小,毕竟太大的噪声将极大影响用户的心情。通常功率越大,转速也就越快,此时噪声也越大,风扇本身的设计也决定了噪声的大小。目前常见的风扇分为含油轴承式和滚珠轴承式两种。

5) 风扇排风量。风扇排风量是一个比较综合的指标。如果一个风扇的转速可以达到5 000 r/min,但其扇叶如果是扁平的,就不会形成任何气流,所以关系散热风扇的排风量,扇叶的角度是决定性因素。测试风扇排风量的方法很容易,只要将手放在散热片附近感受一下吹出的风的强度即可。通常质量好的风扇,即使在离它较远的位置,也仍然可以感到气流。

(3) 扣具

扣具是固定散热器与CPU接口的工具,它的好坏直接影响到安装的难易、散热的效果。CPU的封装不同,对散热器的扣具力量也有不同要求,扣具设计是随CPU类型而定的。一般来说,扣具扣得越紧,向下的压力就越大,散热片与CPU内核的接触面积就越大,热阻就越小,最终影响到散热效果。但无论压力有多大,对于两个刚体表面而言,它们的接触实际只是点与点的接触,所以要在接触面之间涂上导热硅脂。

目前,主流扣具是根据Intel Socket 478架构及AMD Socket A/462架构设计而成的,后者又可分为单孔、三孔两种。Pentium 4表面被耐磨耐热金属材料覆盖,且主板上配有散热支架,对扣具的要求不高。而配合Athlon XP的扣具则要承担整个散热器的重量,特别是追求超强散热效果的纯铜散热器,因此只能使用受力更为均衡的三孔扣具,这也正是AMD建议的扣具设计方式。而且三孔式扣具密合度更高,受力更均衡,能避免因过大压力而导致的Socket插座断裂,因此这种扣具安装更为简易。散热器扣具采用的材料为金属或塑料。常见的扣具如图2—41所示。

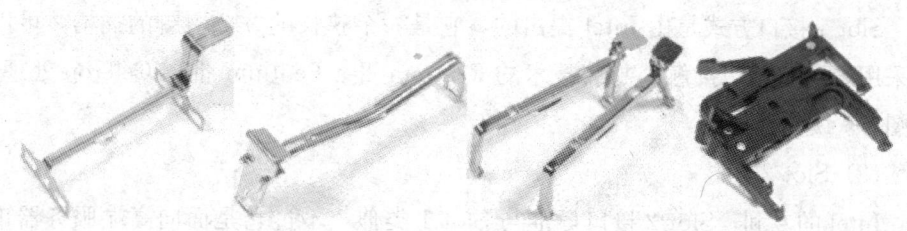

图2—41 常见扣具

4. 安装散热器的注意事项

安装 CPU 风扇时，应该在散热片与 CPU 之间涂敷导热硅脂。导热硅脂的作用并不仅仅是把 CPU 所产生的热量迅速而均匀地传递给散热片，更重要的是，硅脂还可以弥补因散热器底部不平衡而导致与 CPU 接触后没有热量通过的现象。由于硅脂具有一定的黏性，在固定散热片的金属弹片轻微老化松动的情况下，可以在一定程度上使散热片不与 CPU 表面分离，维持散热风扇的效能。

固定散热风扇用的金属弹片，其松紧程度可以调节。如果不是使用内核裸露在外的 CPU，尽可能用紧密的方式安装散热风扇，否则因散热片不能与 CPU 表面充分接触，会引起散热效率降低和产生振动。如果新安装的散热风扇在使用数天后效能降低，通常是弹片轻微滑脱的结果，比如挡片向上滑了一挡。所以在使弹片就位时，一定要尽可能保证紧固。安装时也要注意不能用力过猛，以免损坏 CPU 插座附近的元件和电路。

四、CPU 接口

CPU 接口是 CPU 内核与基板的安排以及外部包装形式。

1. 公用的早期接口时代

1995 年到 1997 年，Intel 和 AMD 采用了公用的接口，主要有以下两类。

（1）Socket 7

支持 Intel Pentium 和 Pentium MMX（核心代号 P55c）处理器；支持 AMD K5、K6、K6-2、K6-3（AMD 将其升级并命名为 Super）；支持 Cyrix 6x86、MII 等处理器。

（2）Socket 8

支持 Intel 150~200 MHz Pentuim Pro 系列处理器。

2. Intel 处理器的接口

1997 年以后，Intel 公司使用了以下的接口。

（1）Slot 1

Slot 1 接口方式是由 Intel 提出的，它是一个狭长的 242 引脚的插槽，可以支持采用 SEC（单边接触）封装技术的 Pentium Ⅱ、Pentium Ⅲ 和 Celeron 处理器，如图 2—42 所示。

（2）Slot 2

Intel 的专利，Slot 2 接口标准与 Slot 1 类似，不过它是面向高端服务器市场的，与其搭配的主板芯片组为 Intel 440GX，处理器为 Xeon（至强）。用于 Pentium Ⅱ Xeon 和 Pentium Ⅲ Xeon 中，采用插卡的方式与主板对应插槽连接，目前已被淘汰，如图 2—43 所示。

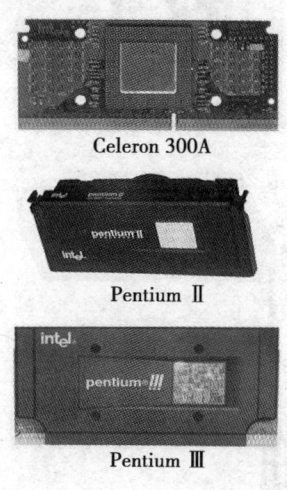

图 2—42　Slot 1 接口

图 2—43　Slot 2 接口

(3) Socket 370

Intel Pentium Ⅲ（Coppermine、Tualatin 核心）、Celeron/Celeron Ⅱ（Coppermine 核心）/Celeron 3（Tualatin 核心）全系列产品和大部分 VIA C3 处理器均采用此接口。

Socket 370 基于 Socket 7，不过在插座的四周分别加了一排针脚。首先采用 Socket 370 的是 PPGA 封装的 Celeron，接着是 FC-PGA 封装的 Pentium Ⅲ和 Celeron Ⅱ，如图 2—44 所示。

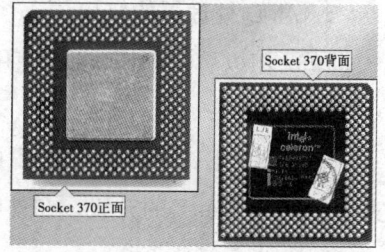

图 2—44　Socket 370 接口

(4) Socket 423

早期 Willamette 核心的 Pentium 4 所采用的过渡型接口规范拥有 423 根针脚，使用不到 1 年宣告废弃，如图 2—45 所示。

(5) Socket 478

Socket 423 的后继者，用于目前所有的 Pentium 4 处理器中，其尺寸比 Socket 370 和 Socket 423 小得多，安装散热器和风扇必须利用辅助支架才能完成，如图 2—46 所示。

(6) Socket T

Intel 的 CPU 接口方式，用于 Prescott 和随后的 Tejas 之中，用触点连接方式取代了现有的针脚，其散热器和风扇安装方法也比较特殊，如图 2—47 所示。

图2—45　Socket 423接口

图2—46　Socket 478接口

图2—47　Socket T接口

3. AMD处理器的接口

1997年以后，AMD公司使用了以下的接口。

(1) Super 7

AMD、VIA、SiS共同推出的规范，用于AMD K6-2、K6-3系列处理器中，实际上是Socket 7的升级，在外频指标方面有所提升。

(2) Slot A

Slot A接口标准是由Intel的竞争对手AMD提出的，它支持AMD K7处理器，与其搭配的芯片组为AMD 751芯片组。VIA（威盛）作为非Intel芯片生产商，也有支持K7的芯片组A-pollo KX133和KT133。与Slot 1类似，但两者在逻辑上无法相互兼容，目前已被淘汰，如图2—48所示。

图2—48　Slot A接口

(3) Socket A（Socket 462）

AMD在Athlon（Thundbird）、Athlon XP和Duron系列中采用的接口方式，尺寸和Socket 370差不多，针脚数达到462个；如Athlon（雷鸟）和Duron（毒龙）CPU，如图2—49和图2—50所示。

图 2—49　Athlon（雷鸟）处理器　　　图 2—50　Duron（毒龙）处理器

（4）Socket 754

AMD Athlon 64 采用的全新接口方式，估计将贯穿整个 K8 时代（桌面平台），尺寸与 Socket 478 相当，但针脚数提高到 754 根，布局紧密，散热器和风扇需要辅助支架安装。

（5）Socket 940

AMD Opteron 处理器采用的接口，同样将贯穿整个 K8 时代（服务器/工作站平台），尺寸与 Socket 754 一样，针脚数达到 940 根，CPU 底部几乎没有任何空余的空间，散热器和风扇安装方法与 Socket 754 相仿，如图 2—51 所示。

（6）Socket 939

AMD Athlon 64 采用的全新接口方式，支持双通道非校验 DDR 内存，如图所示。可以看出，Socket 939 处理器只有在一角相对于 Socket 940 的处理器少了一个针脚，其他的地方只是针脚的位置有所不同而已，如图 2—52 所示。

 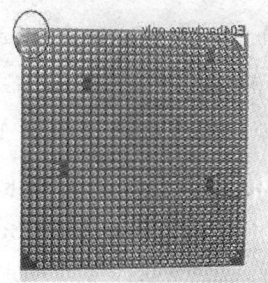

图 2—51　Socket 940 处理器　　　图 2—52　Socket 939 处理器

五、主流 CPU 产品介绍

1. Intel 系列

Intel 公司是 x86 系列 CPU 最大的生产厂家。Intel 公司的 x86 CPU 与 Microsoft 公司的 MS-DOS、MS-Windows 一起架起了 PC 的主要软、硬件框架。

（1）Intel Pentium 系列处理器

自从 Intel 公司于 2000 年 11 月发布 Pentium 4 处理器以来，Pentium 4 处理器的性能不断改进和提升，已经经历了五代，各代技术参数见表 2—5。

表 2—5　　　　　　　　　　Pentium 4 处理器技术参数

参数名称	第一代	第二代	第三代	第四代	第五代
发布时间	2000 年 11 月	2002 年 4 月	2002 年 11 月	2003 年 4 月	2004 年 7 月
制造工艺（μm）	0.18	0.13	0.13	0.13	0.09
内核工艺	Northwood	Northwood	Northwood	Northwood	Prescott
晶体管数量	5 500 万个	5 500 万个	5 500 万个	5 500 万个	1.25 亿个
时钟频率（GHz）	1.4～2.0	1.8～2.4	2.4～3.06	2.4～3.4	2.8～3.6
前端总线频率	400 MHz (Quad Pumped 100 MHz)	400 MHz (Quad Pumped 101 MHz)	533 MHz (Quad Pumped 133 MHz)	800 MHz (Quad Pumped 200 MHz)	800 MHz (Quad Pumped 200 MHz)
高速缓存	KBL1、256 KBL2	8 KBL1、512 KBL2	KBL1、512 KBL2	8 KBL1、512 KBL2	6 KB L1、1 MBL2、2 MBL3
针脚类型	Socket 423	Socket 478	Socket 478	Socket 478	Socket 478/Socket T
超线程	不支持	不支持	只有 3.06 GHz 支持	所有型号都支持	所有型号都支持

1）采用"Willamette"核心 Pentium 4 处理器。2000 年 11 月 21 日，Intel 发布基于"Willamette"核心的 Pentium 4 处理器，目前发布了 1.30 GHz、1.40 GHz、1.50 GHz、1.60 GHz、1.70 GHz、1.80 GHz、2.0 GHz。"Willamette"采用 0.18 μm 的铝工艺，针脚数是 423，如图 2—53 所示。

图 2—53　"Willamette" Pentium 4 2.4 GHz

2）采用"Northwood"核心 Pentium 4 处理器。2002 年 1 月 7 日，Intel 发布了基于"Northwood"核心的 P4 处理器，发布了 1.60 GHz、1.80 GHz、2.0 GHz、2.20 GHz 四种频率。Northwood 所拥有的 512 KB 二级缓存是早期 Willamette 核心 P4 的两倍，同时，Northwood 核心采用了改进的 0.13 μm 新制造工艺，并使用了 HIS 顶盖散热和 FC-PGA2 封装设计，前端总线频率为 400 MHz。

Intel 也推出了 Northwood 新核心的 Pentium 4 处理器（仍采用 400 MHz FSB），起始频率为 1.6 GHz，包括 1.6 GHz、1.8 GHz、2.0 GHz、2.2 GHz、2.4 GHz、2.5 GHz 和 2.6 GHz 七种频率，其特点是采用了 0.13 μm 新制造工艺，二级缓存由 Willamette 核心的 256 KB 增加至 512 KB。很明显，频率为 1.6 GHz、1.8 GHz 和 2.0 GHz 的处理器与原来频率相重叠。为便于区分，Intel 在处理器命名中引入了"A"，即 Pentium 4 1.6A、1.8A 和 2.0A 处理器命名的来历。

2002 年 5 月 6 日，Intel 迈入 533 MHz 前端总线时代，发布 2.80 GHz、2.66 GHz、2.53 GHz、2.40 GHz 和 2.26 GHz 五种频率，如图 2—54 所示。2002 年 11 月 14 日，Intel 推出具有 Hyper-Threading（超线程）技术的 Pentium 4 3.06 GHz 处理器。

图 2—54 "Northwood" Pentium 4 2.8 GHz

Intel 在进一步提升 Pentium 4 处理器主频的同时也加入了超线程技术及 800 MHz FSB 这两种先进技术，推出了包括 3.40 GHz、3.20 GHz、3 GHz、2.80 GHz、2.60 GHz 和 2.40 GHz 六种频率的产品。处理器的出现不仅与早期的 400 MHz FSB Pentium 4 处理器有频率重叠，而且与 533 MHz FSB 产品也有交错。为便于区分这种采用 800 MHz FSB 的 Pentium 4 处理器，Intel 首次引入了字母"C"参与命名，即 Pentium 4 2.4C、2.6C、2.8C、3C、3.2C、3.4C 处理器。

3）采用"Prescott"核心 Pentium 4 处理器。采用"Prescott"核心的 Pentium 4 处理器是基于增强型 Netburst 架构，采用 0.09 μm 的 7 层铜互连技术，集成 1.25 亿个晶体管。采用了 166 MHz 的外频，前端总线带宽是 $166 \times 4 = 664$ MHz，使处理器的数据带宽达到 5.4 GB/s。使用了最新的 SSE3 指令集，SSE3 指令集主要是针对超线程技术进行了优化，充分利用多线程技术进行工作。采用一种 Yamhill 的技术，此技术将模拟出 64 位的环境，让 Prescott 能运行 64 位软件。

Prescott 包括了 3.4 GHz、3.2 GHz、3.0 GHz 以及 2.8 GHz 等多种型号，仍然使用 Socket 478 接口，如图 2—55 所示。

为了与同等频率的 Northwood 加以区分，Prescott 的具体型号名称中加入"E"来进行标示（Northwood 的同等频率型号以"C"或"B"来进行标示），即

图 2—55 "Prescott" 核心 Pentium 4 处理器

3.4E、3.2E 等。需要额外说明的是，Prescott 一般为 800 MHz 前端总线的版本，但其中 2.8 GHz 除 800 MHz 前端总线版本（具体型号名称标示为 2.8E）外，还包括一款 533 MHz 前端总线的版本，这款处理器的具体型号名称被标示为 2.8B，它并不支持超线程技术。

（2）Celeron 处理器

1）"Willamette" 核心 Celeron。Willamette 是 Intel 推出 Pentium 4 处理器所采用的核心。目前发布了 1.4 GHz、1.7 GHz、1.8 GHz 等，如图 2—56 所示。该处理器采用 0.18 μm 制作工艺，Socket 478 接口，支持 400 MHz 前端总线和 SSE2 指令集，使用 FC-PGA2 封装，工作电压 1.75 V，128 KB 二级缓存，功率为 63.5 W。增加执行单元、解码器和增加缓存的容量等以提高系统性能。

2）"Northwood" 核心 Celeron。2002 年 9 月 1 日，Intel 推出使用 Northwood 核心的赛扬 2.0 GHz 的处理器，如图 2—57 所示。采用 0.13 μm 铜布线工艺制造的 Northwood 核心可以工作在 533 MHz 频率上，而且改进的制造工艺进一步降低处理器的功耗，Northwood 核心将二级缓存的容量扩展至 512 KB。目前在市场上有 Celeron 2.0 GHz、Celeron 2.1 GHz、Celeron 2.2 GHz 三款。

图 2—56 "Willamette" Celeron 处理器　　图 2—57 "Northwood" Celeron 处理器

3）"Prescott" 核心 Celeron D。2004 年 6 月 24 日，Intel 发布了采用 90 nm 工艺 Prescott 核心的 Celeron D 处理器，并且新处理器将采用新的命名方式，频率 2.53/2.66/2.8 GHz 的三款产品名称分别为 325/330/335。相比老版 Celeron，新品支持 533 MHz FSB，L2 缓存容量提升到 256 KB，如图 2—58 所示。

图 2—58 Celeron D 处理器

(3) 其他 Intel 处理器

Intel 公司还有若干面向服务器市场的产品，如 Pentium Ⅲ（Ⅱ）Xeon，Pentium 4 Xeon，P4 EE 处理器。如图 2—59 所示为一款 Intel Pentium 4 Xeon 2.0A GHz 处理器。这种高性能的微处理器设计的目的主要是为了满足处理大量数据的工作站和服务器。它使用的针脚与其他的 CPU 不同，0.13 μm 铜布线工艺制造，Socket 603 接口，可以支持 603 个针脚，支持 Hyper-Threading 电路，同时也对应 2 路 SMP 功能，Prestonia 侧面有 3 个 IC。

P4 EE Xeon 处理器起始频率为 3.2 GHz，支持 800 MHz QPB，配备了 512 KB L2 缓存和 2 MB L3 缓存，如图 2—60 所示。

图 2—59 Pentium IV Xeon 2.0A GHz 处理器   图 2—60 P4 EE Xeon 处理器

2. AMD 系列

AMD（先进微器件）公司是世界第二大微处理器公司。它生产的 CPU 系列有 286、386、486 和 K5、K6、K7、K8 等。K5 的级别相当于 Intel 公司的 Pentium，K6 相当于 Pentium Ⅱ，K7 相当于 Pentium Ⅲ。

自从 AMD 公司于 2001 年 9 月推出 Athlon XP 处理器以来，Athlon XP 的内核不断更新，性能不断提高，其内核经历了 Palomino、Tunderbird（A、B）和 Barton 三代。2003 年 9 月，AMD 公司发布了面向台式机和笔记本计算机的 64 位处理器 Athlon 64（ClawHammer）和 Athlon 64 FX 处理器。Athlon XP 和 Athlon 64 的技术参数见表 2—6。

表 2—6　　　　　　　　Athlon XP 和 Athlon 64 的技术参数

参数名称	Athlon XP (Palomino)	Athlon XP (TunderbirdA、B)	Athlon XP (Barton)	Athlon 64 (ClawHammer)	Athlon 64 (New Castel)	Athlon 64 (FXSledge Hammer)
发布时间	2000 年 9 月	2002 年 4 月	2002 年 11 月	2003 年 9 月	2004 年 9 月	
制造工艺(μm)	0.18	0.13	0.13	0.13	0.13	0.13
内核版本	Palomino	Tunderbird(A、B)	Barton	ClawHammer	New Castle	Sledge Hammer
晶体管数量	3 750 万个	3 750 万个	5 430 万个	1.059 亿个	1.059 亿个	1.059 亿个
PR 值	1 500～2 100	1 600～2 800	2 500～3 200	2 800～3 700	3 000～3 800	3 000～3 800
实际频率 (GHz)	1.333～1.733	1.4～2.224	1.833～2.25	1.6～2.4	1.8～2.4	1.8～2.4
默认倍频	10～13	10.5～13.5	11～13/11	9.5～14.5	9.5～14.5	9.5～14.5
前端总线频率	266 MHz (Quad Pumped 133 MHz)	266/333 MHz (Double Pumped 133/166 MHz)	333/400 MHz (Double Pumped 166/200 MHz)	400 MHz (Double Pumped 200 MHz)	400 MHz (Double Pumped 200 MHz)	400 MHz (Double Pumped 200 MHz)
高速缓存	128 KBL1、256 KBL2	128 KBL1、512 KBL2	128 KBL1、512 KBL2	128 KBL1、256/512/1024 KBL2	128 KBL1、256/512/1024 KBL2	128 KBL1、256/512/1024 KBL2
针脚类型	Socket A/462	Socket A/462	Socket A/462	Socket 754	Socket 754/939	Socket 940/939

(1) Thoroughbred（B）

采用"Thoroughbred（B）"核心的 Athlon XP 采用 0.13 μm 的 9 层铜互连技术，前端总线频率为 333 MHz，核心工作电压为 1.65 V，采用 OPGA 封装，一级缓存为 128 KB（64 KB 数据缓存，64 KB 指令缓存，有数据预读取功能，采用 data Prefetch 技术），二级缓存为 256 KB。目前有 Athlon XP 2600＋（2 133 MHz），Athlon XP 2700＋（2 166 MHz）和 Athlon XP 2800＋（2 250 MHz）等，如图 2—61 所示。

(2) Barton

采用"Barton"核心的 Athlon XP 处理器采用 0.13 μm 硅晶绝缘体工艺（SOI，Silicon on Insulator），内核电压 1.65 V，外频 200 MHz，前端总线频率 400 MHz，采用 128 KB 一级缓存，512 KB 全速二级缓存。目前有 AMD Barton 2500＋（1 833 MHz），AMD Barton 2600＋（1.909 GHz），AMD Barton 2800＋（2.08 GHz），AMD Barton 3000＋（2.1 GHz），AMD Barton 3200＋（2.2 GHz）等，如图 2—62 所示。

图 2—61　Thoroughbred（B）　　图 2—62　"Barton"核心 Athlon XP 处理器

（3）Athlon 64 和 Athlon 64 FX

2003 年 9 月，AMD 发布了 64 位处理器，分为 Athlon 64 和 Athlon 64 FX 两个系列。其中 Athlon 64 采用 Socket 754 接口，只支持单通道内存；而 Athlon 64 FX 采用 Socket 940 接口，并支持双通道内存。

所有 AMD 的 64 位处理器均采用 0.13 μm 制造工艺，1.059 亿个晶体管，128 KB L1 Cache，1 MB/512 KB L2 Cache，并且支持 HyperTransport 技术。

Athlon 64 有 Claw Hammer 和 New Castle 两种内核。其中采用 Claw Hammer 内核的有 AMD Athlon 64 2800＋，AMD Athlon 64 3000＋，AMD Athlon 64 3200＋，AMD Athlon 64 3400＋，AMD Athlon 64 3700＋等几种，采用 Socket 754 接口，只支持单通道内存。采用 New Castle 内核的有 AMD Athlon 64 3000＋，AMD Athlon 64 3200＋，AMD Athlon 64 3400＋等，采用 Socket 754 接口，只支持单通道内存，前端总线频率 400 MHz，如图 2—63 所示。AMD Athlon 64 3800＋，采用 Socket 939 接口，只支持单通道内存。

目前 Athlon 64 FX 有 AMD Athlon 64 FX-51、AMD Athlon 64 FX-53 等，采用 Sledge Hammer 内核，Athlon 64 FX-53 处理器如图 2—64 所示，实际工作频率为 2.40 GHz，二级缓存为 1 MB，核心内部集成了双通道 DDR 内存控制器，采用 0.13 μm 制造工艺和 Socket 940 接口，前端总线频率为 400 MHz。

（4）AMD Sempron（闪龙）处理器

2004 年 7 月 29 日，AMD 在京正式发布 AMD Sempron 处理器，为 AMD 的低

图 2—63　AMD Athlon 64 3200＋　　图 2—64　AMD Athlon 64 FX-53
　　　　　处理器　　　　　　　　　　　　　　处理器

端产品，采用 0.13 μm 制造工艺，Sempron 处理器将有 Socket A、Socket 754 及 Socket 939 三种不同的接口。此次 AMD 推出 3100＋、2800＋、2600＋、2500＋、2400＋、2300＋和 2200＋七款 AMD Sempron 处理器。

Sempron 2400＋采用了 Socket A 接口，Barton 核心，256 KB L2 Cache，前端总线频率为 333 MHz，CPU 核心频率 1.6 GHz，如图 2—65 所示。

Sempron 3100＋采用 Socket 754 接口，256 KB L2 Cache，前端总线频率为 400 MHz，CPU 核心频率 1.8 GHz，如图 2—66 所示。

图 2—65　Sempron 2400＋　　　图 2—66　Sempron 3100＋

(5) AMD Opteron（皓龙）处理器

专为服务器和工作站设计的处理器，Opteron 150、250 与 850 芯片的运行速度为 2.4 GHz。Opteron 148、248 与 848，其运行速度为 2.2 GHz。它们的前端总线频率都为 800 MHz，采用 Socket 940 接口，0.13 μm 制造工艺，Opteron 内核，64 KB L1 Cache，1 024 KB L2 Cache。

AMD 使用型号代码分级体系来表示 Opteron 芯片的性能。三位型号数字的第一位表示该芯片是否属于一路、二路、四路或八路服务器。第二位数字表示该芯片相对于本系列其他芯片的性能。例如，Opteron 250 芯片表示隶属于二路服务器，而 850 芯片表示隶属于四路与八路服务器。

2.2.2　检测 CPU 性能

 学习目标

➢掌握 CPU 的主要技术指标
➢熟悉 CPU 的相关测试技术，并对 CPU 进行检测

一、CPU 的主要性能指标

CPU 作为整个计算机系统的核心，往往是各种档次计算机的代名词，如

Pentium 4、Athlon XP 等。由于 CPU 的性能大致上也反映出了所配置计算机的性能，因此，它的性能指标十分重要。下面简单介绍一些 CPU 主要的性能指标。

1. 字长

从 4 bit 的 Intel 4004 到 8 bit 的 8080、8086，再到 16 bit 的 8086/8088、80286，然后是 32 bit 的 80386、80486、Pentium、Pentium Ⅱ、Pentium Ⅲ、Pentium 4，最后到现在最新的 64 bit Itanium 和 AMD Athlon 64，CPU 的字长是在不断增长的。随着 CPU 字长的增加，I/O 接口带宽相应增加，处理的数据随之增多，提升了 CPU 的处理能力。

2. 主频

主频是 CPU 运行时的时钟频率，即 CPU 的时钟频率（CPU Clock Speed），有时也叫时钟速度，其基本单位是 Hz（赫兹）。时钟频率是衡量 CPU 运行快慢的一个标志，表示它在一定时间内工作了多少个时钟周期，主频的高低直接影响 CPU 的运算速度。一个时钟周期是处理器中的最小时间元素，完成每个动作（执行一条指令）至少需要一个时钟周期，并且大多数指令需要多个时钟周期才能完成。一般来说，主频越高，计算机运行的速度越快。由于内部结构不同，所以，并非所有的时钟频率相同的 CPU 的性能都一样。

Cyrix 公司的 CPU 对主频这项指标是采用 PR 性能等级参数（Performance Rating）来标称的，表示此时的 CPU 性能相当于 Intel 公司某主频 CPU 的性能。用 PR 参数标称的 CPU 实际运行时钟频率与标称主频并不一致。例如，MⅡ 300 的实际运行频率为 233 MHz（66×3.5），但 PR 参数主频标为 300 MHz，即 MⅡ 300 相当于 Intel 的 PⅡ 300。不过，事实上也仅是 MⅡ 300 的 Business Winston 指标（整数性能）与 PⅡ 300 相当而已。

3. 外频

CPU 的外频，通常为系统总线的工作频率（系统时钟频率），CPU 与周边设备传输数据的频率，具体是指 CPU 到芯片组之间的总线速度。外频是 CPU 与主板之间同步进行的速度，也可以理解为 CPU 的外频直接与内存相连通，实现两者间的同步运行状态。外频速度越高，CPU 就可以同时接收更多的来自外围设备的数据，从而使整个系统的速度进一步提高。

4. 倍频

倍频就是 CPU 的运行频率与整个系统外频运行频率之间的倍数，在相同的外频下，倍频越高 CPU 的频率也越高。CPU 的外频在 5~8 倍的时候，其性能能够得到比较充分的发挥。如果超出这个数值的话，都不是很完善。

5. 前端总线频率（FSB）

前端总线也就是以前所说的 CPU 总线，就是 CPU 用来接收和发送数据的一组针脚，有多少根这样的针脚就有多少位数据总线。前端总线频率（即外频）是指 CPU 与内存数据总线直接交换数据的速度。例如，Pentium 4 的 FSB 有 400 MHz、533 MHz 和 800 MHz 几种。Athlon XP 的 FSB 有 266 MHz、333 MHz、400 MHz 几种（等效频率是标称频率的两倍）。

数据传输最大带宽取决于所同时传输的数据位数和传输频率，内存带宽必须要满足 CPU 的带宽需求：

CPU 需求带宽＝（CPU 前端总线频率×CPU 前端总线位宽）/8

现在，主流 CPU 均为 64 bit。

各种 FSB 的 Pentium 4 带宽需求见表 2—7。

表 2—7 带宽需求

前端总线（FSB）(MHz)	带宽需求（Gb/s）
400	(400×64)/8＝3.2
533	(533×64)/8＝4.2
800	(800×64)/8＝6.4

6. 一级缓存（L1）和二级缓存（L2 Cache）的容量和速率

一级缓存（L1）和二级缓存（L2 Cache）的容量和工作速率对提高计算机速度起关键作用。一级缓存（内部缓存）指封装在 CPU 芯片内部的高速缓存。它用来暂时存储 CPU 运算时的部分指令和数据。内部缓存的存取速度与 CPU 主频相同，容量单位一般为 KB。一级缓存越大，CPU 工作时与存取速度较慢的二级缓存和内存间交换数据的次数越少，相对来说，计算机的运算速度就越高。

二级缓存对提高运行 2D 图形处理较多的商业软件速度有显著作用。配置二级缓存是从 486 时代开始的，目的是弥补一级高速缓存容量的不足，以最大限度地减小内存对 CPU 运行造成的延缓。

二级缓存分芯片内部和外部两种。设在 CPU 芯片内的二级缓存运行速度与主频相同，而安装在 CPU 芯片外部的二级缓存运行频率一般为主频的 1/2，因此，其效率比芯片内的二级缓存要低。

7. CPU 工作电压和内核工作电压（Vcore）

CPU 的工作电压是指 CPU 正常工作所需的电压。CPU 内核工作电压越低，说明 CPU 制造工艺越先进，CPU 运行时耗电功率就越小。

8. 地址总线宽度

地址总线宽度决定了 CPU 可以访问的物理地址空间的大小。对于 486 以上的计算机系统，地址线的宽度为 32 位，最多可以直接访问 4 096 MB 的物理空间。

9. 数据总线宽度

数据总线宽度决定了 CPU 与二级高速缓存、内存以及输入/输出设备之间的一次数据传输的宽度。386、486 的数据总线宽度为 32 位，Pentium 以上 CPU 的数据总线宽度为 2×32 位＝64 位，一般称为准 64 位。

10. MIPS

MIPS 即指令执行速度，是 Million Instructions Per Second 的缩写。

$$MIPS = Fz \times IPC$$

Fz 为处理器的工作频率，IPC 为每个时钟周期平均执行的指令条数，时钟周期＝1/频率。

11. 制造工艺

一般来说，"工艺技术"中的数据越小表明 CPU 生产技术越先进。

目前生产 CPU 主要采用 CMOS 技术。CMOS 是英语"互补金属氧化物半导体"的缩写。采用这种技术生产 CPU 的过程中采用"光刀"加工各种电路和元器件，并采用金属铝沉淀在硅材料上，然后用"光刀"刻成导线连接各元器件。现在光刻的精度一般用微米（μm）表示，精度越高表示生产工艺越先进，CPU 可以达到的频率越高，集成的晶体管就可以越多。第一代 Pentium CPU 的工作主频只有 60/66 MHz，是使用 0.65 μm 工艺生产的，而随后生产工艺逐渐发展到 0.35 μm、0.25 μm、0.18 μm、0.13 μm、0.09 μm。

二、CPU 的编号

CPU 上面的编号代表了该 CPU 的主要性能指标，如产品系列、主频、缓存容量、使用电压、封装方式、产地、生产日期等。通过识别 CPU 编号，可以初步认定 CPU 的工作频率、外频属于哪种系列。

1. 识别 Intel CPU 编号

（1）Pentium CPU S 参数（S-specification）

CPU 的 S 参数唯一地表示了某种类型 CPU 的属性，如果 CPU 的主频、外频、内核版本号、封装、外包装及一些标志 CPU 特性的属性确定，那么此款 CPU 的 S 参数也就唯一地确定了。

（2）"Northwood"核心 Pentium 4 处理器编号

如 2.4GHz/256/400/1.75V　SL5N8　MALAY　L132A667-0110

（3）Celeron（赛扬）处理器

如 2GHz/128/400/1.525V　SL6HY　PHILIPPINES　7233A505-1297

（4）全新 CPU 编号系统

2004 年 3 月 Intel 实行全新 CPU 编号系统（Product Numbering System），不管是 Pentium M、Pentium 4 或 Celeron CPU 都不再以频率的高低来区分，而是改用数字来为 CPU 命名，主攻笔记本计算机市场的 Centrino 核心的 Pentium M 改名为 7xx 系列，主攻桌面型计算机市场的 Pentium 4 则改为 5xx 系列，笔记本计算机用 Celeron M 和最新的桌面用 Celeron D，则以 3xx 系列命名。

以 Prescott 为核心的 Pentium 4 3.0 GHz、3.2 GHz 和 3.4 GHz，将变为 Pentium 4 530、Pentium 4 540 和 Pentium 4 550。专攻低价 NB（笔记本计算机）市场的 Celeron M 1.5 GHz 将变为 Celeron M 370，主打低价 DT（台式计算机）市场的 Celeron D 3.2 GHz 则变为 Celeron D 350。

2. 识别 AMD CPU 编号

（1）Athlon XP 编号

其编号是由动态记录产品 ID 号"AX1800DMT3C"、生产日期与批号"AGKG0137XPDW"和产品序列号"F4110530012"组成的。

（2）Barton 核心 Athlon XP 处理器编号

一块 Barton 核心的 Athlon XP 3000＋处理器，如图 2—67 所示，芯片上编号为"AXDA3000DKV4D"，把编号拆成几部分来看才能辨识其意义，分别是"AXD""A""3000""D""K""V""4""D"八部分。

图 2—67　Athlon XP 3000＋处理器

（3）Athlon 64 编号

Athlon 64 编号由字母和数字组成。例如，Athlon 64 3200＋，其处理器识别代码（OPN）为 ADA3200AEP5AP。

（4）Athlon 64 FX 编号

如 Athlon 64 FX51 的产品编号为 ADAFX51CEP5AK。

三、CPU 的采购原则

1. 主流性

主流产品是在市场上占有率高且在一定时期内被消费者认可的产品。对目前的 CPU 的主流产品应该从以下方面考虑，对经济型配置的计算机来说，主流产品为 Intel 公司的赛扬系列、AMD 公司的 Athlon XP 系列，大多数采购者选用 Intel 赛扬系列；对办公型配置的计算机来说，主流产品为 Intel 公司的 Pentium 4 系列、AMD 公司的 Athlon XP、Athlon 64 及 Athlon 64 FX 系列。

2. 实用性

实际上，主频相差 20% 对于一般应用软件的运行来说影响并不大，并且，高主频的 CPU 目前市场价格相对较高。不如等待高主频的 CPU 价格下降后再选购，现在只需考虑实用。如果将购买的计算机只用于上网、学习、娱乐、办公等，那么，主频为 2000 MHz 以上的 CPU 就够用了；如果将购买的计算机用于大量的计算，那么，就需要选购高主频的 CPU。

3. 兼容性

由于计算机是高科技的组合体，并非将最好的配件组合到一起就能得到一台最好的计算机，所以，必须考虑兼容性问题。

四、CPU 的测试

本书以 CPU-Z 汉化版为例介绍 CPU 测试工具的使用。一般而言，CPU 测试工具可以提供全面的 CPU 相关信息报告，包括有处理器的名称、厂商、时钟频率，还可以显示出关于 CPU 的 L1、L2 的资料（大小、速度、技术），支持双处理器。

CPU-Z 是一个监视 CPU 信息的软件，这些信息包括 CPU 名称、厂商；内核进程；内部和外部时钟；局部时钟监测等。该软件可以测出 CPU 实际设计的 FSB 频率和倍频。可以在相关平台下载 CPU-Z，其具体安装及操作过程如下。

1. CPU-Z 的安装

安装步骤如下。

步骤 1：启动安装程序，出现如图 2—68 所示的屏幕显示。

步骤 2：单击 "Next" 按钮，接受软件授权协议，阅读软件的相关说明，确定软件安装位置后单击 "Next" 按钮。

步骤 3：选择安装菜单目录后，单击 "Next" 按钮，开始安装。

步骤4：完成CPU-Z的安装，单击"Finish"按钮，如图2—69所示。

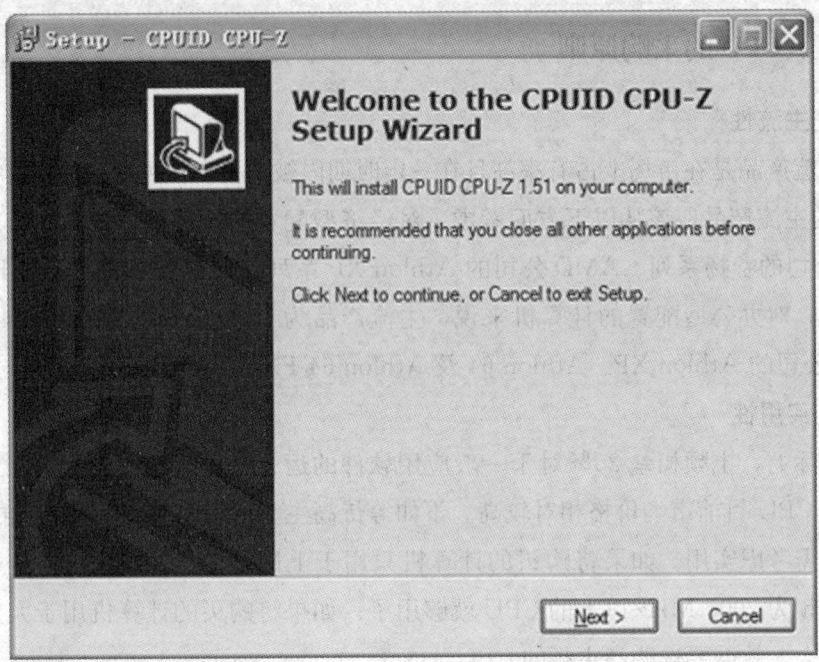

图2—68 安装CPU-Z

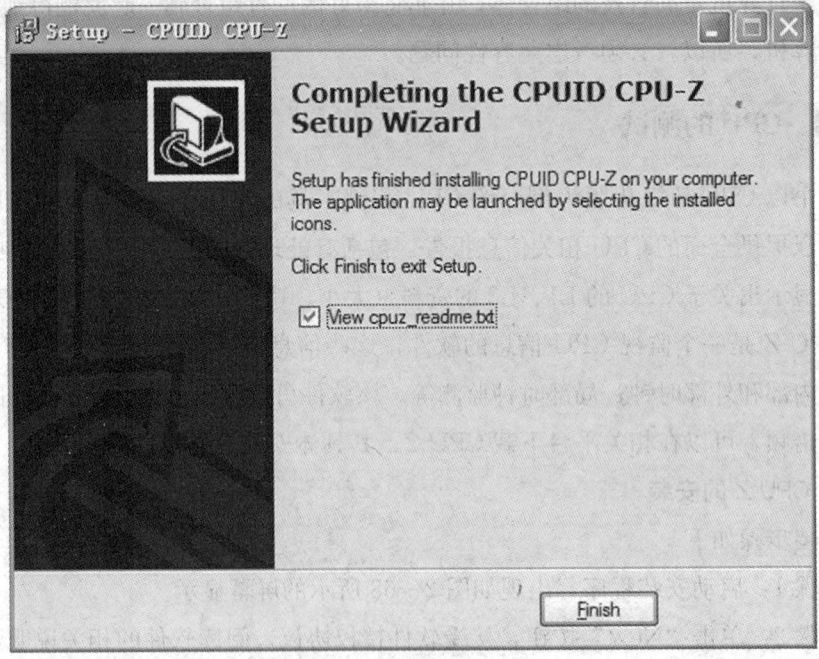

图2—69 CPU-Z安装完成

2. CPU-Z 的应用

CPU-Z 安装完成后，双击桌面上的"CPUID CPU-Z"开始运行，可以进行有关的检测。检测步骤如下。

步骤1：单击"CPU"选项卡，可以查看CPU使用情况，如图2—70所示。

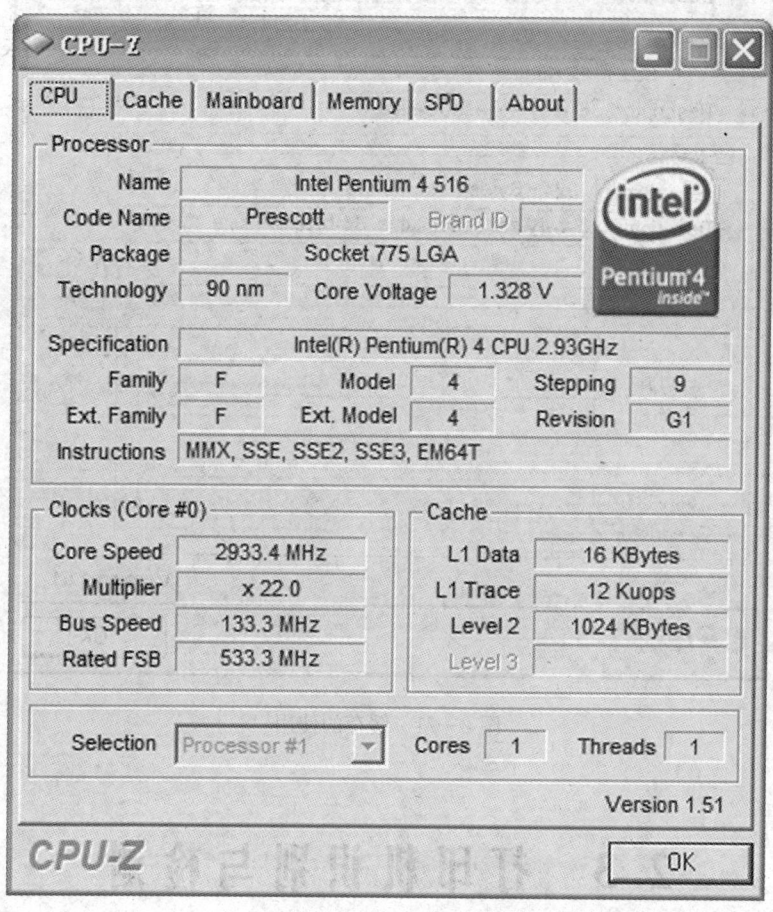

图2—70　CPU使用情况

步骤2：单击"Cache"选项卡，可以查看缓存的使用情况，如图2—71所示。

CPU-Z 还可以查看计算机的主板、内存、SPD等的有关情况，本书从略。

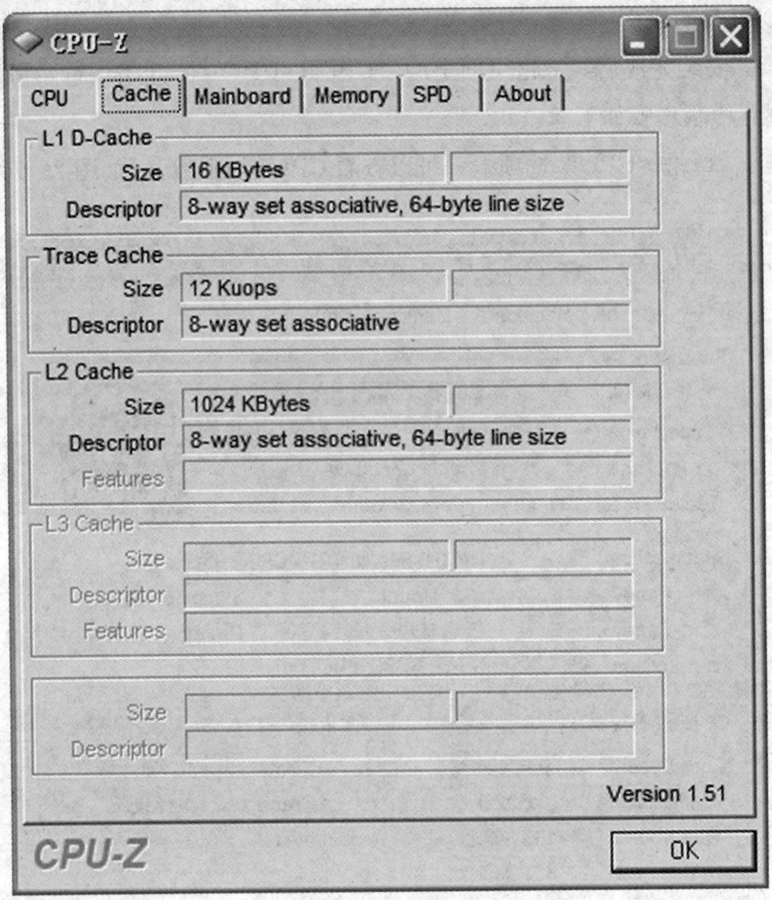

图 2—71 缓存的使用

2.3 打印机识别与检测

2.3.1 识别打印机型号

 学习目标

➤ 了解不同类型打印机
➤ 掌握打印机的结构和工作原理

➤熟悉打印机的性能指标

一、打印机分类

打印机是计算机系统的主要输出设备,形成击打式和非击打式两大系列,在这两大系列中按照打印字的方式又可分为串行式、行式和页式三类。

(1) 串行式:在一行中顺序打印每一个字符称为串行式打印。

(2) 行式:一次就打印一行内容的打印方式称为行式打印。

(3) 页式:一次就打印一页内容的打印方式称为页式打印。

打印机根据打印字原理的不同,可以按照如下方法分类。

(1) 针式打印机。

(2) 喷墨打印机。

(3) 激光打印机。

(4) 热蜡式和热升华式打印机。

二、针式打印机使用

1. 针式打印机概述

针式打印是一种以点阵式排列的钢针敲击色带,从而使色带另一侧的纸张印上油墨的技术。针式打印机以其便宜、耐用、可打印多种类型纸张等原因,普遍应用在多种领域,如图2—72所示。

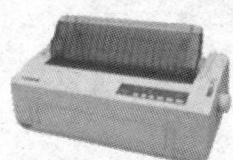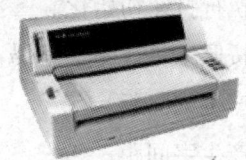

图2—72 针式打印机

常用的几种针式打印机介绍如下。

(1) 字符型打印机

MX80、M1724及TH3070这种打印机以打印英文、数字、符号为主要功能,也能在位图方式下打印汉字和图像,但打印质量较低。

(2) 带汉字库的打印机

AR3240、LQ系列产品。

(3) 彩色打印机

我国国内使用的具有代表性的彩色打印机如CR3240、M1570,使用一条三基色加黑色色带，三基色分别为黄色、洋红色、青色，合成后至少能显示 7 种颜色。

(4) 专用打印机

专用打印机是指适用于各种具体领域的打印机。

2. 针式打印机的工作原理和基本结构

(1) 工作原理

针式打印机是由微型计算机、精密机械和电气部分构成的机电一体化智能设备。它的基本工作原理如下：

1) 打印机和主计算机处于联机状态后，打印机接受主计算机发送来的打印控制命令、字符打印命令和图形打印命令。

2) 经过打印机内部 CPU 处理后，从字库中寻找与该字符或图形相对应的字符自行编码首列地址（正向打印）或末列地址（反向打印），按顺序一列一列地找出该字符或图形的编码。

3) 经打印头驱动电路，激励打印头出针打印。打印头由纵向排成单列（如 9 针）或交叉排成双列（如 24 针）的打印针及相应的电磁线圈构成。当电磁线圈通电被激励后，相应的打印针冲击打印色带，就在打印纸上打印出所需的字符、汉字或图形。

字符或图形打印的基本步骤如下：

①启动安装打印头的字车。

②检查打印头是否进入打印区。

③执行打印初始化。

④按照字符或图形编码，打印头打印一列。

⑤产生列间距。

⑥产生字间距。

⑦一行打印完毕后，启动走纸电动机，带动打印辊和打印纸走纸一行。

⑧换行、回车，为打印下一列做好准备。

(2) 基本结构

最常用的针式打印机结构可分为电路和机械两部分。

1) 电路结构。由控制电路、驱动电路、接口电路、检测电路、DIP 开关电路、操作面板、电路和打印头、字车电动机、走纸电动机电路以及电源电路组成。它们用来完成连接主机与打印机通信，即接收主机送到打印机的打印信息和控制命令，并把打印机的回答信号及状态信号送回主机。

2) 机械结构。由打印机构、走纸机构、色带机构和字车机构四部分组成。它们共同完成将控制信号转换为机械动作，使打印机完成机械运动。

3. 针式打印机的机械结构

它是由打印机构、字车机构、色带机构和走纸机构四部分组成。

（1）打印机构

打印机构由打印头、色带和印字胶辊组成。打印头是针式打印机的关键部件，采用电磁铁作为动力源，头内有 24 根针。它们排成两列，每列 12 根针，每根打印针在 +35 V 驱动电压的作用下被各自的驱动线圈驱动。

（2）字车机构

字车机构由字车电动机、字车、齿传动带、主动轮、从动轮、二根字车导轴和起始位置检测器组成。

（3）色带机构

色带机构由色带移动机构和色带盒组成。

（4）走纸机构

在打印机构和字车机构完成一次打印后，走纸机构送纸，定纸机构以走纸电动机为动力。走纸电动机通过走纸齿轮驱动印字胶辊旋转或牵引系统动作。

我们常用的 EPSON LQ—1600K、STAR CR—3240 等属于宽行针式打印机。EPSON LQ—100、NEC—P2000 则属于窄行针式打印机。

宽行打印机可以打印 A3 幅面的纸，窄行打印机一般只能打印 A4 幅面的纸张；同时针式打印机可以打印穿孔纸，它在银行、机关、企事业单位计算机应用中发挥了很大作用。

打印机通过 25 针电缆线连接到计算机主机的并行端口（LPT），它使用自己的电源接线。在连接打印机到计算机上时，注意要在断电情况下操作，带电插拔打印电缆会烧坏打印机和计算机的连接端口。

一般来说，可以用托纸架传送单页纸或用卡纸轮传送穿孔纸，还可以用手动旋钮微调打印纸的位置（注意有些打印机在断电后，才可以方便地调节纸的位置）。

打印机的面板上都有控制按钮用于打印机操作，比如联机、进纸、退纸、微调等，通过打印机面板上的指示灯，能及时了解现在的打印情况，比如缺纸、联机、正在打印等状态。

针式打印机通过打印针头击打色带把色带上的墨打在纸上形成文本或图形，现在的针式打印机通常都是 24 针打印机（即打印针头有 24 根针），可以调整打印头与纸张的间距，从而适应打印纸的厚度，而且可以改变打印针的力度，以调节打印的清晰度，但注意色带用旧了要及时更换。

三、喷墨打印机

目前，喷墨打印机使用广泛，如图 2—73 所示是几种常见的喷墨打印机。

图 2—73　常见的喷墨打印机

1. 喷墨打印机的分类

（1）按墨水滴形成的方法分类

喷墨打印机可分为滴落式、高频振荡断裂式、喷雾式和电脉冲加热式。

（2）按墨水滴的偏转控制方式分类

喷墨打印机可分为电场偏转式、磁场偏转式和机械偏转式。

（3）按控制墨水的方式分类

喷墨打印机可分成电荷控制式（又称充电控制式）、电场控制式（又称静电发射式）、压电喷墨式（又称脉冲控制式）和气泡式喷墨打印机。

2. 喷墨打印机的工作原理

（1）电荷控制式喷墨打印机

电荷控制式喷墨打印机主要由喷墨头、充电电极、偏转电极、墨水供应与过滤系统（包括墨水泵、墨水槽、过滤器、收集槽、回收器管道等）以及相应的控制电路及电源组成。

第一，工作时，导电的墨水在墨水泵的高压作用下进入喷嘴，通过喷嘴形成一束极细的高速射流。

第二，射流通过高频振荡发生器，断裂成连续均匀的墨水滴流。

第三，在充电电极上施加一个静电场给墨水滴充电，所充电荷多少与墨滴喷在纸上的位置高低成正比。在充电电极上所加的电压越高，充电电荷就越多。

第四，带不同电荷的墨滴，通过加有恒定高电压偏转电极形成的电场后，垂直偏转到所需的位置，电荷一直保持到墨滴落到记录纸上为止。

第五，若在垂直线段上某处不需喷点，则相应的墨滴不充电。这些墨滴在偏转电场中不发生偏转而按原方向射入回收器中。当一列字符打印完后，喷墨头以一定速度沿水平方向由左向右移动一列的距离。依次下去，即可印刷出一个字符甚至一行字符。

（2）电场控制式喷墨打印机

电场控制式打印机是在静电场中用滴落法来形成墨滴的。

作用在墨水射流上的静压力使墨水在喷嘴孔口处形成一个凸出的新月形面。没有外力作用时，墨水不会流出，此时，墨水的表面张力和静压力处于平衡状态。如果在凸出的新月形面和位于喷嘴前面的加速电极之间加上一个高电压（一般为 2 000 V），就会形成一个轴向电场力作用于新月形面上，使其发生变形，形成一滴墨水。

墨水滴在电场方向加速，其速度正比于加速电压，反比于墨滴直径。墨水形成后，喷嘴随即又从墨水容器中得到补充。这样就形成一串墨水滴链。被充电的墨滴形成后，在不同的偏转电场电压作用下，在 X 和 Y 方向进行偏转，落在记录纸上相应位置而形成字符。

（3）压电喷墨式打印机

该种方式的打印机在喷头板头条内装有墨水，在喷头的上、下两侧各有一块压电晶体。在压电晶体上施加脉冲（打印信号），使其变形后产生一个瞬间压力，从而挤压墨水盒喷出一滴墨水，在纸上形成一个小点。加在压电晶体上的电压不小于 100 V。电压的高低影响墨滴的大小。

（4）气泡式喷墨打印机

该种打印机的喷头结构与压电式相似，不同的是，它在喷头的管壁上设置了加热电极。由打印控制芯片送到喷嘴的加热电极上的电脉冲信号使加热元件快速升温，促使喷嘴内邻近的墨水汽化，迅速形成气泡。由气泡膨胀产生的压力使墨水形成一个个墨滴从喷嘴中喷出。脉冲过后，墨水蒸气凝聚。

3. 喷墨打印机的机械结构

喷墨打印机的机械结构（简称机构）主要包括以下几部分：喷头和墨盒、清洁单元、小车单元、送纸单元和传感器单元。

（1）喷头和墨盒

喷头和墨盒的机构在不同的喷墨打印机中是不同的，工作原理也不相同。可分为两类：

1）喷头和墨水盒一体化。墨盒内既包括喷头也包括墨水，墨盒本身为消耗品。

2）喷头和墨盒分离。墨盒为消耗品，因此仅更换墨盒即可解决墨水用尽或打印质量不好的问题。这样可以降低成本。

(2) 清洁单元

清洁单元是大多数喷墨打印机系列共有的装置，其功能是实现对喷头的维护，包括盖帽和清洁等。

(3) 小车单元

小车单元是打印机的重要部件，工作时它沿着打印机的引导丝杆往复移动。不同的喷墨打印机小车单元的结构稍有不同，它用来固定墨盒和打印喷头，并能实现喷头与逻辑板之间的电信号连接。

(4) 送纸单元

送纸单元是在打印过程中提供纸张输送的装置。在外界同步信号的作用下，它与小车的移动、喷嘴喷墨等动作同步，以完成打印过程。

(5) 传感器单元

为了检测打印机内部各部件的工作状态，并控制打印机机械部分的自动工作，喷墨打印机内部设了三类传感器。

1) 光电传感器。如拾纸传感器、纸张传感器、纸尽传感器、初始位置传感器、墨盒传感器等。这些传感器可检测打印机各部分的运动情况，反馈回逻辑板，以进一步对打印机进行控制。

2) 温度传感器。如打印头温度传感器和内部温度传感器。它们的作用是检测出打印头及内部环境温度，以实现对其温度的控制。

3) 薄膜式压力传感器。如墨水传感器。它的作用是检测墨水通道内墨水的压力，以保证墨水缓存器中的墨水适量，并能确定墨盒中有无墨水。

(6) 供电单元

喷墨打印机的电源包括两部分，即逻辑部分和电源部分。逻辑部分的功能是解释和处理来自接口的数据和打印命令，检测打印机的工作状态以及操纵打印机的机械结构。电源部分将交流电转换成各种直流电，提供给打印机的各个部件。

4. 喷墨打印机的新技术

(1) 微压电打印技术

微压电打印技术是通过微电压的精确调节来控制墨滴的大小，产生非常微小而理想的墨点，以确保不出现像在大多数打印机出现的星状散点或雾状的扩散误差，同时还能精确地控制墨滴的位置，保证不产生偏位的现象。

(2) 智能墨滴变换技术

智能墨滴变换技术是一种兼具速度快和打印质量好的新技术。它根据色彩区域的不同，变换3种不同尺寸的墨滴。3种尺寸的墨滴使得每一颜色区域都可实现最佳的配置。它使得画质变得细腻，色彩变得丰富。颜色浓的地方采用大墨滴打印，以加快打印速度，提高工作效率。

（3）多重色控技术

多重色控技术是在相同的一点上做无点、一点、两点、三点、多点的连续打印，将灰度级别的层次提高了几倍。

（4）油性墨技术

油性墨水比普通墨水更具有超强的附和力和稳定性，并且可以防水、防晒，非常牢固，不易褪色。

（5）精细图像半色调技术

精细图像半色调技术是基于软件的处理算法。此种算法类似于计算机的颜色抖动技术，数以万计要打印的颜色都是通过精细图像半色调技术这种算法来模拟实现的。

（6）带有照片效果的打印机

照片质量打印纸有别于普通纸的地方在于其表面有一层可固定墨水的透明涂层，在这种纸上可以得到更高的分辨率和色彩浓度，其光滑的表面质地酷似普通的相纸。在这种纸上打印，墨水不洇、不渗透，效果很好，其缺点是其成本较高。

四、激光打印机

激光打印机是激光扫描技术与电子照相技术相结合的产物。在上述几种打印机中，激光打印机具有最高的打印质量和最快的打印速度。常见的激光打印机如图2—74所示。

图2—74　常见的激光打印机

1. 激光打印机的规格和特性

激光打印机是目前最先进的打印机，属于非击打式打印机，也称页式打印机，具有打印速度快、印字质量高、无噪声等特点。

（1）电源要求

电压、频率和耗电量是3个典型的技术指标，耗电量以瓦计。激光打印机在打印时最高耗电量为 900 W。

(2) 接口兼容性

打印机是一种外围设备，有 3 种标准的接口，RS—232、Centronics 和 IEEE488。只要用带有合适端头的电缆，就可以把打印机与计算机连接起来。

(3) 打印能力

打印能力是一系列不同的打印机特性的总称。打印速度以每分钟的打印页数计算（ppm），激光打印机速度从 4 ppm 到几十 ppm 不等；分辨率，是以一英寸长的线上所容纳的单个点数来计算。

(4) 打印特性

字体、软件仿真和字符集是常见的 3 个特性。

(5) 可靠性与寿命

可靠性与寿命表示预计的激光打印机及其零件的寿命，以页数或时间计算。

(6) 环境条件

环境条件表示用户打印机的实际操作范围。

2. 激光打印机的主要组成

(1) 交流电源

交流电源通常是一个简单的电子模块，为熔结组件加热器和删除灯提供电力。

(2) 直流电源

直流电源把进入打印机的交流电转换为一种或几种电压的直流电，用于驱动打印机电子和机电组件。

(3) 高压电源

电子照相过程依靠高压来产生和分散大量的静电，用来在电子照相打印机中移动墨粉。

(4) 电子照相（EP）

电子照相打印通过一个过程而不是通过一个打印头来实现。执行电子照相打印过程的元件集合称为"图像生成系统（IFS）"。1 个图像生成系统由 8 个明确分离的部件构成，即感光鼓、清洁片、删除灯、主电晕、书写机构、墨粉、传输电晕、熔结辊。这些部件中的每一个都在图像生成系统的正常运行中起着重要的作用。

完成图像生成有 6 个步骤，即清洗、充电、书写、显影、传输、熔结。

(5) 主电动机

激光打印机依靠大量的机械运动。纸张必须从供纸盘取出，送入图像生成系统，固定后送入输出盘，支持所有这些动作的机械力由一个电动机和驱动组件提供。

(6) 扫描器电动机组件

激光用作书写机构时，光束必须沿感光鼓表面前后扫描，这种扫描过程使用一个随电动机旋转的六棱镜来实现。

(7) 纸张控制组件

纸张必须从托纸盘中取出，与潜在图像对齐，通过图像生成系统将墨粉附着并熔结到打印纸上。

(8) 主逻辑组件

主逻辑组件是激光打印机的核心和灵魂。主逻辑组件拥有操纵打印机的大部分电路的功能，包括计算机和控制板通信的电路部分。主逻辑组件也负责检查和回应各种传感器输入的信息。

(9) 控制板组件

用户必须能通过打印机来选择各种操作状态。电路控制板不仅提供了多功能按钮，而且也提供了打印机的状态信息，有的还提供 LCD 显示菜单。

3. 激光打印机的工作原理

激光打印机是激光扫描技术和电子照相技术相结合的非击打式打印输出设备。激光源采用半导体激光器，它可以把微型计算机输出的二进制信息进行高频调制，再经数据控制系统转换成字符信息的点阵。

载有字符信息的激光束，经光学系统聚焦，并且通过由多面反射镜组成的行扫描组件反射出去，再经聚光透镜校正扫描引起的失真，最后沿着成像鼓的轴线匀速扫描在感光鼓上，从而形成与输入信息相对应的静电潜像（即曝光），在感光鼓上记录一行接一行的潜像，经显影、成像、转印被定影在纸上输出。

激光打印机的耗材是感光鼓，如图 2—75 和图 2—76 所示。HP5L/6L 打印机的一个感光鼓可以打印 3 000～4 000 页 A4 纸，当感光鼓中的碳粉消耗尽后，打印出的文字就不清晰了，这时就要更换感光鼓，方法比较简单，断开电源，打开打印机的外壳，捏住感光鼓上的手柄，将其拔出。然后将新感光鼓上的封条抽出，然后安装上即可。

图 2—75 感光鼓的外观

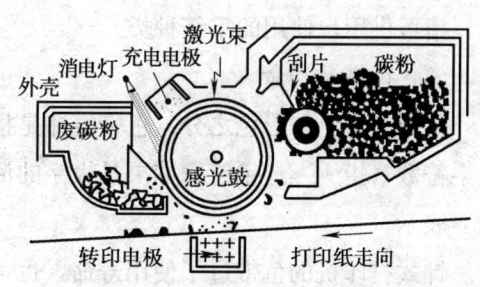

图 2—76 感光鼓的结构和工作原理

2.3.2 检测打印机性能

 学习目标

➢ 了解不同类型打印机的工作原理
➢ 掌握不同类型打印机的性能指标
➢ 熟悉打印机的维护技术及使用特点

一、针式打印机的主要性能指标

1. 主要性能指标

（1）打印头针数及寿命

常用的有 9 针和 24 针的打印头，打印头寿命一般为 2 亿点/针。

（2）打印速度

通常分别给出高速（草稿）和高密（仿信函体）打印方式下打印字符速度，单位为字符/秒（c/s）。打印速度有名义打印速度和平均打印速度之分，平均打印速度是评价打印机性能的一项很有意义的指标。

（3）打印宽度

打印宽度是指打印一满行的字符数，即字符/行（c/l），常见的有 132 列和 80 列。

（4）送纸方式

一般都有打印辊摩擦和齿孔牵引两种方式。有的打印机备有单页送纸器。

（5）走纸速度

走纸速度影响打印平均速度，单位用英寸/秒（in/s）表示。

（6）字符集

指可供用户使用的字符种类。

（7）色带及寿命

色带有黑色和彩色之分。色带寿命是指打印机的色带能够支持正常打印出的标准字符数（指 48 点/字符，如果是大字的话数量自然会少许多），一般用"万/字符数"表示。

针式打印机的色带过了使用寿命，也可以打印，就是淡一些而已，但实际上超过使用寿命的色带由于摩擦过度的原因，表面会起毛，会造成打印机的挂针和折断，严重影响到打印针的寿命，这就得不偿失了。因此，色带到达使用期限后一定要及时更换。

（8）平均无故障时间

一般都高于 4 000 h。

（9）与计算机通信所使用的接口标准

有 Centronics8 位并行标准接口和 RS—232 串行接口等。

（10）噪声

通常低于 65 dB。

2. 技术术语

（1）字符种类

指打印机所能打印的字符种类，常见的有英文字符集 ASCII、中文字符集 GB 2312—1980 和 GB 5007—1980 等。

（2）字密度

指在打印纸上 1 英寸（25.44 mm）内所能打印出的字符数，单位为字符/英寸（c/in）。

（3）打印位数

打印位数是指在一行内所能打印的最多字符数。

（4）行密度

指在打印纸上纵向单位长度 1 英寸内所能容纳的行数。

（5）点密度

指横向单位长度 1 英寸能所能容纳的点数，单位为 dpi。

（6）回车时间

指打印头打印一行到终端（即右端）后，再回到左端原始打印位置所需的时间。

（7）换行时间

指从当前打印行换到下一行所需的时间。

（8）成行度

指同一根针打印一行时，偏离基准位置的最大距离。

（9）成列度

指打印任意一点列偏离基准位置的最大距离。

二、喷墨打印机及激光打印机的主要性能指标

1. 接口类型

打印机与 PC 计算机设备相连的端口所符合的接口或总线的类型。目前接口类型主要为并口及 USB 口。

2. 分辨率 dpi

分辨率，即 dot per inch，每英寸所达到的点数（或线数）。这是衡量精度的主要参数之一。该值越大表明精度越高，质量越高。

打印分辨率是指打印机在每英寸所能打印的点数，即打印精度，这是衡量打印质量的一个重要标准，也是判断打印机分辨率的一个基本指标。

打印尺寸、图像大小与分辨率之间的关系可以利用下列的计算公式加以表示：

图像的大小＝图像的分辨率×打印的尺寸，图像的大小/图像的分辨率＝打印的尺寸。

针对特定的图像而言，图像的大小是固定的。分辨率和打印尺寸便呈现反比的关系。

3. 色彩位数

色彩位数即 bit，是计算机最小的存储单位，以 0 或 1 来表示色彩位数的值。愈多的色彩位数可以表现愈复杂的图像信息。

4. 打印速度

打印速度，即每分钟打印的页数（ppm），这是衡量打印机打印速度的重要参数，是指连续打印时的平均速度。

5. 打印成本

打印成本主要取决于打印耗材成本和纸张成本。

三、打印机安装

打印机的安装主要有硬件安装和驱动程序安装两部分，下面以 Epson Stylus Photo EX3 为例，介绍常用的喷墨打印机安装步骤。

1. 看说明书，了解具体结构

以 Epson Stylus Photo EX3 打印机为例，该机的部件如图 2—77 所示。

图中：

(1) 延伸托纸架：支撑较长的打印纸。

(2) 导轨：确保装入的打印纸端正。调整左导轨使其适合打印纸的宽度。

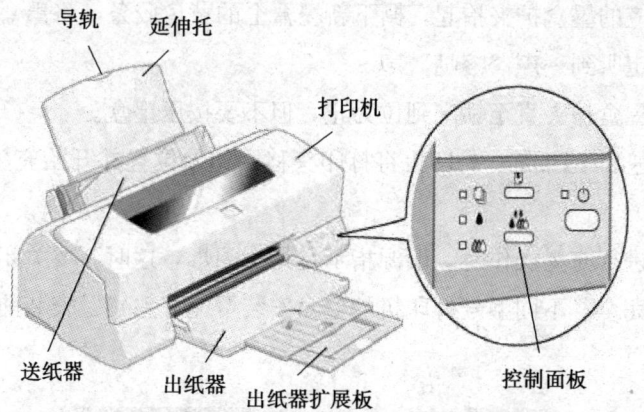

图 2—77　喷墨打印机结构

（3）打印机盖：保护打印机内部机件，当安装或更换墨盒时打开。

（4）出纸器：接收退出的打印纸。

（5）出纸器扩展板：支撑退出的打印纸。

（6）送纸器：自动地送入打印纸。

（7）控制面板：对打印机进行各种控制，它是由一些操作键和指示灯组成的，主要由电源按键、进纸/退纸按键、清洗按键、打印机电源指示灯、缺纸指示灯、黑色墨尽指示灯、彩色墨尽指示灯组成。

2. 连接打印机

将接口电缆的 D-SUB 25 针一端插入计算机的并行接口，将固定扣扣紧或拧紧螺钉；将 36 针一端插入打印机中，再将接口两头的两个钢丝扣子向内扳动。接好了接口电缆后，再把电源线接到打印机上，如图 2—78 所示。

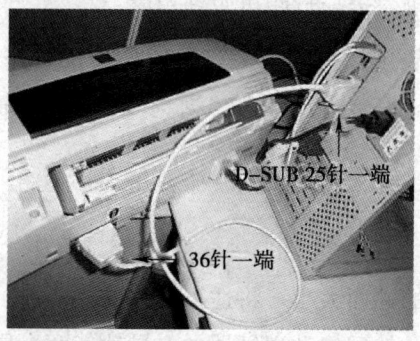

图 2—78　打印机连接

3. 安装打印机墨盒

（1）打开打印机的电源按钮，放下出纸器，然后打开打印机盖。按住进纸/退纸按键 3 s，打印头移动到墨盒更换位置，电源指示灯开始闪烁。

(2) 将相应的墨盒护夹抬起，撕下新墨盒上的黄色胶条，将墨盒小心地放入墨盒仓中，并确定听到一声"喀哒"声。

(3) 按下墨盒护夹直至锁定到位为止，但不要按压墨盒。

(4) 按下进纸/退纸键，打印机将打印头移回初始位置并开始充墨，如图2—79所示。

当打印机进行充墨操作时，电源指示灯持续闪烁，这时不要关闭打印机，否则将导致充墨不完全。不同型号打印机的墨盒安装可能有差别，安装前应养成看说明书的习惯。

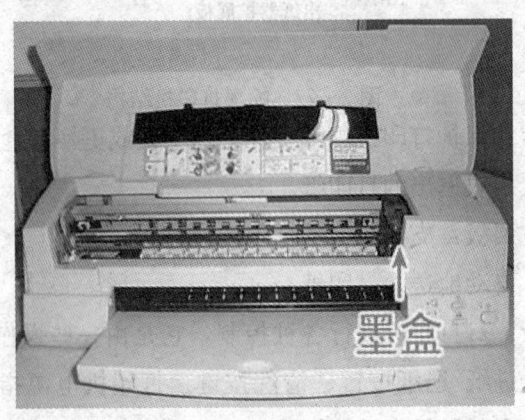

图2—79 墨盒安装

4. 安装打印机驱动程序

(1) 打开打印机的电源按钮，启动计算机。

(2) 对于Windows操作系统，由于系统自带了许多打印机驱动程序，可通过单击"开始"，选择"控制面板"→"打印机和其他硬件"→"添加打印机"来启动"添加打印机向导"进行添加打印机驱动程序。

(3) 如驱动程序列表中没有要安装的打印机驱动程序，单击"从磁盘安装"，插入厂商提供的驱动程序安装盘，单击"浏览"，选定正确的驱动器，然后按要求完成安装。

5. 测试打印机

(1) 装入打印纸

首先根据打印文档的幅面大小，将适当幅面的（普通）打印纸装入打印机，放下出纸器并拉出扩展板；然后拉动送纸器的左导轨使两个导轨间距稍微大于打印纸的宽度。

(2) 设置打印机属性

打开Word 2000之类的文字编辑软件，并确认文档已编辑好。选择"文件"→"打印",在"打印机名称"中选择"Epson Stylus Photo EX3",再单击"属性"按钮。

这时会弹出"Epson Stylus Photo EX3 属性"的"主窗口"选项卡的对话框。在主窗口菜单上的"介质类型"列表中选择与装入打印机中的打印纸相匹配的介质类型,比如选择"普通纸",如图 2—80 所示。

在"墨水"选项中点选彩色以进行彩色打印,点选黑色以黑白或以灰度打印。在"模式"选项中一般选择"自动",打印机驱动程序会根据当前的介质类型和墨水

图 2—80 打印机属性设置

选择进行详细的设置。若选择了"自动"模式,根据在介质类型中的选择,在模式框中出现的滑动条可选择打印质量或速度。当打印质量比速度更重要时,应选择质量。

(3) 设置打印纸

切换到"打印纸"选项卡,进行打印纸尺寸、打印份数、打印方向、可打印区域等设置。在"纸张尺寸"中选择使用打印纸或页面的尺寸,比如选择"A4 210×297 毫米",也可以自己定义打印纸尺寸。在"份数"中选择想要打印的份数,还可以选择逐份打印或逆序打印。在"方向"选项中可选择纵向或横向作为打印方向设置,如果要打印输出更接近打印纸的底边,选中"旋转180°"复选框。在"可打印区域"中点选居中使打印输出居中,点选最大则增大可打印区域,如图 2—81 所示。

图 2—81 打印纸设置

(4) 设置版面

切换到"版面"选项卡,可以自动调整文档尺寸与打印纸尺寸相匹配;在单张纸上打印2页或4页文档;打印海报尺寸的图像或在文档上打印水印。在"缩放"选项中,设置为"标准"可用标准尺寸打印文档;设置为"充满"可按比例放大或缩小文档使之与在打印纸菜单的"纸张尺寸"列表中选择的打印纸尺寸相匹配;设

置为"自定义"则允许手动放大或缩小。在"多页"选项中，设置为"标准"只在单张纸上打印1页文档；设置为"N顺序"可在单张纸上打印2或4页文档；设置为"海报"可打印一幅海报尺寸的图像。

以上的设置全部完成后，按下"确定"就可以开始打印了。在打印过程中，任务栏托盘中会出现状态监视器（Status Monitor）图标，双击这个图标可查看打印状态。

四、打印机的维护

1. 针式打印机的维护

（1）打印机必须在干净、无尘的环境中使用，用后盖好罩布。工作台要平稳，不要有振动。

（2）不要用手指触摸打印针表面。在打印机使用了一段时间后，用无水酒精将打印头擦洗一下，以保证导向孔畅通无阻。

（3）定期用小刷和吸尘器清理机内的灰尘和纸屑，再用酒精擦洗干净。

（4）打印头的位置要根据纸张的厚薄进行调整，不要离得太近。

（5）如果发现色带有破损，一定要立即更换新的色带。不要使用破旧色带，否则有可能将打印针挂断。

（6）若发现走纸和针头小车运行困难时，不要用手强行移动，要及时查出原因并处理，否则易损坏机械部件和电路。

2. 喷墨打印机的维护

（1）内部除尘

打开喷墨打印机的盖板，用柔软的湿布清除打印机内部灰尘、污迹、墨水渍和碎纸屑。如果灰尘太多导致字车导轴润滑不好，使打印头的运动在打印过程中受阻，可用干脱脂棉签擦除导轴上的灰尘和油污，并补充流动性较好的润滑油，如缝纫机油。

为喷墨打印机内部除尘时，应注意不要擦拭齿轮，不要擦拭打印头和墨盒附近的区域；一般情况下也不要移动打印头，特别是有些打印机的打印头处于机械锁定状态，用手无法移动打印头，如果强行用力移动打印头，将造成打印机机械部分损坏；不能用纸制品（如面巾纸）清除打印机内部，以免机内残留纸屑；不能使用挥发性液体（如稀释剂、汽油、喷雾型化学清洁剂）清洗打印机，以免损坏打印机表面。

（2）更换墨盒

喷墨打印机型号不同，使用的墨盒型号以及更换墨盒的方法也不相同，更换前必须仔细阅读更换墨盒的详细说明。下面以佳能 BJC-6200 喷墨打印机为例，介绍更换墨盒的步骤。

1) 接通电源，保证打印机、墨盒处于在线状态，打开前盖，这时墨盒支架将移动到中间。

2) 打开打印机盖板，取出旧墨盒。

3) 拆开新墨盒包装，将新墨盒压入槽中，听到"喀哒"声即可。

更换墨盒时一定要按照操作手册中的步骤进行，不少打印机需要在电源打开的状态进行墨盒更换，因为更换墨盒后打印机将对墨水输送系统进行充墨。此外打印机对墨水容量的计量是使用打印机内部的电子计数器来进行的，在更换墨盒过程中，打印机将对内部的电子计数器进行复位，从而确认安装了新的墨盒。

更换墨盒应注意以下几点：不能用手触摸墨水盒出口处，以防杂质混入墨水盒；不要摔撞墨水盒，以防泄漏墨水；墨水具有导电性，若漏洒在电路板上应使用无水乙醇擦净、晾干后再通电，否则有可能损坏电路元器件；墨水盒应避光保存在无尘处，保存温度应在 $-10 \sim 35℃$ 之间。

(3) 清洗打印头

大多数喷墨打印机开机即会自动清洗打印头，或通过控制程序清洗打印头。长期搁置不用的一体化打印头，由于墨水干涸而堵塞喷嘴时，可用热水浸泡后再清洗。清洗打印头时应注意以下几点：不要用尖利物品清扫喷头，不能撞击喷头，不要用手接触喷头；不能在带电状态下拆卸、安装喷头，不要用手或其他物品接触打印机的电气触点；可将喷头从打印机上卸下单独放置，但不能将喷头放在多尘场所。

避免用手指和工具碰撞喷嘴面，以防止喷嘴面损伤或杂物、油质等阻塞喷嘴。不要向喷嘴部位吹气、不要将汗、油、药品（酒精）等沾污到喷嘴上，否则墨水的成分、黏度将发生变化，造成墨水凝固阻塞。不要用面纸、镜片纸、布等擦拭喷嘴表面。

最好不要在打印机处于打印过程中关闭电源。先将打印机转到 OFF LINE 状态，当喷头被盖帽后方可关闭电源，最后拔下插头。否则对于某些型号的打印机无法执行盖帽操作，喷嘴暴露于空气中会导致墨水干涸。

3. 激光打印机的维护

(1) 电极丝维护

由于打印机内有残余的墨粉、灰尘及纸屑等杂物，若充电、转印电极丝等被污染，会使电压下降，致使打印出来的文件墨色不够，甚至很淡。此外，转印电极丝（槽）污染严重时还会使输出的纸样背面受污。而消电电极被污染会使感光鼓上的残余墨粉清扫不干净，使输出的纸样底灰很重。严重时则会使纸张分离不畅而产生卡纸等故障。

维护电极丝时应小心地取出电极丝组件（有些型号的打印机不必取出电极丝，可直接在打印机上清理），先用毛刷刷掉其上附着的异物，之后再用脱脂棉签将其轻轻地仔细擦拭干净。

(2) 激光扫描系统维护

当激光扫描系统中的激光器及工作镜被粉尘等污染后，将造成打印件底灰增加，图像不清。可用脱脂棉签将它们擦拭干净，但应注意不要改变它们的原有位置或碰坏。

(3) 定影器部分维护

定影器部分维护主要有定影加热辊（包括橡皮辊）和分离爪。一般来说，加热辊表面是非常干净的。如果打印出来的样稿出现黑块、黑条等，这表示热辊表面已被划伤。若较轻微，清洁后可使用（但不宜用硫酸纸）；若严重，则只有更换加热辊了。与加热辊相配对的橡皮辊，长期使用后也会沾上废粉，较轻微时不影响输出效果，若严重时，会使输出的纸样背面变脏。清洁加热辊和橡皮辊时，可用脱脂棉签蘸无水酒精小心地将其擦拭干净。但不可太用力擦拭加热辊，更切忌用刀片及利器去刮。

分离爪是紧靠着加热辊的小爪，其爪尖平时与加热辊长期轻微接触摩擦，而背部与输出的纸张长期摩擦，时间长了会把外层的膜层磨掉，从而粘上废粉结块。这样一方面会磨损加热辊，另一方面，因背部沾粉结块变得不够光滑，阻止纸张输送，使纸张输出时产生弯曲褶皱状，影响质量，严重时会使纸张无法输出而卡在此处。因此，如发现输出纸张有褶皱时应注意清洁分离爪。方法是小心地取下分离爪，仔细擦掉沾在上面的废粉结块，并细心地将背部磨光滑（尖爪处一般不要磨）；擦拭干净后小心地重新装上，安装时可将各个分离爪调换使用。

(4) 光电传感器维护

光电传感器被污染，会导致打印机检测失灵。如手动送纸传感器被污染后，打印机控制系统检测不到有、无纸张的信号，手动送纸功能便失效。因此，应该用脱脂棉签把相关的传感器表面擦拭干净，使它们保持洁净，始终保持传感灵敏度。

(5) 感光鼓维护

感光鼓是有机硅光导体，存在工作疲劳问题，连续工作时间不可太长，若输出量很大，可在工作一段时间后停下来休息一会儿再继续输出，或用两个粉盒来交替工作。感光鼓的保养维护，一般有以下几步：

1）小心地拆下感光鼓组件，用脱脂棉签将表面清理干净，但不能用力，以防将感光鼓表层划坏。

2）用脱脂棉签蘸感光鼓专用清洁剂擦拭感光鼓表面。擦拭时应采取螺旋划圈式的方法，擦亮后立即用脱脂棉签把清洁剂擦干净。

3）用装有滑石粉的纱布在感光鼓表面轻轻地拍一层滑石粉，即可装回使用。此外，平常更换墨粉时应注意把废粉收集仓中的废粉清理干净，以免影响输出效果。当纸样出现不规则的黑点、黑块时，若不加以排除而继续使用，会出现严重底灰（并有纵向划痕），甚至将感光鼓表面的感光膜磨掉，致使感光鼓损坏。最后还应注意，清洁感光鼓时要尽量避光。

（6）输纸导向板维护

输纸导向板位于墨粉盒的下方，其作用是使纸张通过墨粉盒传输到定影组件。进行清洁时，用软布略蘸清水将输纸导板的表面擦拭干净，以确保打印件清楚洁净。

五、打印机的使用技巧

1. 打印介质

从目前情况看，家庭和小型商业用户使用喷墨打印机时，顾及到打印成本的问题，大多使用普通的静电复印纸，而不使用专用的喷墨打印纸，于是常常可以发现打印出的文稿存在毛刺（也叫泅墨）。但这并不是打印机本身或墨水的问题，而是纸的问题，所以建议使用高质量的静电复印纸或专用的喷墨打印纸。

2. 墨水

一些用户在原装墨水使用完后去购买非正品耗材，用注墨的方法以节省打印成本，而现在有些朋友就连购买非正品耗材都觉得贵，索性注入高质量的钢笔水。对于那些 300 dpi 的低分辨喷打能用也就算了，要是 720 dpi 以上的喷墨打印机（尤其是 Epson 的打印机），劝您连试都别试！对于使用诸如 PARKER 等高级的钢笔水的方法，实践证明是有一定的可行性的，要注意：普通的碳素黑墨水可千万别注，你想它连钢笔都堵，更何况打印机呢！此外进口的施乐与国产的智河、耐力等墨水的口碑较好，也有相应的兼容墨盒产品，虽然在打印质量上有些降低，但是成本也大幅下降，所以也可以为很多家庭用户所接受。

3. 注墨

喷墨打印机注墨时要注意如下两点：一是钻孔的位置要适当，要选择比较平整的表面，且易于胶带密封的地方进行（不要在墨盒的通气孔处钻孔），钻孔的大小当然是越小越好；二是加注完毕后，对钻孔要进行严格地密封。

4. 特殊的打印介质

（1）光面纸

它的一面很白且有光泽，适于打印节日与生日贺卡、名片与请柬等物，但价格较贵。

（2）透明不干胶纸

它可作为标签之用，因为打印是在贴面一侧进行的，所以不用顾及因磨损造成的褪色与掉色。

（3）T恤衫的打印

它不像很多人想象的是将平整后的T恤衫放到打印机中打印的，而是借助T恤转印介质，先在转印介质上面打印出要打的图案，然后将它平放在T恤衫上，用熨斗在转印介质纸的背面熨烫，最后揭下转印介质来完成的。

（4）纤维纸

这是一种纯棉织品，可以在上面进行刺绣。可以先在打印机中打出刺绣的草样，然后再进行刺绣。

（5）银光面不干胶纸

它有光亮的金属光泽，打印出的效果色彩生动。

5. 使用环境

喷墨打印机最怕的就是高温干燥，因为在这种环境中墨水蒸发得很快，很容易造成喷头堵塞。另外在低温潮湿的环境下，打印头电路与墨水都易出问题。灰尘也是喷墨打印机的一大敌人，高灰尘的环境也会造成喷头的堵塞，致使打印不畅。喷墨打印机正常关机时会自动将喷头复位，所以对于用手动推拉打印头和非正常关机的现象也是应避免的。

2.4 网卡的识别与检测

2.4.1 识别网卡型号

 学习目标

➢ 了解网卡的组成
➢ 掌握网卡的型号、分类
➢ 熟悉网卡的功能及工作原理

一、网卡的功能及工作流程

1. 网卡概述

网卡是局域网中提供各种网络设备与网络通信介质相连的接口,全名是网络接口卡(NIC,Network Interface Card),也叫网络适配器,其品种和质量的好坏,直接影响网络的性能和网上所运行软件的效果。网卡作为一种 I/O 接口卡插在主机板的扩展槽上,其基本结构包括接口控制电路、数据缓冲器、数据链路控制器、编码解码电路、内收发器、介质接口装置等六大部分。网卡主要实现数据的发送与接收、帧的封装与拆封、编码与解码、介质访问控制和数据缓存等功能。因为网卡的功能涵盖了 OSI 模型的物理层与数据链路层,所以通常将其归于数据链路层的组件。

每一网卡在出厂时都被分配了一个全球唯一的地址标志,该标志被称为网卡地址或 MAC 地址,由于该地址是固化在网卡上的,所以又被称为物理地址或硬件地址。网卡地址由 48 bit 长度的二进制数组成。其中,前 24 bit 表示生产厂商(由 IEEE 802.3 委员会分配给各网卡生产厂家),后 24 bit 为生产厂商所分配的产品序列号。若采用 12 位的十六进制数表示,则前 6 个十六进制数表示厂商,后 6 个十六进制数表示该厂商网卡产品的序列号。如网卡地址 00-90-27-99-11-cc,其中前 6 个十六进制数表示该网卡由 Intel 公司生产,相应的网卡序列号为 99-11-cc。网卡地址主要用于设备的物理寻址,与 IP 地址所具有的逻辑寻址作用有区别。

网络适配器也称网卡，是计算机之间相互通信的接口，也是计算机和网络之间的逻辑链路，是使计算机具有网络服务功能的基本条件之一。

2. 网卡的功能

网卡的功能主要有两个：一是将计算机的数据封装为帧，并通过网线（对无线网络来说就是电磁波）将数据发送到网络上去；二是接收网络上传过来的帧，并将帧重新组合成数据，发送到所在的计算机中。网卡接收所有在网络上传输的信号，但只接受发送到该计算机的帧和广播帧，将其余的帧丢弃。然后，传送到系统CPU做进一步处理。当计算机发送数据时，网卡等待合适的时间将分组插入到数据流中。接收系统通知计算机消息是否完整地到达，如果出现问题，将要求对方重新发送。

3. 网卡的工作流程

网卡的主要工作流程如下：

（1）读入由其他网络设备（Router、Switch、Hub 或其他 NIC）传输过来的数据包。

（2）经过拆包，将其变成客户机或服务器可以识别的数据。

（3）通过主板上的总线将数据传输到所需设备中（CPU、内存或硬盘）。

（4）将 PC 设备（CPU、内存或硬盘）发送的数据，打包后输送至其他网络设备中。

二、网卡的分类

网卡的分类方法有多种，例如，按照传输速率、按照总线类型、按照所支持的传输介质、按照用途或按照网络技术来进行分类等。

1. 根据网络技术分类

可分为以太网卡、令牌环网卡、FDDI（Fiber Distributed Data Interface）网卡等。以太网卡就是常见的局域网卡，适用于 Windows 9x/NT/2000/XP、Netware ScoUnix、Linux 等多种操作系统。

2. 根据传输速率分类

以太网卡提供了 10 Mb/s、100 Mb/s、1 000 Mb/s 和 10 Gb/s 等多种速率。数据传输速率是网卡的一个重要指标。

目前常见的网卡有 10 Mb/s ISA（Industry Standard Architecture）网卡、10 Mb/s PCI 网卡、10M/100 Mb/s PCI 自适应网卡。

3. 根据总线类型分类

网卡可分为 ISA 总线网卡、EISA（Extension Industry standard Architecture）总线网卡、PCI 总线网卡、USB 网卡及其他总线网卡等。16 位 ISA 总线网卡的带宽一般为 10 Mb/s，没有 100 Mb/s 以上带宽的 ISA 网卡。目前 PCI 网卡最常用。PCI 总线网卡常用的是 32 位的，其带宽从 10 Mb/s 到 1 000 Mb/s 都有，常见的是 10/100 Mb/s 自适应网卡，是主流产品。

4. 根据所支持的传输介质分类

网卡可分为双绞线网卡、粗缆网卡、细缆网卡、光纤网卡和无线网卡。连接双绞线的网卡带有 RJ45 接口，连接粗缆的网卡带有 AUI（Attachment Unit Interface）接口，连接细缆的网卡带有 BNC（Bayonet Nut Connector）接口，连接光纤的网卡则带有光纤接口。当然，有些网卡同时带有多种接口，如同时具备 RJ45 口和光纤接口。目前，市场上还有带 USB 接口的网卡，这种网卡可以用于具备 USB 接口的各类计算机网络。

5. 根据网卡是否插在机箱内分类

可分为内置式网卡、外置式网卡。ISA 总线和 PCI 总线网卡都是内置式的，USB 接口的网卡是外置式的，USB 作为一种新型的总线技术，由于传输速率远远大于传统的并行口和串行口，设备安装简单又支持热插拔，已被广泛应用。

6. 根据网卡之间的连接分类

根据网卡之间的连接是有线还是无线，分为有线网卡、无线网卡。

7. 根据网卡用途分类

根据网卡用途可分为台式机桌面网卡、服务器网卡、笔记本网卡。

PCMCIA（Personal Computer Memory International Association）网卡是用于笔记本计算机的一种网卡，大小与扑克牌差不多，只是厚度厚一些，在 3～4 mm 左右。PCMCIA 是笔记本计算机使用的总线，PCMCIA 插槽是笔记本计算机用于扩展功能使用的扩展槽。PCMCIA 总线分为两类，一类为 16 位的 PCMCIA，另一类为 32 位的 CardBus。CardBus 是一种用于笔记本计算机的新的高性能 PC 卡总线接口标准，不仅能提供更快的传输速率，而且可以独立于主 CPU，与计算机内存间直接交换数据，减轻了 CPU 的负担。

8. 根据主板上是否集成网卡芯片分类

根据主板上是否集成网卡芯片可分为集成（板载）网卡和独立网卡。如图 2—82 所示就是主板上的网卡芯片，该主板后 I/O 面板上有 RJ45 接口（见图 2—83）和 BNC 接口（见图 2—84）。有的集成网卡的接口为 RJ45＋BNC 双口网卡（见图 2—85）。

图 2—82 主板上的集成网卡芯片
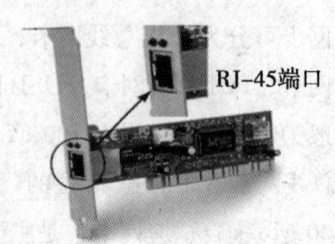
图 2—83 RJ45 端口网卡

图 2—84 BNC 端口网卡

图 2—85 RJ45＋BNC 双口网卡

三、网卡的结构

ISA 10 Mb/s 总线的网卡已经淘汰，现在市场上大部分都是 10/100 Mb/s 自适应网卡，并且是 PCI 总线的。下面以常见的 10/100 Mb/s 自适应 PCI 以太网网卡为例，介绍其结构。常见的 10/100 Mb/s 自适应 PCI 以太网卡，如图 2—86 所示。

USB 接口的网卡是外置式的，如图 2—87 所示。

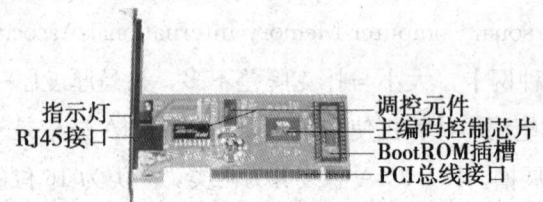
图 2—86 PCI 以太网卡

图 2—87 PCI 内置网卡和 USB 外置网卡

1. 主编码控制芯片

主编码控制芯片负责控制进出网卡的数据流。对 PCI 网卡的主控制芯片，数据可以直接从网卡传给计算机而不必经过 I/O 口中，也不必经过 CPU，能有效降低系统的负担。

2. 调控元件

用来发送和接收中断请求（IRQ）信号，起到指挥数据正常流动的作用。

3. Boot ROM 插槽

把 Boot ROM 芯片插上后，就可以实现无盘启动功能。它存储有网络启动程序。根据网络操作系统的不同，分为 Noell 和 Windows NT 的 Boot ROM。

4. 指示灯

指示网卡的工作状态，有电源指示、发送指标（Tx）、接收指示（Rx）、10/100 Mb/s 状态显示等。

5. RJ45 端口

RJ45 端口是一个 8 针的收发器，网卡通过 RJ45 头和双绞线与集线器或交换机连接起来。

2.4.2 检测网卡性能

 学习目标

➢ 了解网卡的工作特性
➢ 掌握网卡的各种技术性能指标
➢ 熟悉网卡的相关测试软件，能对网卡进行实际检测

一、网卡的技术指标

1. 网卡速率

网卡的首要性能指标就是它的速度，也就是它所能提供的带宽。市场上主要有 3 种网卡：10 Mb/s、10/100 Mb/s 自适应、服务器专用 1 000 Mb/s。

10/100 Mb/s 自适应：是指网卡可以与远端网络设备（集线器或交换机）自动协商，确定当前的可用速率是 10 Mb/s 还是 100 Mb/s。

2. 支持双工

（1）半双工

半双工是指两台计算机之间不能同时向对方发送信息,只有其中一台计算机传送完之后,另一台计算机才能传送信息。

(2) 全双工

全双工是指双方同时进行信息数据传送。

3. 对多媒体操作系统的支持

适用于 Windows 9x/NT/2000/XP、Netware、ScoUnix、Linux 等多种操作系统。

4. 支持远程唤醒

就是在一台计算机上通过网络启动另一台已经处于关机状态的计算机。支持远程唤醒的网卡上有一根电缆与主板上标有 WOL(远程唤醒)的插座相连接。

二、网卡应用问题的处理

1. 检查网卡工作状态

在局域网中网络不通的现象时有发生。一旦遇到类似这样的问题时,应该认真检查网卡设置是否正常。那么怎样去确认网卡工作状态是正常的呢?在检查时,可以用鼠标依次打开"控制面板/系统/设备管理/网络适配器"设置窗口。在该窗口中检查一下有无中断号及 I/O 地址冲突(最好将各台机器的中断设为相同,以便于对比),直到网络适配器的属性中出现"该设备运转正常",并且在"网上邻居"中至少能找到自己,说明网卡的配置没有问题。

2. 巧用 ping 命令

ping 命令在检查网络通信与服务故障中使用广泛,如图 2—88 所示。若执行 ping 成功,只能保证当前主机与目的主机间存在一条连通的物理路径。若执行 ping 不成功,则故障可能是网线不通、网络适配器配置不正确或 IP 地址不可用等。

(1) ping 127.0.0.1 本地回环地址

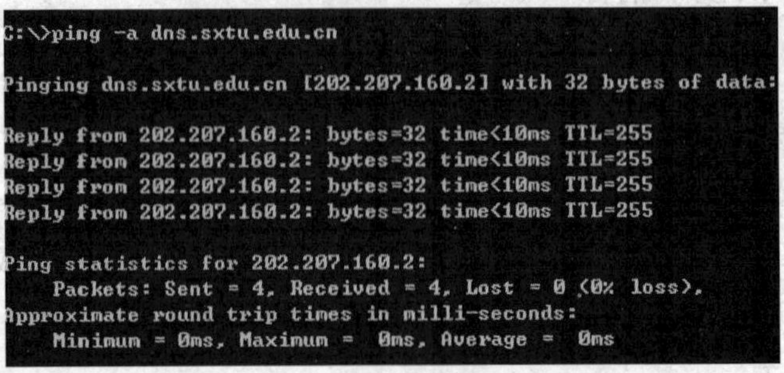

图 2—88 使用 ping 的情况

ping 127.0.0.1 是 ping 本地回环地址，如果无法 ping 通，表示 TCP/IP 工作不正常。如有问题，可删除协议重新安装即可。

(2) ping 本机 IP 地址

ping 本机 IP 地址是查看本机的网络适配器是否工作正常，如果不通则表示有故障。可通过观察指示灯来判断故障的原因。

(3) ping 远程 IP 地址

ping 远程 IP 地址主要用来查看网络的链接状况，如果不通就要看是网线的问题，还是网络设备有问题，或者对方已关机，或者装有防火墙禁止 ICMP 协议等。

(4) ping 域名

ping 域名主要查看域名对应的 IP 地址，即解析 DNS 服务以及响应时间。正常情况下可以获知域名对应的 IP 地址以及链接状态，如果不通，可先查询本机 DNS 的设置是否正常，ping 本地 DNS 服务器可以知道。当然由于现在网络攻击的普遍性，大部分的 DNS 服务器为了安全考虑，禁止被人用 ping 命令探测也很正常。可以通过其他方式或利用域名对应的 IP 地址。

(5) ping 命令的出错信息

一般来说通常分为 3 种情况，"unknown host"（不知名主机），这种出错信息的意思是该远程主机的名字不能被命名服务器转换成 IP 地址。网络故障可能为命名服务器有故障，或者其名字不正确。也有可能是网络管理员的系统与远程主机之间的通信线路有故障。

(6) "network unreachable"（网络不能到达）

这是本地系统没有到达远程系统的路由，可用 netstat-rn 检查路由表来确定路由配置情况。还有一种结果为 "no answer"（无响应）。这种结果信息表示远程系统没有响应，这种故障说明本地系统有一条到达远程主机的路由，但却接收不到它发给该远程主机的任何分组报告。原因可能是远程主机没有工作，或者本地或远程主机网络配置不正确。

3. 解决网卡特殊故障

有时候会出现这种情况，自动地安装好了相关驱动程序之后却无论如何也无法连接到局域网上。

在排除了网卡的连线以及网络的参数设置问题后，则有可能是网卡的软硬件工作环境有问题。例如，安装网卡的系统可能出现病毒，或者有关网络连接方面的程序或协议被损坏，这些都有可能导致网卡不能联网。在排除了软件问题后，不妨再从硬件的角度来分析排查。是不是网卡本身有什么故障问题；如果重新更换网卡后仍然不能解决故障，再试着将网卡重新换一个插槽来看看。现在有的主板对 PCI 插槽的功能也进行了定义和限制。

4. 对网卡进行特殊安装

如果按照普通的网卡安装方法，无法将网卡安装到计算机上时，该采取其他什么办法来安装？首先要声明的一点是，网卡无法被正确安装的现象还是比较少的，这种现象仅仅出现在极个别的计算机中。不过我们可以采取下面的方法来将网卡"强硬"安装到计算机上。其具体操作步骤为：先将网卡的驱动程序复制至系统的 c:\windows\woptions\wcabs 目录下（如果没有这样的目录，用户可以在 Windows 目录下自行创建），然后按照常规的方法安装网卡的驱动程序。安装结束后直接关闭计算机，再将网卡拔出后换一个扩展槽插入，重新启动计算机，此时系统就会检测到一个新设备，这时再重新安装一遍网卡的驱动程序，就可以将网卡正确安装到计算机上了。

5. 解决网卡的冲突故障

在安装网卡时，有许多即插即用的网卡很容易和计算机的其他设备发生资源冲突，而且有时发生冲突计算机也不会出现提示。

目前比较常见的可能与其他设备发生资源冲突的情况有 NE2000 兼容网卡和 COM2 有冲突，因它们都使用 IRQ3；Realtek RT8029 PCI Ethernet 网卡容易和显示卡发生冲突，它们都"喜欢"用 IRQ10。为了解决这种设备的冲突，可以按照如下操作步骤来进行设置。

（1）首先在设置窗口中将 COM2 屏蔽，并强行将网卡中断设为 3。

（2）如果遇到 PCI 接口的网卡和显卡发生冲突时，可以采用不分配 IRQ 给显示卡的办法来解决，就是将 CMOS 中的 Assign IRQ for VGA 一项设置为 "Disable"。

6. 正确安装多个网卡

由于在安装网卡时，网卡的中断请求（IRQ）、基本 I/O 地址在默认状态下都是使用的随卡出厂值，所以如果在同一台服务器中安装多个网卡时，那么同一台服务器上几块网卡的中断请求（IRQ）、基本 I/O 地址以及电缆连接系统网络号应各不相同。因此在想把几块网卡安装在同一台服务器上时，就必须对各个网卡的参数分别进行设置。例如，要将 2 块网卡安装在一台服务器上时，如果第一块网卡的 IRQ 设置为 3，那么第二块网卡的中断请求就必须设置为除 3 以外的其他数，即数值不能相同；同时也不能与系统其他设备冲突，这样才能保证多个网卡的协同工作。

三、网络检测软件

DU Meter 是显示直观的网络流量监视器,既有数字显示又有图形显示。可以清楚地看到浏览时以及上传下载时的数据传输情况,实时监测上传和下载的网速。新版增加了观测日流量、周流量、月流量等累计统计数据,并可导出为多种文件格式。

1. 双击 DU Meter 的压缩文件,运行 DU Meter 执行文件,屏幕显示如图 2—89 所示。

若单击"Purchase Now"按钮,显示如图 2—90 所示信息,用户可以按照提示购买该软件。

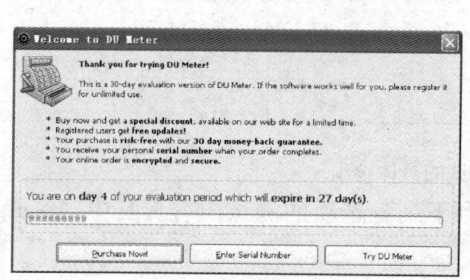

图 2—89　DU Meter 运行图示

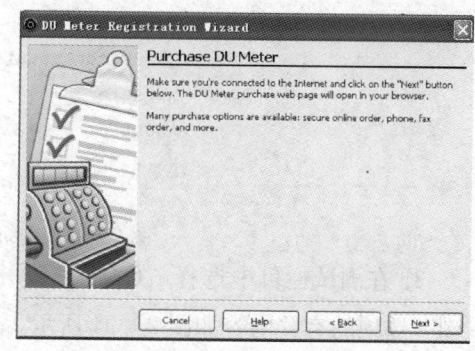

图 2—90　DU Meter 开始使用图示

若单击"Enter Serial Number",屏幕显示如图 2—91 所示,在该对话框中可以输入名字和序列号。

若单击"Try DU Meter",可以试用该软件,立即就能显示网络的流量,如图 2—92 所示。

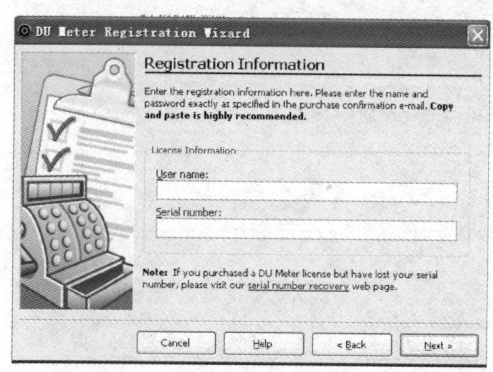

图 2—91　要求输入名字与序列号的界面

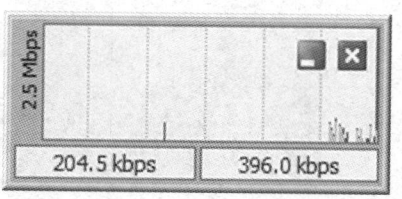

图 2—92　网络流量显示

2. 网络测试软件开始运行后，在计算机屏幕右下方，有一个图标" "，鼠标右键单击该图标后，将出现测试内容栏目，如图2—93所示。

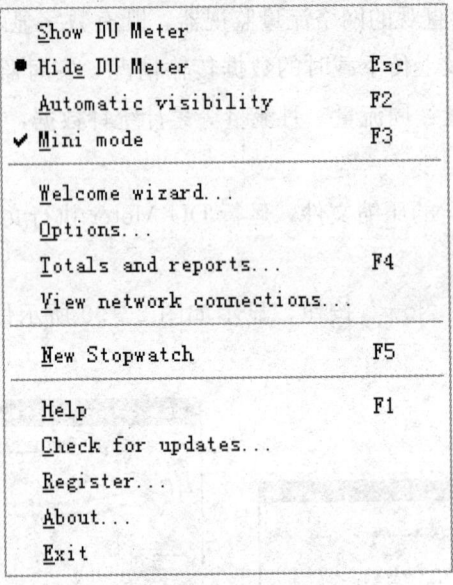

图2—93　网络测试的具体选项

3. 在测试栏目中选择"Options"，得到下列各选项的测试内容。其中"General"选项的有关内容如图2—94所示。

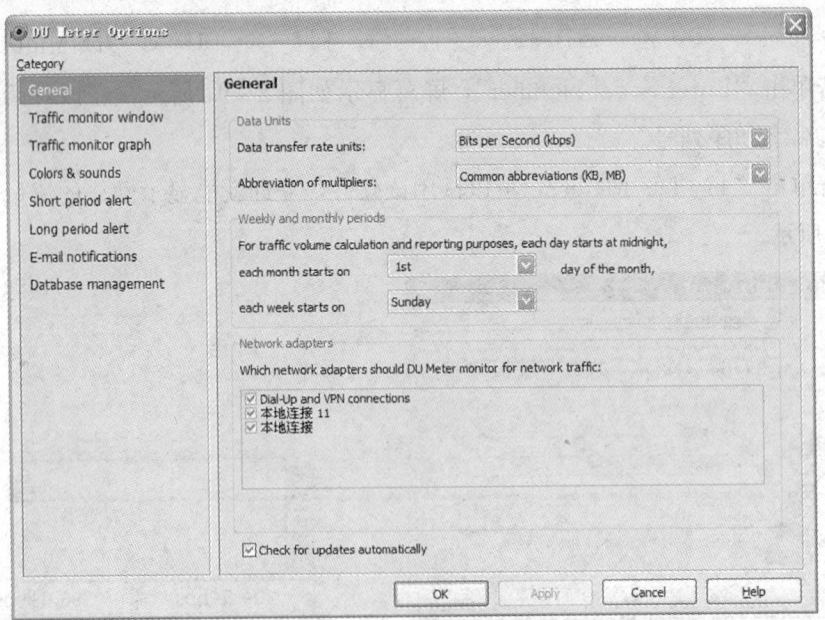

图2—94　常规选项

除此之外,还有图表选项卡、警报和报告选项卡、通知选项卡,读者可以通过试用该软件自行学习,本书从略。

4. 选择"Totals and reports",可得有关的统计和报告,如图 2—95 所示。

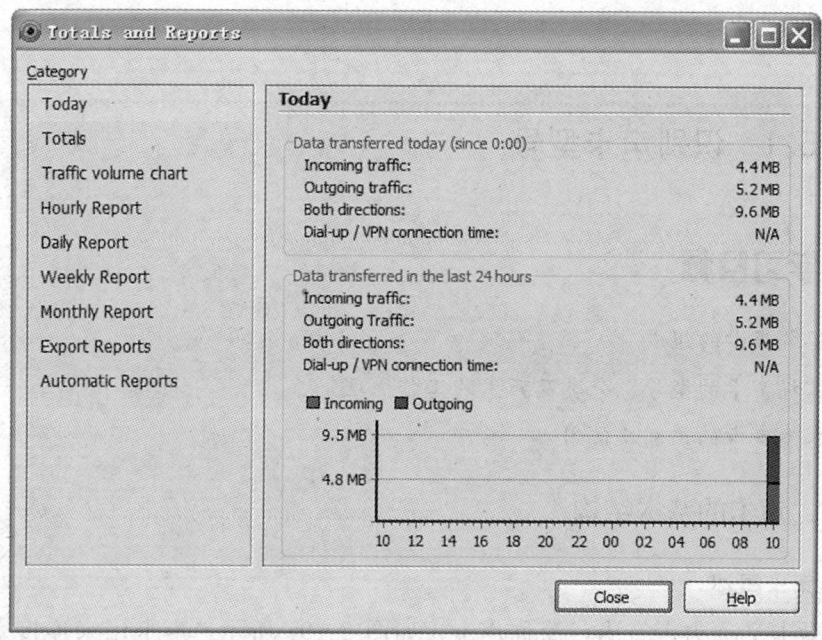

图 2—95　统计和报告

5. 选择"New stopwatch",可显示计时表,如图 2—96 所示。

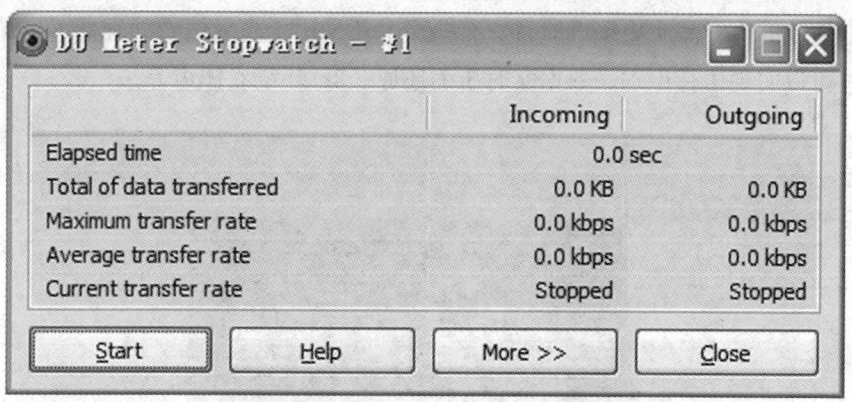

图 2—96　计时表

2.5 声卡的识别与检测

2.5.1 识别声卡型号

 学习目标

➢ 了解声卡的组成
➢ 掌握声卡的型号、分类及声卡的工作原理
➢ 熟悉声卡的识别及使用

一、声卡的基本结构

1. 声卡概述

声效卡又称为声音卡,简称声卡,如图 2—97 所示。声卡用来连接麦克风(MIC)、激光唱片、声音输入设备、声音输出设备和 MIDI 设备并对声音信号进行处理,是多媒体计算机不可缺少的设备。

声卡最早是采用 FM 音效合成技术,现在通常使用 Wavetable 音效合成技术,使声卡播放的声音品质更接近原音。有些声卡还采用了高级信号处理器(DSP)等技术,可以实现语音识别、数据实时压缩还原、3D 环绕立体声等。

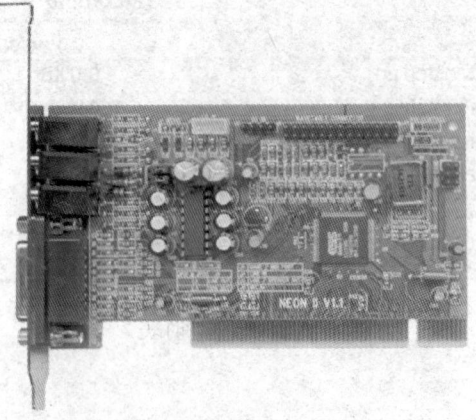

图 2—97 声卡

2. 声卡的组成

声卡主要由声音处理芯片（组）、功率放大芯片、CD 音频连接器（接口）、输入/输出端口等组成。

(1) 声音处理芯片

声卡的数字信号处理芯片（Digital Signal Processor，DSP）通常就是在声卡上四周都有引线、面积最大的集成块，它是声卡的核心部件。在主芯片上都标示有商标、芯片型号、生产日期、编号、生产厂商等重要信息。它的作用一般有3个：

1) 进行整个音频电路的工作控制。

2) 对数字音频信号进行特殊效果的运算处理。例如 Direct Sound 3D 等。

3) MIDI 的合成和 MIDI 接口的控制。

有些声卡的 DSP 还有音源资料压缩的功能，有些声卡上还带有功率放大芯片、波表合成器芯片、混音处理芯片、音色库芯片等。

(2) CODEC（数字音频编码解码器）芯片

CODEC 的字面意思就是编码解码器，它的作用就是将主芯片输出的数字信号转化为可以输出的模拟音频信号，因为只有模拟音频信号才能输入功放，去推动音箱。CODEC 也负责将输入声卡的模拟音频信号转化为数字音频信号输入主芯片以及信号混音。

主芯片和 CODEC 的参数决定了声卡的主要功能和基本性能参数。有了这两个芯片，一块声卡理论上的最高性能就被确定了。

(3) 晶振

声卡主芯片处理的是数字信号，任何一个数字电路都需要一个标准频率才能正常工作，而时钟频率信号必须通过晶振产生。晶振的工作原理是通过加电压在晶振内部的石英晶体上，就产生了高频振动信号，再通过相应的锁相环电路，就可以输出主芯片工作所需的标准频率。

(4) 功率放大芯片

从 CODEC 出来的信号其功率很小，还不能直接推动无源扬声器放出声音，如果用户使用耳机的话就听不到动听的声音。绝大多数声卡都带有功率放大（功放）芯片来实现这一功能。功放芯片的作用是将声卡主芯片输出的声音信号放大，以使其能够直接推动无源扬声器发声。

(5) 音色库（波表缓存）

音色库是在有波表合成功能的高档声卡上用于存放乐器声音样本的一块存储

器，这种存储器非常昂贵，它的外形与内存芯片的外形相似。只要带有 2 MB 以上音色库的声卡，输出的声音品质就相当出色，所以比较高级的声卡都会带有 1～4 MB 的缓存来装载音色库。

(6) 外围元件

通常说的外围元件就是除了集成电路以外的电阻、电容器等，它们对声卡音质的影响也较大。

(7) CD 音频接口（CD In）

CD 音频接口位于声卡中上部，通常是 3 针或 4 针的小插座，与 CD-ROM 的相应端口连接实现 CD 音频的直接播放。不同 CD-ROM 的相应端口上的音频接口也不一样，因此大多数声卡都有 2 个以上的这种接口。

(8) 辅助音频输入口（AUX In）

辅助音频输入口负责把来自电视卡、DVD 解压卡、MPEG 编/解码卡等设备的声音信号输入声卡。这样就可使各种设备输出的声音信号都通过声卡送至音箱，避免反复插拔信号线的麻烦。

(9) 电话自动应答设备接口（TAD）

TAD（Telephone Answering Device）与 MODEM 卡上的相应端口相连接，配合软件可使计算机具备电话自动应答功能。

(10) 金手指

一般称声卡插入到计算机主板上的那一端为金手指，它是声卡与计算机互相交换信息的"桥梁"。

声卡分为两大类：一种是早期的 ISA 接口的声卡（已逐渐被淘汰），另一种是现在常见的 PCI 声卡。

(11) 输入/输出端口

声卡要具有录音和放音功能，就必须有一些与放音和录音设备相连接的端口，通常是"Speaker Out""Line Out""Line In""Mic In"等。如果是 3 个插孔，则是"Speaker Out"与"Line Out"共用一个，一般可通过声卡上的跳线来定义该插孔为何功能。Line In 端口能够将来自外设的声音、音乐信号输入到声音处理芯片，通过计算机的控制将该信号录制成一个文件，可用于录制电视节目伴音、将磁带转成 MP3 等。

(12) 数字音频接口（S/PDIF）

S/PDIF 是 Sony 公司与 Philips 公司联合制定的高品质数字音频接口，其连接线缆采用 2 针同轴圆形线。

(13) MIDI 及游戏摇杆接口

这个接口与 MIDI 乐器接口共用一个 15 针的 D 型连接器（高档声卡的 MIDI 接口可能还有其他形式）。

3. PCI 声卡的结构

PCI 声卡的结构如图 2—98 所示。

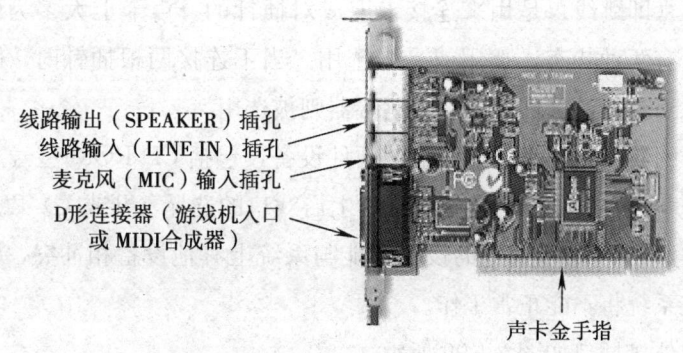

图 2—98 PCI 声卡的结构

（1）插孔和 D 形连接器

1) 线路输入（Line in）插孔。用来与外部音频设备（Audio device）相连，如录音机、CD 唱机、CD-ROM 等设备的音频输出端口。

2) 麦克风（MIC）输入插孔。用来连接传声器。

3) 线路输出插孔。旁边标注有"Line out""Audio out""Speaker"等字样，用来连接耳机、扬声器或功率放大器等设备。该插孔实际上是声卡内部功放电路的输出端口，对 4 Ω 的扬声器来说，该功放每个通道最大功率为 4 W，而对 8 Ω 的扬声器则为 2 W。连接时，应选用功率稍微大一点的扬声器或将输出音量调小一些，以免损坏扬声器或其他连接设备。

4) D 形连接器。该连接器是 15 芯 D 型接口，可以用来连接游戏操纵杆，游戏机入口或 MIDI 合成器。

（2）CD-ROM 接口及音频信号连接口

1) CD-ROM 接口。一般与 Sound Blaster 卡兼容的声卡上都有 CD-ROM 接口，这些接口包括松下（Panasonic）、美上美（Mitsumi）和索尼（Sony）三家 AT 总线标准的 CD-ROM 接口。有的声卡上还有 SCSI 接口，松下与美上美都是 40 线接口，而索尼为 34 线接口。有的声卡上还有 IDE 接口，是 40 线的标准接口。

2) CD-ROM 音频信号电缆的连接口。该连接口通常为 4 芯插座，有左、右声道以及两根电线，在有些声卡上还细致地分为 Sony、Panasonic、Mitsumi 三种

CD-ROM 音频信号接口。用户在使用时应注意音频信号线是否与声卡上的接口一致。

(3) 音量调节旋钮

调节音量旋钮可以控制声卡音量输出的大小。

(4) 跳接器

跳接器（即跳线）是用来连接卡上成对插针的。声卡上大多为两插针的跳接器，它们只有两种状态，选用或是未选用。当不连接两根插针时，跳接器就未选用；反之，当套在两根插针上时，跳接器则被选用。

跳接器的功能是用来选择声卡的硬件设备，包括 CD-ROM 型号、CD-ROM 的 I/O 地址、声卡的 I/O 地址选择。声卡上游戏口的选择（开或关）以及声卡的 IRQ（中断请求号）和 DMA 通道的设置不能与系统上其他设备相冲突，否则声卡甚至整个计算机系统将不能正常工作。

声卡的外接插口如图 2—99 所示。

这是创新公司的 Sound Blaster 16 声卡，卡上有一个 IDE 接口和 CD 音频接口，外部接口有传声器插口（Mic）、立体声输出插口（Speaker）连接音箱或耳机；线性输入插口（Line in）可连接 CD 播放机、单放机合成器等；输出插口（Line out）可连接功放和 MIDI 等设备。

在连接光驱的 CD 音频时，使用一根 3 芯或 4 芯的音频线，其中有两根代表左右声道，一般用红色和白色的线表示，还有一根或两根地线，用黑色表示。

有时在连接这条线时会遇到麻烦，比如一个声道没声音，此时要认真检查声卡和光驱的 CD 音频接口，使它们的左右声道和地线正确连接，如图 2—100 所示。

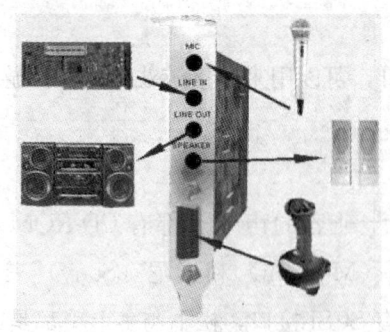

图 2—99 声卡的外接插口

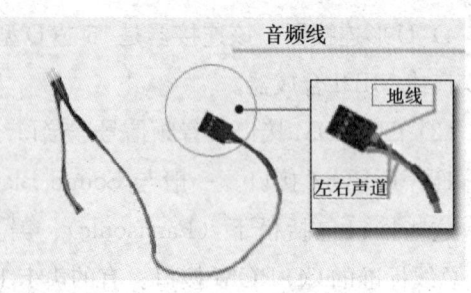

图 2—100 声卡连接线

二、声卡的工作原理及作用

1. 声卡的工作原理

首先,声卡从信号源中获取声音模拟信号,通过模数转换器(ADC),将声波振幅信号采样转换成一串数字,存储到计算机中。当重放声音时,这些数字信号送到一个数模转换器(DAC),以同样的采样速率还原为模拟波形,待放大后送到扬声器发声,这一技术也称为脉冲编码调制技术(PCM)。

2. 声卡的主要作用

(1) 录制(采集)数字声音文件。通过声卡及相应驱动程序的控制,采集来自传声器(麦克风)、收录机等音源的信号,压缩后存放于计算机系统的内存或硬盘中。

(2) 将硬盘或激光盘片压缩的数字化声音文件还原,重建高质量的声音信号,放大后通过扬声器输出。

(3) 对数字化的声音文件进行编辑加工,以达到某一特殊的效果。

(4) 控制音源的音量,对各种音源进行混合,即声卡具有混响器的功能。

(5) 压缩和解压缩采集数据时,对数字化声音信号进行压缩,以便存储。播放时,对压缩的数字化声音文件进行解压。

(6) 利用语音合成技术,通过声卡朗读文本信息,如读英语单词和句子、说英语、演奏音乐。

(7) 具有初步的语音识别功能,让用户用口令指挥计算机工作。

(8) 提供MIDI(乐器数字接口)功能,使计算机可以控制多台具有MIDI接口的电子乐器。同时,在驱动程序的控制下,声卡将以MIDI格式存放的文件输出到相应的电子乐器中,发出相应的声音。

三、声卡的分类

1. 传统声卡的分类

按照声卡是否为单独一块扩展卡,分为扩展卡型声卡与板载声卡。

(1) 扩展卡型声卡

1) PCI声卡。PCI声卡能提供比ISA声卡更好的综合性能。ISA最大的理论带宽是8 Mb/s,PCI总线将理论上支持的数据吞吐率一下提高到了132 Mb/s。

2) ISA声卡。由于ISA声卡需要占用大量的CPU资源进行信号处理,所以在441 kHz取样频率播放16 bit立体声时,CPU的占有率可能高达20%,而PCI

声卡不存在这个问题。它显著地改善了这个性能，使 CPU 能腾出手来处理 3D 图形、游戏程序以及其他更重要的东西。

3）USB 声卡。USB 声卡是创新公司最新研制的产品。它就像一个普通的 USB 外设，通过 USB 接口与计算机交换声音信息。

(2) 板载声卡

随着主板集成度的提高，目前几乎所有主板上都集成了声卡，这不仅为用户节约了一笔开支，也为主板留下了更多的插槽。如果仅仅利用计算机来看影碟、玩游戏，板载声卡完全能满足。

板载声卡主要分为板载硬声卡和板载软声卡。

1）板载硬声卡。这种声卡的实现方式实际上就是把扩展卡型声卡的全部电路和元器件集成在主板上而已。所谓的"硬"就是指主板上焊接有独立的声音处理芯片（DSP）。扩展卡型声卡上必不可少的三大件，DSP、CODEC 和晶振在主板上一个不缺。

2）板载软声卡。随着芯片制造工艺的提高，主板芯片组的集成度也得以飞速发展。以前很多需要专用芯片才能实现的功能，现在可以通过在主板芯片组中集成相同功能的电路结构而实现，而且不会显著增大主板芯片组的体积。板载软声卡就是在主板南桥集成了音频控制器电路，从而只需在主板 PCB 上布置 CODEC 芯片、晶振和滤波电路，再利用 CPU 进行 DSP 运算，就可以实现以往硬声卡的全部功能。

2. AC'97 标准的声卡

AC'97 标准要求把模数与数模转换部分从声卡主处理芯片中独立出来，形成一块 Codec 芯片，使得模数与数模转换尽可能脱离数字处理部分，这样就可以避免模数与数模转换信号时所产生的杂波，从而得到更好的音效品质。

符合 AC'97 标准的 Codec 封装建议的工业标准为 $7\ mm \times 7\ mm$，48 脚 QFP 封装，各厂商 Codec 芯片的引脚互相兼容。

(1) 软声卡

通常板载软声卡都是符合 AC'97 规范的，所以就约定俗成地把软声卡称为 AC'97 声卡。在板载 AC'97 软声卡的主板上，看不到较大的声卡主处理芯片 DSP，一般在 PCI 插槽上端的电路板上能看到一块小小的方形 Codec 芯片，如图 2—101 所示。

(2) 硬声卡

在如图 2—102 所示的主板上，只有一块声卡处理芯片，焊接 Codec 芯片的位置是空着的。

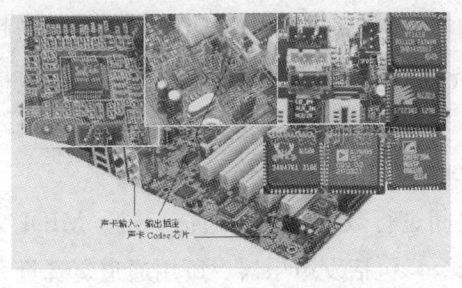
图 2—101　常见板载声卡 Codec 芯片

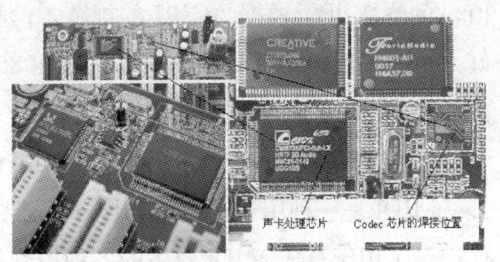
图 2—102　板载硬声卡处理芯片

2.5.2　检测声卡性能

 学习目标

➢ 了解声卡的工作原理
➢ 掌握声卡的各种技术指标
➢ 熟悉声卡的相关测试软件，能对声卡进行检测

一、声卡的技术指标

声卡的主要作用之一是对声音信息进行录制与回放，在这个过程中采样的位数和采样的频率决定了声音采集的质量。

1. 采样位数

采样位数可以理解为声卡处理声音的精度。这个数值越大，精度就越高，录制和回放的声音就越真实。在计算机上录音的本质就是把模拟声音信号转换成数字信号；反之，在播放时则是把数字信号还原成模拟声音信号输出。声卡的位是指声卡在采集和播放声音文件时所使用数字声音信号的二进制位数。声卡的位客观地反映了数字声音信号对输入声音信号描述的准确程度。

2. 采样频率

采样频率是指录音设备在一秒钟内对声音信号的采样次数。采样频率越高，声音的还原就越真实、自然。在当今的主流声卡上，采样频率一般分为 2 205 kHz、441 kHz、48 kHz 三个等级。

3. 信噪比（S/N）

信噪比是音频产品中最常见的一个指标，通常是用来度量声音信号的品质。它是在音频线路中某一个参考点播放信号的功率与没有信号时原有噪声功率的比值，单位是 dB。根据 AC'97 的规范，信噪比至少要在 85 dB 以上，当然是越高越好。目前一般声卡其标示的信噪比应在 85～95 dB 之间，过高的值基本上是不可信的。

4. MIDI（Musical Instrument Digital Interface，乐器数字化接口）

MIDI 是一种用于计算机与电子乐器之间进行数据交换的通信标准。MIDI 文件记录了用于合成 MIDI 音乐的各种控制指令，包括发声乐器、所用通道、音量大小等。

由于 MIDI 文件本身不包含任何数字音频信号，因而所占的存储空间比波形文件要小得多。MIDI 文件回放需要通过声卡的 MIDI 合成器合成为不同的声音，而合成的方式有 FM（调频）与 Wave Table（波表）两种。

（1）FM（调频）

FM 合成是通过振荡器产生正弦波，然后再叠加成各种乐器的波形。由于振荡器成本较高，即使是 OPL3 这类高档的 FM 合成器也只提供了 4 个振荡器，仅能产生 20 种复音。

（2）Wave Table（波表）

Wave Table 与 FM 合成不同，波表合成是采用真实的声音样本进行回放。声音样本记录了各种真实乐器的波形采样，并保存在声卡上的 ROM 或 RAM 中。因此，要分辨一块声卡是否为波表声卡，只需看卡上有没有 ROM 或 RAM 存储器。

5. 复音数

复音是指 MIDI 在回放时一秒内发出的最大声音数目。复音数越大，播放 MIDI 时所能听到的声部就越多，音乐也就越细腻。目前声卡的硬件复音数不超过 64 个，但通过软件（驱动程序）模拟得到的复音数就多得多，甚至多达 1 024 个复音。

6. 数模转换

（1）模拟转数字（Analog to Digital Convent，ADC）

输入的模拟音源经过 ADC 后会被转换成一系列的不连续数字信号，这也就是所说的取样（Sampling）。

（2）数字转模拟（Digital to Analog Convent，DAC）

数字转模拟是将不连续的数字信号转换成连续性的模拟声音。实际上，声音从原先的模拟音源转成数字后，经过声卡的编辑处理，再经由数—模转换，才可以从声卡输出。这一连串的转换处理过程所输出的声音与原始的音源已经有所差别，即一般所说的失真。

二、影响声卡效果的因素

声卡真正的质量取决于它的采样和回放能力。模拟声音信号是一系列连续的电压值,获取这些值的过程称为采样,这是由模数转换芯片来完成的。影响音质的两个因素是采样精度和采样频率。

采样精度决定了记录声音的动态范围,它以位(bit)为单位,比如 8 位、16 位。8 位可以把声波分成 256 级,16 位可以把同样的声波分成 65 536 级。可以想象,位数越高,声音的保真度越高。

采样频率指每秒钟采集信号的次数,声卡一般采用 11 kHz、22 kHz 和 44 kHz 的采样频率,频率越高,失真越小。在录音时,文件大小与采样精度、采样频率和单双声道都是成正比的,如双声道是单声道的两倍,16 位是 8 位的两倍,22 kHz 是 11 kHz 的两倍。

CD 碟采用 16 位的采样精度,44.1 kHz 的采样频率,为双声道,它每秒所需要的数据量为 16×44 100×2÷8=176 400 字节(在 CD 光盘中,每个扇区有 2 352 字节,每秒 75 个扇区,2 352×75=176 400 字节)。

最早的声卡生产厂家有 AdLib 公司和创新公司(Creative Labs),这两种声卡实际上已成为声卡的标准,大部分的声卡都与它们兼容。

现在市场上已经开始流行 PCI 的声卡,需要注意的是,许多的 PCI 声卡标称的 32 位/64 位并不是指它们的声音采样的位数是 32/64 位,而是指它们的最大复音数是 32/64 个。

在利用波表合成器播放 MIDI 时,可同时发音数最大是 32 或者 64 个,这只在播放 MIDI 时有效,而声卡采样精度仍然是 16 位的,专业的高档数字录音器采样精度也只能达到 20 位。

三、PCI 总线声卡

1. 声卡的类型

以声效卡中的模/数或数/模转换器(A/D、D/A)的位数来进行区分,声卡分为 8 位、16 位、32 位等。声卡的位数用来说明声卡产生音响的音质,即声音记录和重放的不失真能力。8 位声卡只能处理单声道数据,16 位声卡处理的是双声道立体声数据,16 位声卡可以达到 CD 的音质。

按声卡的总线方式可分为 ISA 声卡和 PCI 声卡。ISA 声卡一般为 16 位,PCI 声卡为 32 位。PCI 为 32 位总线,再加其 133 Mb/s 的数据传输率和 33 MHz 总线频率的明显优势，PCI声卡已成为目前的主流声卡。

2. 声卡控制芯片

和主板的芯片组、显示卡的图形加速芯片一样，声卡的控制芯片也是决定声卡的主要因素。声卡控制芯片一览表，见表2—8。

表2—8　　　　　　　　　声卡控制芯片一览表

厂家名	芯片型	典型声卡
E-MU	EMU-8000	SBWAE64Gold
ESS Technology	ESS688 等	花王系列
YAMAHA	OPL3	YAMAHA 系列
OPTI	OPTi82C935 等	O
Advancelogic	ALS007	O
Aztech	Sound Galaxy	WRpro32-3D
AMD	Inter Wave	O
ROLAND	Liner	SoundModuleMT32

3. 声卡的性能指标

声卡是处理声音信息的设备，其性能指标均与声音有关，主要有声音数据位、三维声效性能、是否有MIDI支持接口、立体声频率响应范围、是否支持各种软件环境下的应用、是否有波表合成功能、是否支持全双工语音传输等。

（1）兼容性

卡的兼容性分为软件兼容（如与DOS、Windows 95/98、Windows NT/2000兼容）和硬件兼容（如与Sound Blaster、Sound Blaster Pro兼容等）两个方面，如兼容性不好，就可能在某种情况下没有声音或音质较差。

（2）合成方式

合成方式分为波表（Wave table）合成和频率调制（Frequency Modulation, FM）合成，FM合成的声音与真实乐器相差很远，并且不能模拟自然界鸟语兽啼和人类的声音。波表合成是利用波表合成器以预先制作固化到ROM波表芯片中的波形声音为合成元素进行音响合成的，因而音色逼真，与波形音乐相比毫不逊色，但文件容量只有前者的几十分之一。波表合成就是提供电子乐器的和声与混响效果、各种复音和多音色、MIDI通道、合成多种乐器音响的能力等。早期的声卡均为FM合成，现在大多采用波表合成，典型产品是创新SB系列。

（3）音效

三维音效是近年发展的新技术,是比普通立体声更好的立体空间的声效性能。三维音效有 DirectSound（简称 DS）、DirectSound3D（D3D）、Aureal3D（A3D）、QSound3D（Q3D）、SRS 等等。

（4）接口

如 MIDI 接口、游戏（Game）接口、线输入（Line In）、线输出（Line Out）、麦克风（Mic In）、Speaker 接口等。

MIDI 是为了把电子乐器连到计算机上而规定的一种硬件接口标准,以及控制计算机和电子乐器之间信息交换的一套规则。

外部连接端口如图 2—103 所示。

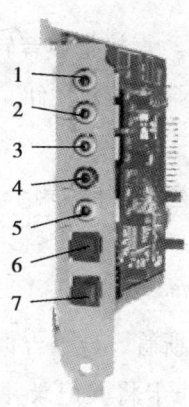

图 2—103　声卡外部连接端口

1—传声器输入插孔（Mic）　2—线性模拟输入插孔（Line In）　3—前置模拟输出（Front Out）
4—后置制模拟输出（Rear Out）　5—中置/低音输出（C/W Out）　6—光纤数字输入（SPDIF In）
7—光纤数字输出（SPDIF Out）

声卡上光纤接口和同轴接口,如图 2—104 所示。

内部连接端口包括 CD SPDIF（CD 数字音频输入连接器）、辅助音频输入口（AUX In）、CD 模拟音频输入口（CD In）。

（5）全双工语音传输

全双工语音传输是指能够同时处理语音信号和数字信号的能力,"接收"和"输出"声音可以同时进行。这个功能对于 IP（Internet Phone）电话用户是必不可少的,如图 2—105 所示。

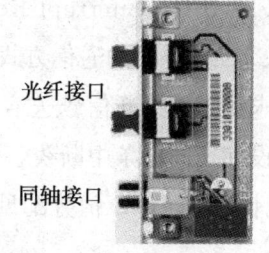

图 2—104　输入/输出端口

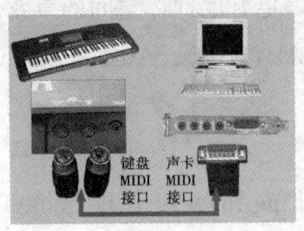 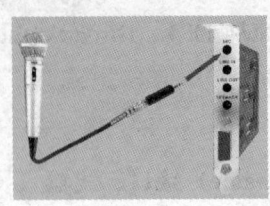 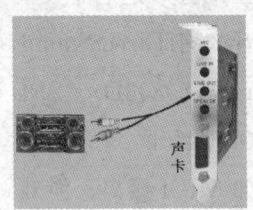

图 2—105　全双工语音传输

4. 声卡的信号输入

声卡的信号输入设备有 3 类，它们是 3 种不同性质的声音信号来源。

（1）传声器

将传声器插入声卡的 MIC 插口，直接把声音转换成电子模拟信号，由声卡将其数字化（模/数转换），形成波形（WAV）文件。

（2）激光唱片播放机

它把已经是数字化的声音信号送给声卡，声卡把它转换成模拟信号（数/模转换），直接送音箱输出。

（3）MIDI 设备

把电子乐器（如电子琴、萨克斯管、鼓、吉他等，也称为 MIDI 设备）接到 MIDI 接口，当演奏时，可以通过声卡将其记录并对其进行编辑加工，最后形成 MIDI 文件存储到磁盘上。MIDI 文件可以由 MIDI 合成器转换成声音再播放出来。

5. 与多媒体安装相关的 3 个概念

计算机的 CPU、存储器与外围设备之间的信息传递是通过信号线（即通道）进行的，PC 系列计算机共有 3 种控制信号线。

（1）IRQ（Interrupt ReQuest，中断请求）

CPU 与外设的通信方式一般采用中断请求，为了中断 CPU，这些设备就在中断请求线上把中断信号送给 CPU。每个外设都使用自己的中断请求线，不允许两台外设使用同一条中断线，中断请求线又称为中断向量。

计算机的 IRQ 值分配见表 2—9。

表 2—9　　　　　　　　　计算机的 IRQ 值的分配表

IRQ	设备	IRQ	设备
0	定时器	8	实时时钟
1	键盘	9	PC 网络
2	串行设备	10	可用

续表

IRQ	设备	IRQ	设备
3	COM2	11	可用
4	COM1	12	PS/2 鼠标
5	LPT2	13	协处理器
6	软盘控制	14	硬盘控制
7	LPT1	15	可用

(2) DMA（Direct Memory Access，直接存储器存取）

计算机与外设之间数据的传送有两条途径：一条是由 CPU 来管理数据的传送；另一条是 CPU 不介入，而使用一种 DMA 芯片去执行数据传送。计算机提供了好几个通道（称为 DMA 通道）供 DMA 芯片传送数据。DMA 通道是一个高速数据通道，它用来在存储器和外设之间传送数据。

由于声卡播放和录制声音信号时的数据量很大，而且大多数情况下都要求声卡能在后台方式下实时工作，因此数据的传送必须使用 DMA 方式。通常按缺省设置即可，如果有冲突，应调整声卡的 DMA 设置。

(3) I/O 端口

CPU 和存储器与外设进行通信时，是通过端口（接口）进行的。每个端口都包括一组寄存器，有用来存放外设和主机间传送数据的数据寄存器；有用来保存外设或接口状态信息的状态寄存器；有将 CPU 给外设接口的控制命令送给外设的命令寄存器。为了使主机访问外设方便起见，外设中每个寄存器都被赋予一个端口号，称为端口地址，用 16 位二进制代码表示。

四、声卡检测

本书以 Rightmark-3DSound 和 Audio Analyzer 为例，介绍声卡检测软件的使用。

1. Rightmark-3DSound 的安装及使用

Rightmark-3DSound 是一款测试声卡对各种 3D 音频 API 支持能力的工具。与 Audio Analyzer 专门用来测试声卡硬件指标不同，3DSound 用来专门测试声卡对各种 3D 音频 API 的支持情况，包括 Dircet Sound 2D、Dircet Sound 3D、EAX1、EAX2、EAX3 等标准。整个软件由"3DSound Positioning Accuracy test（三维声音定位精度测试）"和"CPU Utilization test（CPU 占用率测试）"组成，并且支持自动生成报告以及图表功能。这款软件的测试结果必将成为声卡测试报告中的又一重要组成部分。

(1) 按照屏幕提示，进行 Rightmark-3DSound 的安装。

(2) 利用 Rightmark-3DSound，可以进行的测试分别如图 2—106 至 图 2—108 所示。

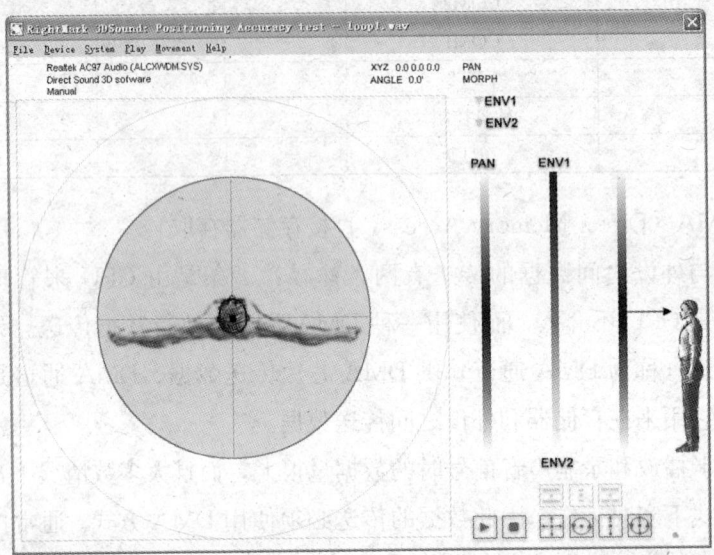

图 2—106　3DSound Positioning Accuracy test（三维声音定位精度测试）

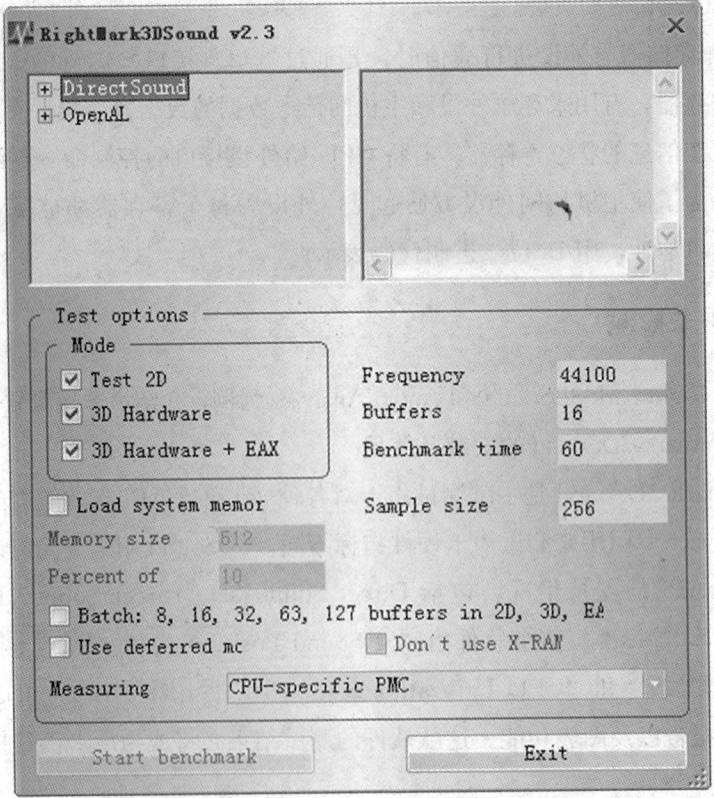

图 2—107　CPU Utilization test（CPU 占用率测试）

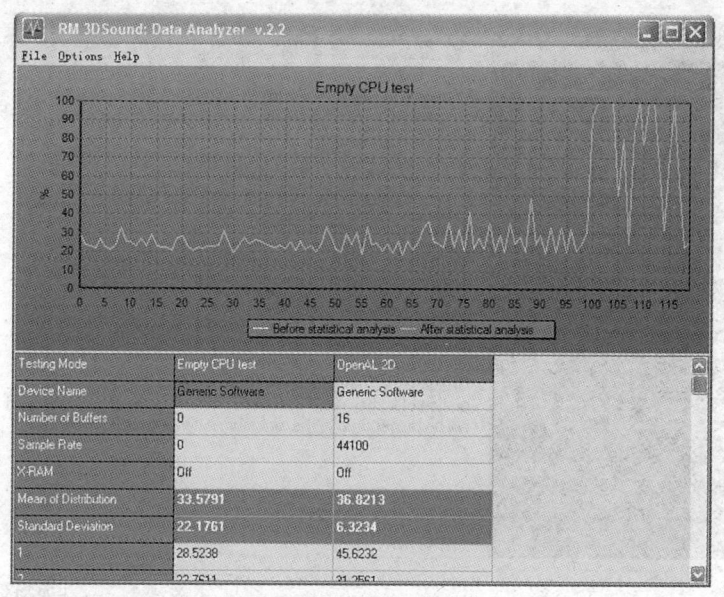

图 2—108 声卡测试报告

2. RightMark Audio Analyzer 的安装与使用

RightMark Audio Analyzer 是一个可对声卡或任何连接到计算机的音频接口进行评测的软件。它可测试出的性能指标有频率响应（Frequencyresponse）、本底噪声（Noiselevel＋interference）、动态范围（Dynamicrange）、总谐波失真＋噪声（THD＋noise）、立体声分离度（Stereocrosstalk）、互调失真（Intermodulation-Distortion）等参数。测定出的数据以曲线图表显示，非常直观，支持生成网页形式的评测结果，便于对比。软件安装与使用步骤如下。

步骤 1：进行 RightMark Audio Analyzer 的安装。安装程序启动的界面如图 2—109 所示。

步骤 2：安装完毕后，运行 RightMark Audio Analyzer，屏幕出现如图 2—110 所示的窗口。

步骤 3：在图 2—110 中单击"Modes（模式）"按钮，屏幕出现如图 2—111、图 2—112 所示窗口。分别可以测试声卡支持的模式和立体声模式。

步骤 4：在图 2—110 中，单击"Ping（侦测）"按钮，屏幕出现如图 2—113 所示的窗口，显示声卡侦测的结果。

步骤 5：在图 2—110 中，单击"WIZARD（向导）"按钮，出现如图 2—114 所示的窗口。可以选择执行的测试类型。

步骤 6：在图 2—110 中，单击"Adjust I/O levels（调整 I/O 电平）"，出现左右声道的电平情况，若选择"Loopback test（环路测试）"则出现如图 2—115 左上

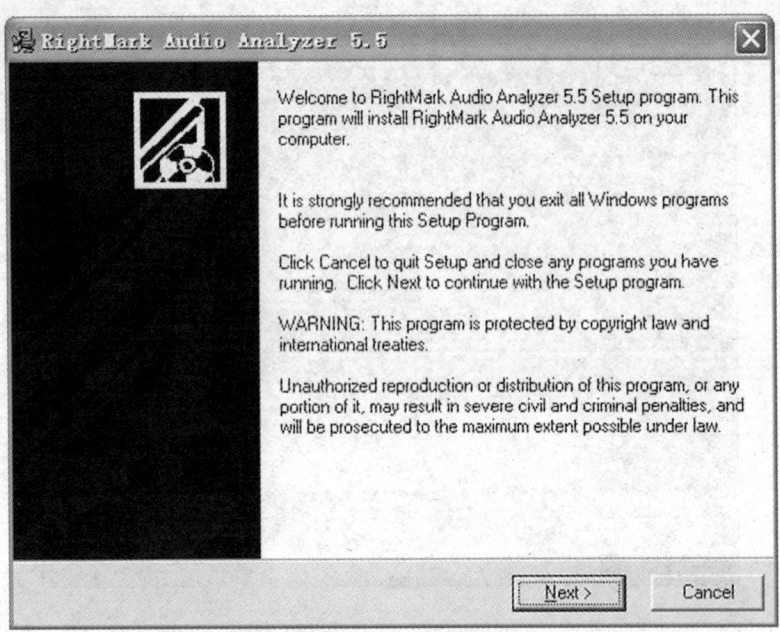

图 2—109　RightMark Audio Analyzer 安装向导

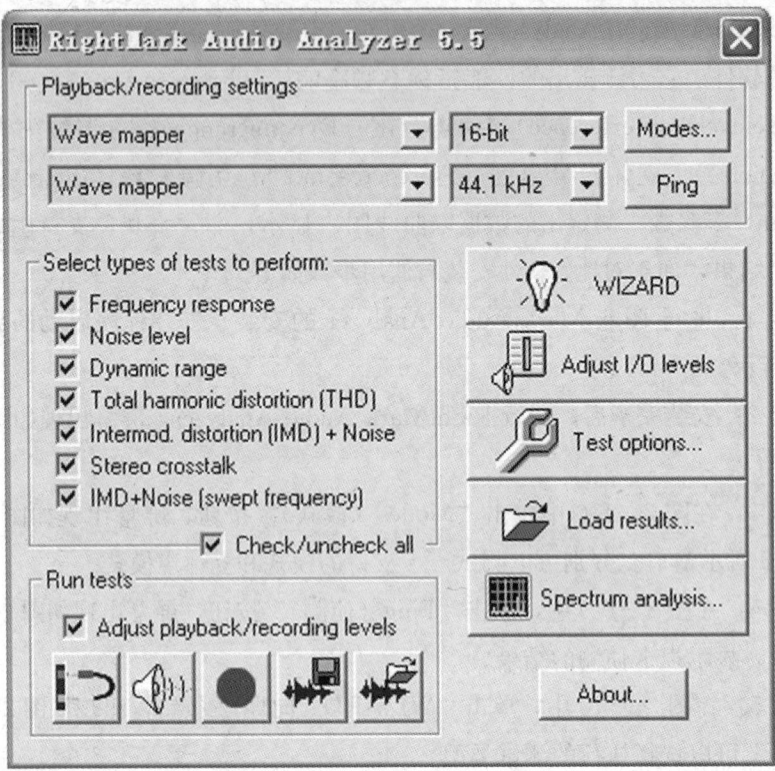

图 2—110　RightMark Audio Analyzer 的检测内容

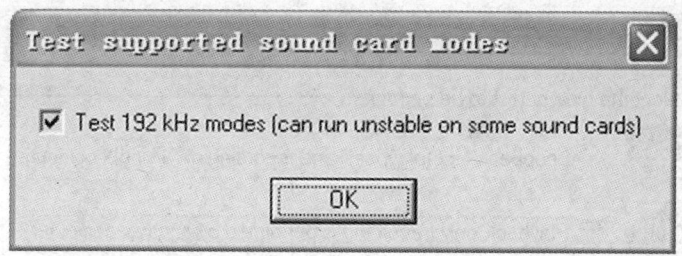

图 2—111　声卡支持的模式

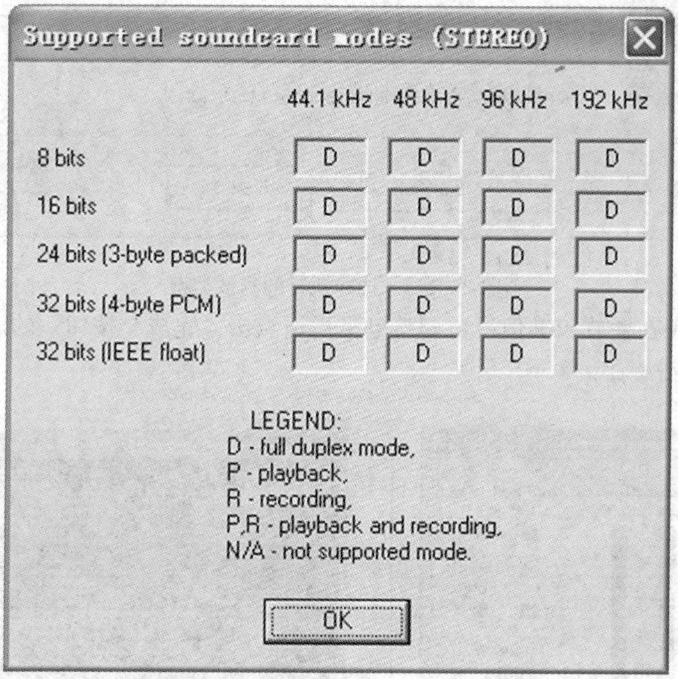

图 2—112　声卡支持的立体声模式

图 2—113　声卡检测的结果

位置显示窗口，接着分别进行左右声道测试、选择播放类型进行测试，完成测试后

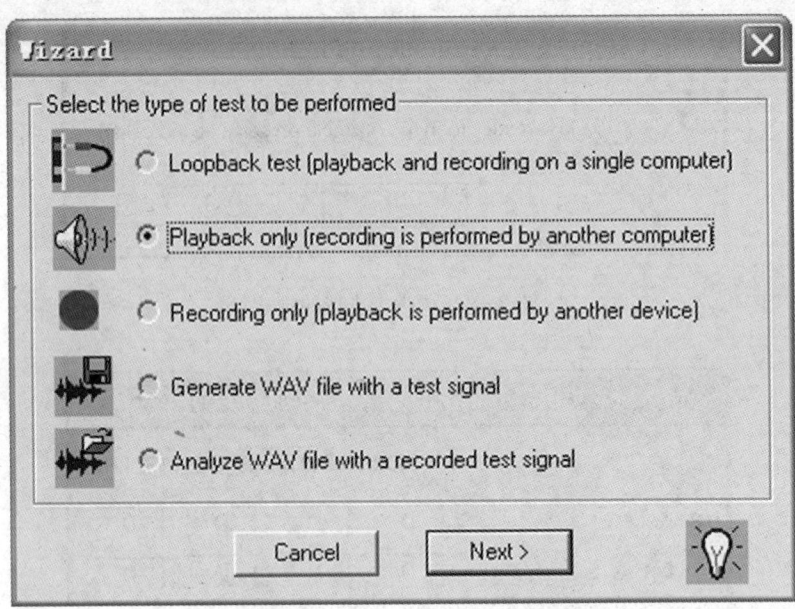

图 2—114　选择执行的测试类型

屏幕显示"正在播放校准信号，调整电平后请点击'完成'按钮"的对话框，如图 2—115 左下位置所示。

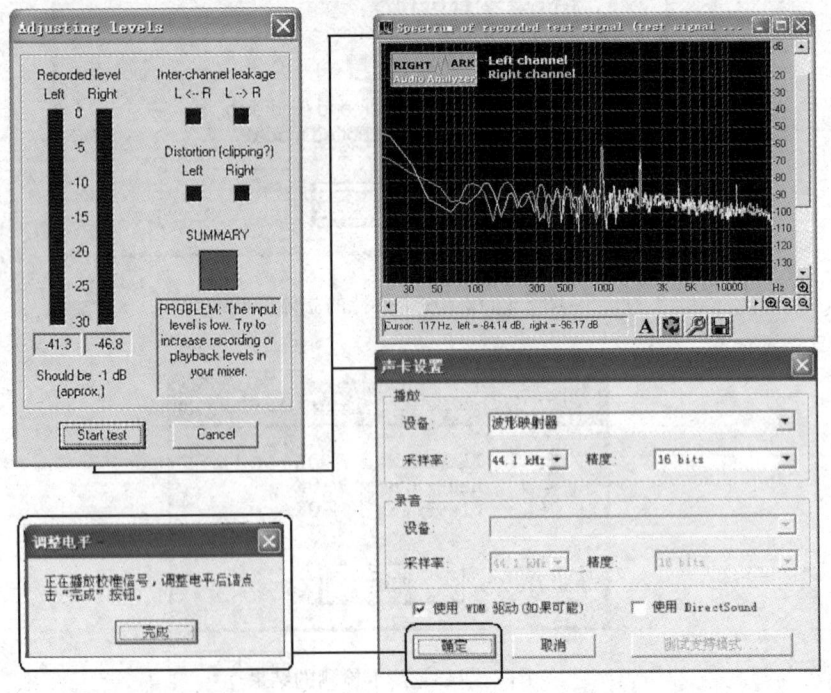

图 2—115　调整电平情况

步骤7：在图2—110中，单击"测试选项"，屏幕出现如图2—116所示窗口，其中的5个子选项为"General（常规）""Sound card（声卡）""Test signals（测试信号）""Acoustics tests（声学测试）""Display（显示）"，具体用法如图2—116至图2—120所示。

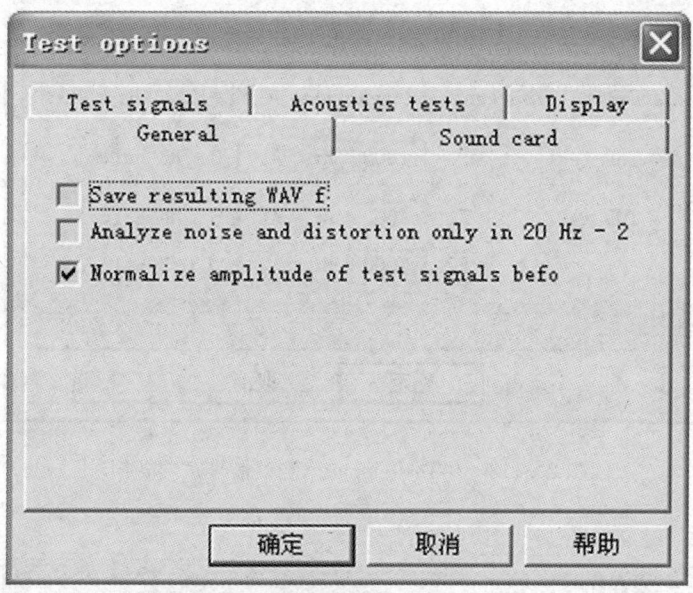

图2—116　"General（常规）"选项卡

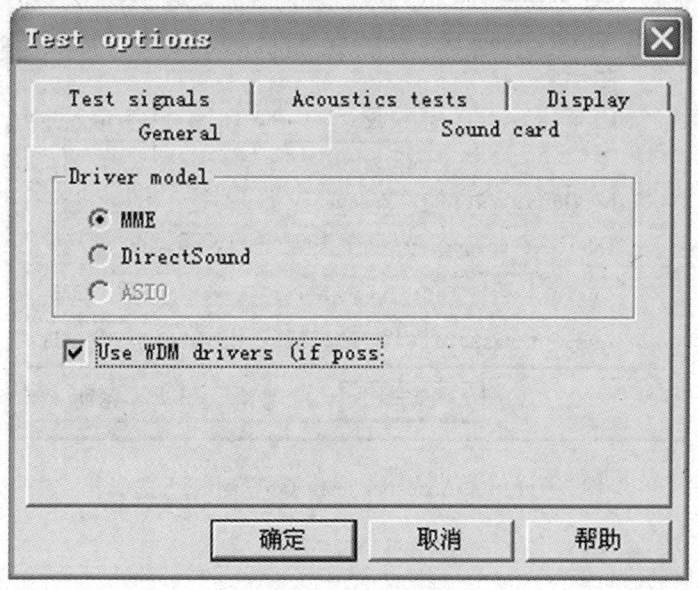

图2—117　"Sound card（声卡）"选项卡

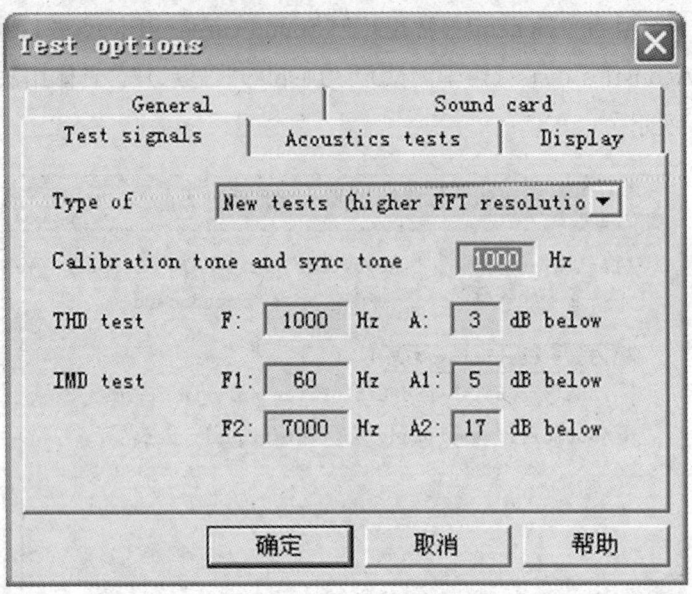

图 2—118　"Test signals（测试信号）"选项卡

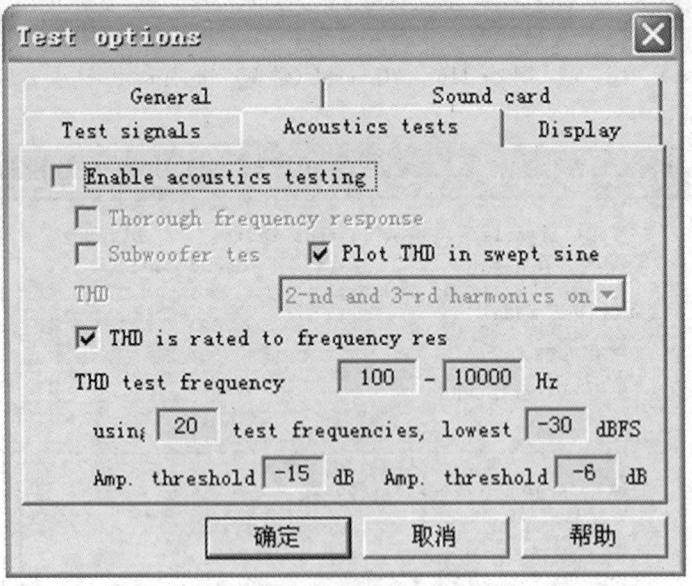

图 2—119　"Acoustics tests（声学测试）"选项卡

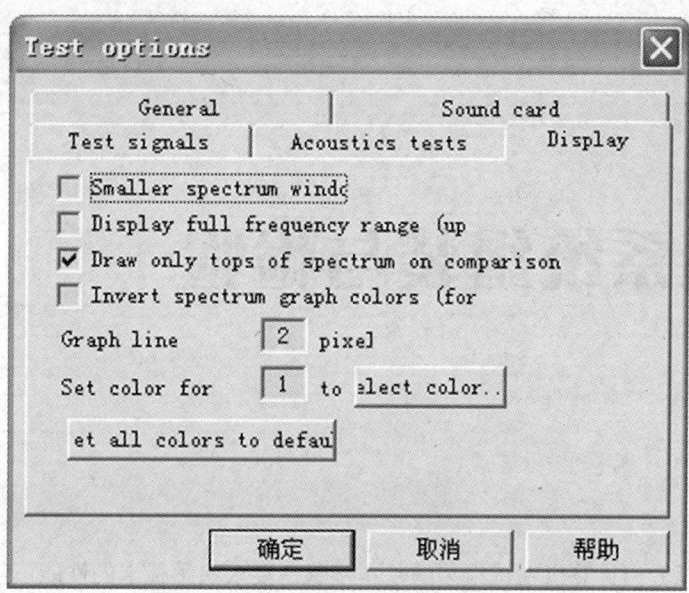

图 2—120 "Display（显示）"选项卡

本章练习题

1. 简述 CPU 各种封装结构的特点。
2. 简述 Intel CPU 的发展历程。
3. 简述 CPU 的基本结构和工作原理。
4. 简述 CPU 的制作流程。
5. 分别说明南、北桥芯片在主板中所起的作用。
6. 主板按尺寸大小可分为哪几种结构？
7. 请列举不同类型的 CPU 插座及相互对应的 CPU。
8. 试述喷墨打印机的机械结构并说明各部件的作用。
9. 针式打印机的打印机构是如何工作的？
10. 什么是声卡的 CODEC 芯片？
11. 简述声卡的工作原理。
12. 声卡是通过什么途径来决定声音的采集质量的？

第 3 章
计算机系统组装与检验

本章介绍计算机系统组装的基本步骤。要求熟悉板卡的性能，掌握相关板卡及设备的安装使用，尤其掌握主板、硬盘及存储系统的安装，了解主板、硬盘及存储系统的工作原理，能设置主板、硬盘及存储系统的工作状态，熟悉相关的检测软件。

重点和难点：主板、硬盘及存储系统的工作原理，设置主板、硬盘及存储系统的工作状态。

3.1 主板安装

3.1.1 安装主板

 学习目标

➢ 能在机箱内安装主板
➢ 能将计算机各部件安装在主板上
➢ 能固定主板

本节具体介绍主板的安装，包括安装前的准备、设置跳线、安装 CPU、安装 CPU 风扇、安装内存条、固定主板等方面的知识。

一、安装准备

1. 拆卸机箱

卸下机箱外壳固定螺钉,将机箱拆开。机箱内会有许多附件,如螺钉、挡片等,如图3—1所示。

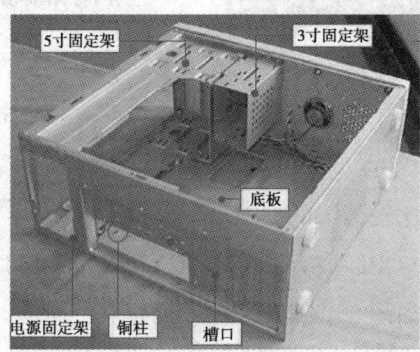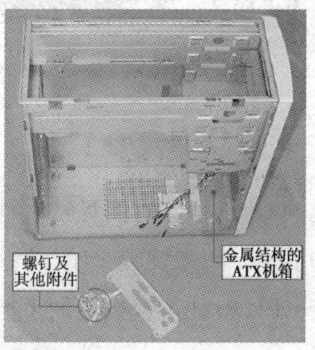

图3—1 机箱部分示意图

2. 安装挡板

机箱后部挡板与安装方法如图3—2所示。

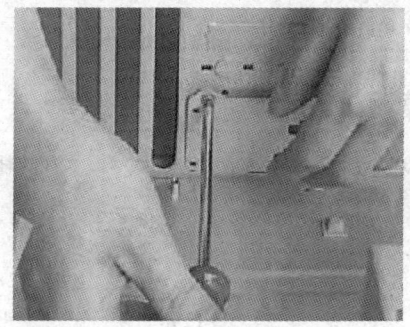

图3—2 挡板的安装

二、设置跳线

将主板取出来放在事先准备好的皮垫上,然后根据主板说明书依次找到CPU插座、内存条插槽、PCI插槽、AGP插槽、IDE接口、软驱接口、串并行口、PS/2、USB接口以及各跳线的位置(这在说明书上都可看到),如图3—3所示。

主板上有几项需要设置跳线,设置CPU电压、设置CPU工作频率、设置内存条电压。这些具体设置主板操作说明书上都有详细的说明,不过现在一般主板都是设置好的,在没有完全的把握时,最好不要改变它,以免出现意外。

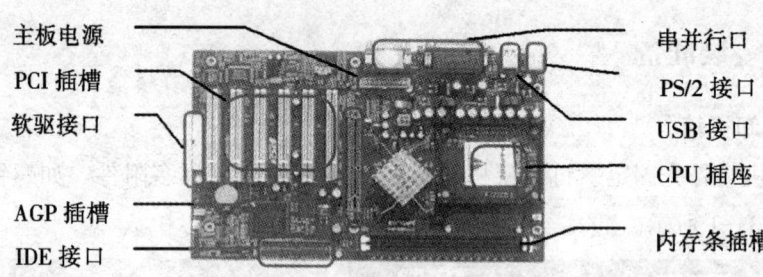

图 3—3 主板示意图

三、安装 CPU

常见的 CPU 插座有两种：一种是比较传统的 CPU 插座，叫 ZIF，中文意思是零插拔力插座，用来安装奔腾、赛扬的 CPU 或者 AMD、CYRIX 的 CPU。

安装 CPU 时先拉起插座的手柄，如图 3—4 和图 3—5 所示。

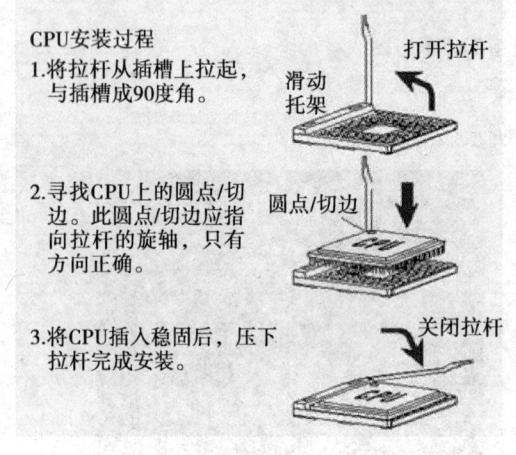

图 3—4 安装 CPU 示意图

图 3—5 安装 CPU 时先拉起插座的手柄

奔腾Ⅱ、奔腾Ⅲ采用的是另一种新型的安装方式，奔腾Ⅱ/Ⅲ的 CPU 就像一块插卡，而 CPU 插座就像扩展槽，如图 3—6 所示。

图 3—6 CPU 插槽

四、安装 CPU 风扇

步骤 1：安装风扇前可在 CPU 芯片顶部均匀抹上一层导热硅胶，导热硅胶不仅可以起到黏结作用，还可将 CPU 散发出的热量传递给散热片，再通过 CPU 风扇将热量散发出去。不过现在安装风扇时，通常省略此步骤。

步骤 2：将带散热片的 CPU 风扇放置在 CPU 上，先将 CPU 风扇自带的弹性卡的固定端卡在 ZIF 插座的塑料勾上，如图 3—7 所示。

步骤 3：调整好 CPU 风扇的位置，再将风扇弹性卡的活动端固定在 ZIF 插座另一侧的塑料钩上，如图 3—8 所示。

图 3—7　固定 CPU 风扇的一侧　　　图 3—8　固定 CPU 风扇的另一侧

五、安装内存条

主板上安装内存条的插槽有两种：目前最常见的一种是 DIMM 槽，如图 3—9 所示，使用的是 168 线的内存；另一种是 SIMM 槽，使用的是 72 线的内存，在主板上标有 DIMM1-DIMM3 或 SIMM1-SIMM4 的字样。有些主板同时提供这两种内存插槽。

 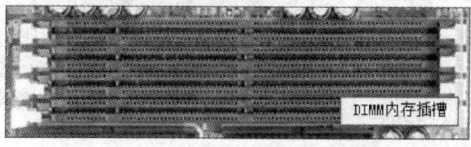

图 3—9　DIMM 内存及插槽

使用 SIMM 内存的主板要求内存条成对安装，比如要安装 8 M 内存，必须使用两条 4 M 的内存条，装在 SIMM1 和 SIMM2 或者 SIMM3 和 SIMM4 上。通常，SIMM1 和 SIMM2 合称为 BANK0，另外两个合称为 BANK1。SIMM 内存及插槽如图 3—10 所示。而使用 DIMM 内存的可以单独使用，每一个 DIMM 称为一个 BANK。

安装内存条要注意不要用力过猛，需用适当的力量。内存条的两端只有一端有一个缺口，如图3—11所示。

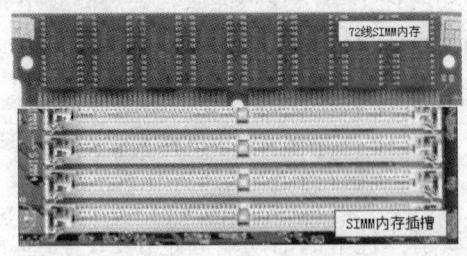
图3—10 SIMM内存及插槽

图3—11 内存条的缺口示意

内存条只能朝一个方向插进去。随着"咔"的一声响，内存条安装才算到位了，这个时候插槽两端的定位销也分别插入内存条两端的定位孔中。

DIMM内存条的安装很需要技巧，安装时把内存条对准插槽，均匀用力插到底就可以了。同时插槽两端的卡子会自动卡住内存条，如图3—12（左）所示。

SIMM内存条的安装很需要技巧，安装内存条时，把内存条以45°左右放到插槽的底部，保证内存条上的管脚和内存插槽的接针对齐，用两个拇指把内存推进去，插槽两边的弹簧卡子会把内存牢牢地卡住，如图3—12（右）所示。

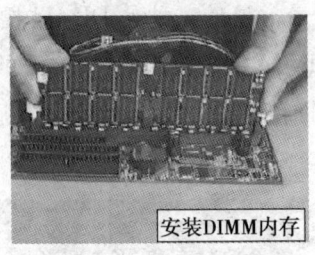

图3—12 安装内存条的方法

六、固定主板

卧式机箱将主板直接固定在机箱底板上，立式机箱将主板固定在可装卸的底板上，但固定方法基本相同，机箱底板如图3—13所示。

主板上有几个孔，用来将主板固定到机箱上，这几个孔和机箱上的几个孔是对应的，如图3—14所示。

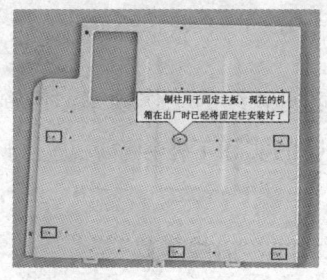 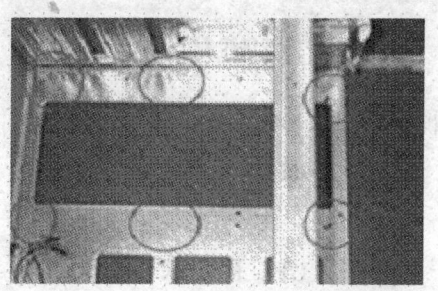

图 3—13　机箱底板　　　　图 3—14　固定主板的示意点

安装主板时，首先在机箱和紧固件中找到尖形塑料卡、带有螺纹的圆柱和螺钉，并且在机箱上固定两颗螺柱；然后把主板放进去，注意要对准主板上面的几个孔；最后用螺钉把主板固定好即可。

把主板小心地放在底板上面，注意将主板上的键盘口、鼠标口、串并口等和机箱背面挡片的孔对齐，将主板的固定孔与底板的固定柱对齐，依次把每个螺钉安装好，如图 3—15 所示。

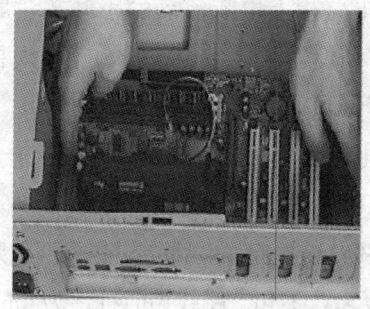 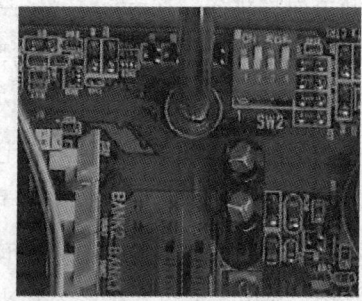

图 3—15　安装与固定主板示意图

3.1.2　设置主板跳线

 学习目标

➢ 了解主板工作频率的概念
➢ 了解主板性能，掌握跳线设置的方法
➢ 熟悉主板的设置方法，能按要求进行主板的相关设置

一、主板的工作频率

主板工作频率是指内存、控制芯片和 CPU 之间总线的工作频率,倍频系数就是 CPU 的内部工作频率和主板频率的比值。CPU 的实际工作频率就决定于这两个参数。

$$CPU 的实际工作频率 = 主板频率 \times 倍频系数$$

通常主板频率都是一些固定的值,比如,60 MHz、66 MHz、75 MHz、100 MHz、133 MHz 等;倍频系数有 1.5、2.0、2.5 和 3.0、4.0、4.5、5.0 等,通过设置主板上的跳线就可以改变 CPU 的工作频率,人们常说的超频就是指改变这两个参数,使 CPU 在较高的工作频率下运行,超频往往是以改变外频为主。外频就是指主板的工作频率。

二、主板跳线的有关知识

1. 跳线的组成

跳线开关简称跳线(Jumper),是控制电路板上电流流动的小开关,最常见的就是主板上的跳线。主板为了与各种类型的处理器、设备相兼容,就必须有一定的灵活性,通过设置跳线可以增加对各种处理器和其他设备的支持。

跳线由两个部分组成:一部分是固定在电路板上的,由两根或两根以上金属跳针组成;另一部分是"跳线帽",这是一个可以活动的部件,外层是绝缘塑料,内层是导电材料,可以插在跳线针上面,将两根跳线针连接起来。跳线帽扣在两根跳线针上时是接通状态,有电流通过,称之为 ON;反之,不扣上跳线帽时称之为 OFF。

2. 主板跳线的种类

最常见的跳线主要有两种,一种是只有 2 根针,另一种是有 3 根针。

(1) 2 针的跳线最简单,只有两种状态:ON 或 OFF。

(2) 3 针的跳线可以有 3 种状态:1 和 2 之间短接;2 和 3 之间短接;全部开路。

3 针以上的跳线所呈现的状态更多,这里就不一一列举了。

跳线最常用在主板上,一般可以用来设置 CPU 的频率和电压。

另外,还有使用 DIP 开关实现跳线设置,它的功能和普通跳线是一样的,只是把小跳线做成了开关。目前免跳线的技术十分流行,在这种主板上除了一个清除 CMOS 信息的跳线之外再无任何跳线,只要把 CPU 插入,机器就可以自动识别,并为其设置频率和工作电压,而且还可以通过 BIOS 对主频、工作频率和电压进行更改。

三、主板的跳线设置

1. CPU 外频设置（CPU Speed Selectors）

该组跳线供用户设置 CPU 外部频率，常见的有 66 MHz、75 MHz、83 MHz、100 MHz、133 MHz 等（还有其他非正规组合）。若 CPU 外部频率设置过高，会造成计算机不能启动或工作不稳定。对这种情况，关机后重新设置跳线即可，短时间内不会对 CPU 和主板造成损坏。

2. CPU 倍频设置（CPU Internal Clock Speed Selectors）

该组跳线供用户设置 CPU 的倍频，常见的有 1.5×、2×、2.5×、3×、3.5×、4× 等。CPU 倍频设置过高，也会造成计算机不启动或工作不稳定，处理方法和外频设置相同。

3. CPU 电压设置（CPU Voltage Regulator Selectors）

该组跳线供用户设置 CPU 的供电电压。单电压主板（CPU 电源为普通稳压电源，主板上无线圈）常见为 3.3 V、3.52 V 设置，只有两种跳法。双电压主板（CPU 电源为开关电源，主板上有线圈）的电压一般自 3.5 V 开始以 0.1 V（或 0.2 V）为单位递减，有六七种跳法。

4. CMOS 电池设置（CMOS Internal Battery Selectors）

该组跳线供用户为 CMOS 放电时使用。需要清除 CMOS 设置时将跳线置于 Clear CMOS（清除 CMOS）位置，平时应将其跳在 Internal Battery（内部电池）位置，这也是主板跳线的默认位置。

5. 闪速 BIOS 设置（Flash EPROM BIOS READ/WRITE Selectors）

该组跳线只在具有闪速 BIOS 芯片的主板上可以设置，主要供用户升级 BIOS 使用，在升级 BIOS 时应将其设定在 Write（写）位置，平时应跳在 Read（读）或 Protect（保护）位置。为防止 CIH 等病毒对 BIOS 的破坏，该跳线平日应设定在禁写状态。

四、设置主板跳线的方法

跳线方法，第一步是先设置主板频率。按照说明书，将要短接的跳线用跳线帽短接，如图 3—16 所示。

常见跳线及主板上的说明如图 3—17 所示。DIP 开关与普通跳线一样，只是把小跳线做成了开关。

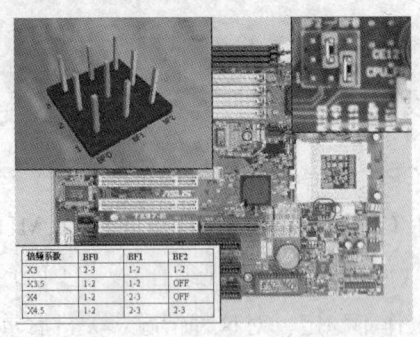

图 3—16　跳线示意图

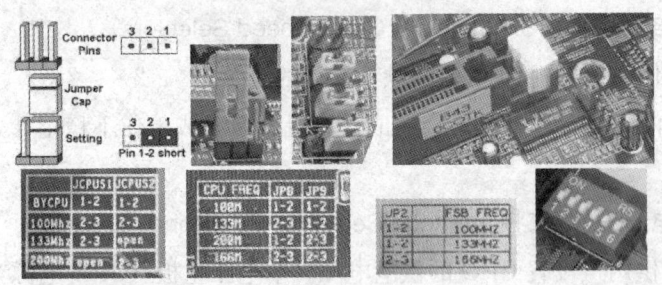

图 3—17　跳线、DIP 及主板上的跳线说明

主板上的插针有多组，其中最重要的一组是机箱面板插针，如图 3—18 所示。

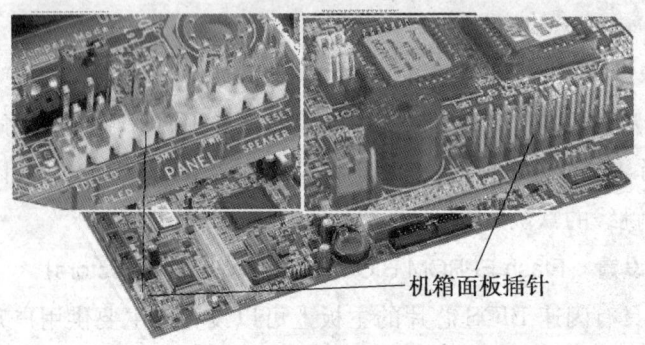

图 3—18　机箱面板插针

五、CMOS 中软跳线的设置

计算机开始自检，按键盘上的 DEL 键，屏幕上出现一个蓝色的画面，这就是 CMOS 的设置画面，如图 3—19 所示。

前面的外频、倍频系数、CPU 的工作频率和 PCI 总线的工作频率阐述就用于 CPU 的

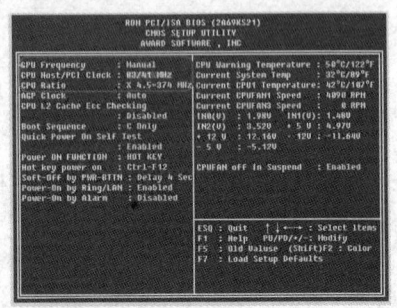

图 3—19　CMOS 中软跳线的设置示意图

频率设置。如需调整就按 Page UP 或者 Page Down 键。注意设置时要参看说明书，如果要想超频的话，最好在这里设置，注意 PCI 总线的工作频率是 33 MHz，设置好后按 ESC 返回，再选择"SAVE and EXIT"保存并返回即可。

3.2 硬盘工作准备

3.2.1 设置硬盘工作状态

 学习目标

➤了解硬盘的结构与组成
➤掌握硬盘工作原理及工作状态
➤熟悉硬盘的设置方法

一、硬盘的工作原理

硬盘驱动器，简称硬盘（Hard Disk），是微型计算机中广泛使用的外部存储器，它具有比软盘大得多的容量、速度快、可靠性高、几乎不存在磨损问题等优点，硬盘的存储介质是若干刚性磁盘片，硬盘由此得名，其外观如图 3—20 所示。

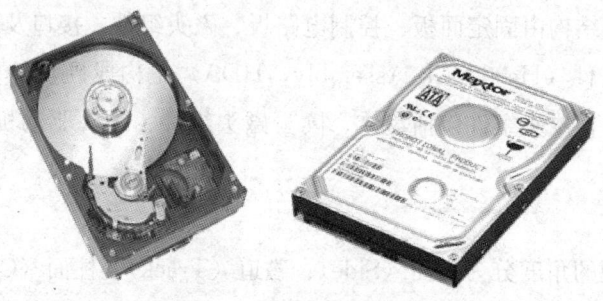

图 3—20 硬盘的外观

硬盘驱动器加电正常工作后，利用控制电路中的单片机初始化模块进行初始化工作，此时磁头置于盘片中心位置。初始化完成后，主轴电动机将启动并以高速旋转，装载磁头的悬臂机构移动，将浮动磁头置于盘片表面的 00 道，处于等待指令的启动状态。当接口电路接收到计算机系统传来的指令信号后，通过前置放大控制电路驱动音圈电动机发出磁信号，根据感应阻值变化的磁头对盘片数据信息进行正确定位，并将接收后的数据信息解码，通过放大控制电路传输到接口电路，反馈给主机系统完成指令操作。

硬盘系统在记录信息时将自动优先使用同一个或者最靠近的柱面，因为这样磁头组件的移动最少，既利于提高读写速度，也可减少运动机构的磨损。

二、硬盘的结构

硬盘作为微型计算机主要的外部存储设备，随着设计技术的不断更新和广泛应用，不断朝着容量更大、体积更小、速度更快、性能更可靠、价格更便宜的方向发展。

硬盘的零部件并不多，机械部分有盘片、磁头（臂）、电动机、基座和外壳；电路部分由主控芯片、缓存芯片和电动机控制芯片等组成。

1. 硬盘的外部结构

目前，市场上主要硬盘产品的内部盘片直径有 3.5 英寸、2.5 英寸、1.8 英寸和 1 英寸（后 3 种常用于笔记本计算机及部分袖珍精密仪器中，现代台式机常用 3.5 英寸盘片）。常用的 3.5 英寸硬盘的整体大小与软盘差不多，在硬盘的正面都贴有硬盘的标签，标签上一般都标注着与硬盘相关的信息，例如产品型号、产地、出厂日期、产品序列号等。在硬盘的一端有电源接口插座、主从设置跳线器和数据线接口插座，而硬盘的背面则是控制电路板等，如图 3—20 所示为一款 3.5 英寸硬盘正面和背面的外部结构，它主要由电源接口、数据接口、控制电路板构成。

2. 硬盘的内部结构

硬盘的内部结构由固定面板、控制电路板、磁头组件、接口及附件等几大部分组成，而磁头组件（Hard Disk Assembly，HDA）是构成硬盘的核心，封装在硬盘的净化腔体内，磁头组件包括盘体、读写磁头组件、磁头驱动机构、主轴组件、硬盘控制电路等。

（1）盘体

盘体从物理的角度分为磁面（Side）、磁道（Track）、柱面（Cylinder）与扇区（Sector）4 个部分。其中，在最靠近中心的部分不记录数据，称为着陆区，是硬盘每次启动或关闭时，磁头起飞和停止的位置。所有盘片上半径相同的磁道构成一个圆筒，称其为柱面。扇区是磁盘存取数据的基本单位，也就是将每个磁道等分后相邻两个半径之间的区域。硬盘盘片多为金属圆片，表面极为平整光滑，并涂有磁性物质。

硬盘盘片直接关系到硬盘的性能。目前大多数厂商都采用铝合金作为盘片的原料,盘片表面被加工成一个非常光滑的镜面,磁性材料就均匀地附着在这些光滑的表面上。

(2) 读写磁头组件

把数据写到盘片的磁介质上或者把数据读出来,都依赖于硬盘的磁头组件。读写磁头组件由读写磁头、传动臂、传动轴三部分组成。磁头是硬盘技术最重要最关键的一环,实际上是集成工艺制成的多个磁头的组合,它采用了非接触式结构。硬盘加电后,读写磁头在高速旋转的磁盘表面飞行,飞高间隙只有 0.1~0.3 μm,可以获得极高的数据传输速率。硬盘上采用的磁头类型依次有 MR、AMR、GMR、TMR 等,存储密度也随着逐渐提高。

(3) 磁头驱动机构

对于硬盘而言,磁头驱动机构就好比是一个指挥官,它控制磁头的读写,直接为传动手臂与传动轴传送指令。磁头驱动机构由音圈电动机和磁头驱动小车组成。高精度的轻型磁头驱动机构能够对磁头进行正确的驱动和定位,并在很短的时间内精确定位到指令指定的磁道,保证数据读写的可靠性。磁头机构的电动机有步进电动机、力矩电动机和音圈电动机 3 种,前两种应用在低容量硬盘中,现已被淘汰,大容量硬盘多采用音圈电动机驱动。

(4) 主轴组件

主轴组件包括轴瓦和驱动电动机等。随着硬盘容量的扩大,主轴电动机的速度也在不断提升,导致了传统滚珠轴承电动机磨损加剧、温度升高、噪声增大的弊病,对速度的提高带来了负面影响。因而生产厂商开始采用精密机械工业的液态轴承电动机(Fluid Dynamic Bearing Motor)技术,液态轴承电动机使用黏膜液油轴承,以油膜代替滚珠可以避免金属面的直接摩擦,噪声和温度减小到最低。而油膜具有有效吸收振动的能力,可以提高主轴部件的抗振能力。

(5) 硬盘控制电路

硬盘控制电路控制磁头感应的信号、主轴电动机调速、磁头驱动和伺服定位等。由于磁头读取的信号微弱,所以,将放大电路密封在腔体内可减少外来信号的干扰并提高操作指令的准确性。

三、硬盘驱动器的主要参数和技术指标

1. 硬盘驱动器的主要参数

硬盘驱动器是计算机中的一个主要部件,在使用硬盘时,应注意硬盘驱动器的

常用参数及其对硬盘驱动器性能的影响。

(1) 磁头数（Heads）

硬盘的磁头数与硬盘体内的盘片数目有关。由于每个盘片均有2个磁面，每面都应有1个磁头，因此，磁头数一般为盘片数的2倍。每面磁道数与每磁道所含的扇区数与硬盘的种类及容量有关。

(2) 柱面

硬盘通常由重叠的一组盘片（盘片最多为14片，一般均在1～10片之间）构成，每个盘面都被划分为数目相等的磁道，并从外缘以"0"开始编号，具有相同编号的磁道形成一个圆柱，称为硬盘的柱面。硬盘的柱面数与一个盘面上的磁道数是相等的。由于每个盘面都有自己的磁头，因此，盘面数等于总的磁头数。

属于同一柱面的全部磁道同时在各自的磁头下通过，这意味着只需指定磁头、柱面和扇区，就能写入或读出数据。

硬盘系统在记录信息时，将自动优先使用同一个或最靠近的柱面，从而使磁头组件的移动最少，有利于提高读写速度，也可减少运动机构的磨损。

(3) 每磁道扇区数（Sector）

把硬盘的磁道进一步划分为扇区，每一扇区是512 B。格式化后，硬盘的容量由3个参数决定，即硬盘容量＝磁头数×柱面数×扇区数×512（B）。

(4) 交错因子

交错因子就是每两个连续逻辑扇区之间所间隔的物理扇区数。交错因子是硬盘低级格式化时，需要给定的一个主要参数，取值范围在1∶1到5∶1之间，具体数值视硬盘类型而定。交错因子对硬盘的存取速度有很大影响。虽然硬盘的物理扇区在磁道上是连续排列的，但进行格式化后的逻辑扇区却是交叉排列的，也就是说，连续的物理扇区对应不连续的逻辑扇区。

选择合适的交错因子，可使当前扇区到下一个待读写的逻辑扇区之间没有或仅有最短的等待时间，从而明显提高硬盘的读写速度。因此，在硬盘低级格式化时，不要轻易改变硬盘的交错因子，其设置值应符合厂商提供的说明。

(5) 硬盘单碟容量

单碟容量是指硬盘单个盘片的容量，由单位记录密度（每平方英寸）决定，通过提高单碟容量，可以缩短寻道时间和等待时间，并极大地降低硬盘的成本。单盘容量越大、单位成本越低，平均访问时间也越短。目前，市面上大多数硬盘的单碟容量为60 GB、80 GB，而更高的容量则已达到了100 GB。

(6) 容量（Volume）

作为计算机系统的数据存储器，容量是硬盘最主要的参数。

硬盘的容量以 MB 或 GB 为单位，1 GB=1 024 MB。但硬盘厂商在标称硬盘容量时通常取 1 GB=1 000 MB，因此，在 BIOS 中或在格式化硬盘时看到的容量会比厂家的标称值要小。

2. 硬盘驱动器的主要技术指标

(1) 转速（单位：rpm）

转速（Rotational speed 或 Spindle speed）是指硬盘盘片每分钟转动的圈数，单位为 r/min，即 rpm。转速是决定硬盘内部数据传输速率的决定性因素之一，同时，也是区别硬盘档次的主要标志。目前，市场上 IDE 硬盘的主轴转速为 5 400～7 200 rpm，主流硬盘的转速为 7 200 rpm，SCSI 硬盘的主轴转速可达 7 200～10 000 rpm，而SCSI 硬盘的最高转速高达 15 000 rpm。

(2) 平均访问时间（单位：ms）

平均访问时间（Average Access Time）是指磁头从起始位置到达目标磁道位置且从目标磁道上找到要读写的数据扇区所需时间。

平均访问时间体现了硬盘的读写速度，它包括了硬盘的寻道时间和等待时间，即：平均访问时间＝平均寻道时间＋平均等待时间。

硬盘的平均寻道时间（Average Seek Time）是指硬盘的磁头移动到盘面指定磁道所需的时间。这个时间越短越好。目前，硬盘的平均寻道时间通常在 8～12 ms 之间，而 SCSI 硬盘则应小于或等于 8 ms。

硬盘的等待时间又称为潜伏期（Latency），是指磁头已处于要访问的磁道，等待所要访问的扇区旋转至磁头下方的时间。平均等待时间为盘片旋转一周所需时间的 1/2，一般应在 4 ms 以下。

(3) 数据传输速率（单位：Mb/s）

硬盘的数据传输速率（Data Transfer Rate）是指硬盘读写数据的速度。硬盘数据传输速率又包括了内部数据传输速率和外部数据传输速率。

内部传输速率（Internal Transfer Rate）也称为持续传输速率（Sustained Transfer Rate），是指磁介质到硬盘缓存间的最大数据传输速率，它反映了硬盘缓冲区未用时的性能，内部传输速率主要依赖于硬盘的旋转速度。例如，WD2000JB 硬盘的最大内部数据传输速率为 570 Mb/s。

外部传输速率（External Transfer Rate）也称为突发数据传输速率（Burst Data Transfer Rate）或接口数据传输速率，它标称的是系统总线与硬盘缓冲区之间的数据传输速率，外部数据传输速率与硬盘接口类型和硬盘缓存的大小有关。目前，主流硬盘普遍采用的是 Ultra ATA/100，它的最大外部数据传输速率为 800 Mb/s。而在 SCSI 硬盘中，采用 Ultra 160 SCSI 接口标准，其数据传输速率可达 1 280 Mb/s，采用 Fiber Channel（光纤通道），最大外部数据传输可达 3 200 Mb/s。Ultra 320 SCSI 的接口在理论上将最大外部数据传输速率提高到了 2 560 Mb/s。

由于硬盘的内部数据传输速率要小于外部数据传输速率，所以，内部数据传输速率的高低才是衡量硬盘性能的真正标准。

(4) 缓存（单位：KB、MB）

与主板上的高速缓存（Cache）一样，缓存是硬盘与外部总线交换数据的场所，当磁头从硬盘盘片上将磁记录转化为电信号时，硬盘会临时将数据保存到数据缓存内，当数据缓存内的暂存数据传输完毕后，硬盘会清空缓存，然后再进行下一次的填充与清空。这个填充、清空和再填充的周期与主机系统总线周期一致。原来硬盘数据缓存多采用 EDO DRAM，而现在一般以 SDRAM 为主，根据数据写入方式的不同，数据缓存有通写式和回写式两种。通写式是指在读硬盘时系统先检查请求，寻找所要求的数据是否在高速缓存中，如果在则称为被命中，缓存就会发送出相应的数据，磁头也就不必再向磁盘访问数据，从而大幅度改善硬盘的性能。回写式是先在内存中保留写数据，当硬盘空闲时再次写入。目前，硬盘的高速缓存一般为 512 KB～8 MB，主流 ATA 硬盘的数据缓存为 2 MB，而在 SCSI 硬盘中最高的数据缓存现在已经达到了 16 MB。缓存大的硬盘在存取零散文件时具有很大的优势。

(5) 硬盘的表面温度

硬盘的表面温度是指硬盘工作时产生的温度使硬盘密封壳的温度上升的情况，厂家并不提供这项指标，一般只能在各种媒体的测试数据中看到。由于硬盘工作时产生的温度过高将影响薄膜式磁头（包括 GMR 磁头）的数据读取灵敏度，因此，工作表面温度较低的硬盘拥有更好的数据读写稳定性。

(6) MTBF（连续无故障时间）

它指硬盘从开始运行到出现故障的最长时间，单位是 h，一般硬盘的 MTBF 至少为 30 000 h 或 40 000 h。

四、硬盘的维护常识

硬盘所要求的密封性能很高，而且绝对不能让灰尘进入，更不能随便打开。关机时最好先使磁头定位在磁片外的安全区域。在 CMOS 中的硬盘参数设置里有一个 LANDZ（Land Zone）项，它定义磁头归位所处的磁道，一般为最外边的一道。

现在的硬盘都有磁头自动归位功能，切断电源时会自动回到安全位置。

五、主、从硬盘的设置

1. 主、从盘的表示

标准 IDE 接口可同时连接两个硬盘，Master（主盘）和 Slave（从盘）。扩展 IDE（E-IDE）接口支持 4 个硬盘，连接在第一 IDE 接口（Primary IDE）的 2 个硬盘称为 Primary Master（第一主盘）和 Primary Slave（第一从盘），连接在第二 IDE 接口（Secondary IDE）的 2 个硬盘称为 Secondary Master（第二主盘）和 Secondary Slave（第二从盘）。

硬盘正面标签上通常有这样的标注：Single 表示用做单硬盘，Master 表示在双硬盘中做主盘，Slave 表示在双硬盘中做从盘。不同品牌、不同规格甚至不同出厂时间的硬盘其跳线的方法都不完全相同，但通常都在硬盘标签上标有其跳线方法，如图 3—21 所示。

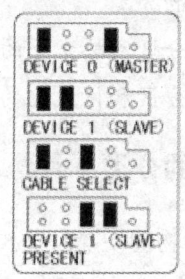

图 3—21 硬盘的设置

硬盘出厂时默认的设置是作为主盘，当只安装一个硬盘时是不需要改动的；当安装多个硬盘时，需要对硬盘重新设置。

2. 硬盘的设置

这是一种硬盘的设置说明，如图 3—22 所示，4 个跳线的含义如下。

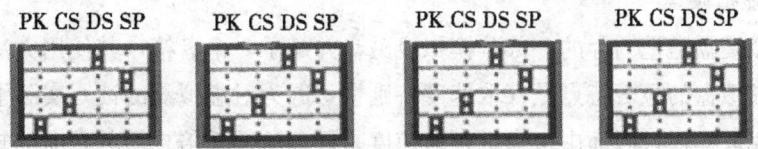

图 3—22 硬盘的跳线设置

（1）PK

PK 是将硬盘磁头锁定在起停区，防止在硬盘运输过程中损坏硬盘。当这个跳线短接时，磁头被固定在安全位置，防止运输过程中磁头的移动。

(2) CS

CS 是用特殊的线缆来控制硬盘的主、从状态。此方式利用经过特殊处理的数据线来设定主盘和从盘，第 28 根数据线为选择线，有则为主盘，无则为从盘，这种方法很少见。

(3) DS

DS 是主盘状态设定。当这个跳线短接时，硬盘作为主盘。

(4) SP

SP 是从盘状态设定。当这个跳线短接时，硬盘作为从盘。

3.2.2 低级格式化、分区和格式化

 学习目标

➤ 了解硬盘的分类
➤ 掌握硬盘分区和格式化的原理
➤ 熟悉硬盘分区和格式化的方法

一、硬盘的分类

硬盘可分为物理硬盘、逻辑硬盘和虚拟硬盘。

1. 物理硬盘

物理硬盘是指客观存在的硬盘，上面所述 IDE 接口可连接的硬盘数均指物理硬盘。

2. 逻辑硬盘

逻辑硬盘是通过 FDISK（分区）人为地将一个物理盘划分为若干分区，由系统分别赋予逻辑盘符。

3. 虚拟硬盘

虚拟硬盘是把内存的一部分模拟成磁盘并赋予一个盘符，其使用方法与物理盘相同。虚拟盘的显著特点是存取速度特别快，因为对虚拟盘的读写实际上是对内存储器的存取操作，因而虚拟盘的存取速度是硬盘的数千倍。但其致命的缺点是断电后虚拟盘及虚拟盘上的所有信息立刻全部丢失，不能永久保存信息。

二、硬盘的分区格式

硬盘分区格式有 FAT16、FAT32、NTFS、Ext2 四种。

1. FAT16 是早期操作系统所采用的格式,它的特点是运行速度快,但磁盘利用率低。

2. FAT32 是微软公司在 Windows 95 OSR2 中推出的一种全新的磁盘分区格式,它的特点是对磁盘的管理能力大大增强,但运行速度比采用 FAT16 格式分区的磁盘要慢。另外,由于 DOS 和 Windows 95 不支持这种分区格式,所以采用这种分区格式后,将无法再使用 DOS 和 Windows 95 系统。

3. NTFS 的优点是在安全性和稳定性两方面都非常出色,在使用中不易产生文件碎片,并且能对用户的操作进行记录。通过对用户权限进行非常严格的限制,使每个用户只能按照系统赋予的权限进行操作,从而充分保护系统与数据的安全。

4. Ext2 是专为 Linux 系统而设计的,拥有最快的速度和最小的 CPU 占用率,但是,目前支持这一分区格式的操作系统只有 Linux。

5. 硬盘分区前,要根据将要安装的操作系统来确定硬盘的分区格式。

三、硬盘的低级格式化

硬盘最基础的初始化是低级格式化(简称低格),但此项操作一般在硬盘出厂时即已做好,在计算机组装及调试过程中无需进行。通常在硬盘经常出现读写错误而高级格式化不能消除时,或硬盘感染计算机病毒后用杀病毒软件不能清除时使用低级格式化功能。

某些主板上的 BIOS 有低格的功能,可进入 SETUP 程序后直接对硬盘进行低格,对 BIOS 没有低格功能的主板,需要使用 DM 软件进行低格。但要注意,有的硬盘不允许用户进行低格操作,这些硬盘通常在硬盘上的标签上会印刷有非常醒目的警告信息,有些硬盘尽管没有禁止用户对硬盘进行低格,但对低格软件及版本都有一定的要求,如果强行低格也会造成硬盘无法正常使用,因此对硬盘的低格要慎重。

四、硬盘的高级格式化 (FORMAT)

硬盘分区后,必须对硬盘进行高级格式化操作(使用 FORMAT 命令),这样硬盘才能正常使用并启动系统。

五、硬盘分区步骤

步骤 1:用 Windows 系统启动盘启动计算机后,进入 DOS 命令提示符。

步骤 2:在 DOS 命令行输入"FDISK"然后按下 Enter 键。

步骤 3：出现如图 3—23 所示的信息提示，是否要启动 FAT32 支持，回答"Y"会建立 FAT32 分区，回答"N"则会使用 FAT16，决定了以后按 Enter 键。建议启动 FAT32 支持。

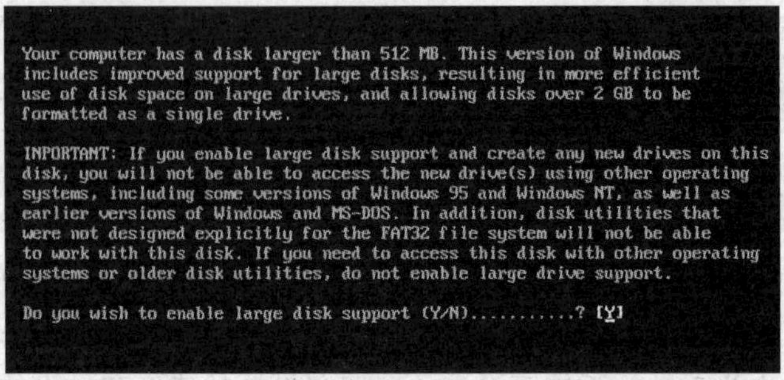

图 3—23　硬盘分区格式

进入 FDISK 后，如果硬盘容量超过 512 MB，系统将给出提示，询问用户是否同意使用 FAT32 系统，同时告知用户，在使用了 FAT32 系统之后，将会导致其他的操作系统无法访问保存在 FAT32 驱动器上的信息，或某些不是为 FAT32 设计的磁盘实用程序不能在 FAT32 驱动器上使用等。

如果选择 Y，系统将采用 FAT32 系统，对超过 2.1 GB 的大硬盘进行分区通常采用 FAT32。如果选择 N，将采用 FAT16 系统，只能将硬盘划分成不超过 2.1 GB 的多个逻辑硬盘。

步骤 4：选择好分区格式后，出现如图 3—24 所示的 FDISK 主功能表。要建立分区请选择"1"再按 Enter 键，"2"为设置活动分区，"3"为删除分区或逻辑 DOS 盘，"4"为显示分区信息，"5"为改变当前操作的硬盘，可根据需要进行选择。

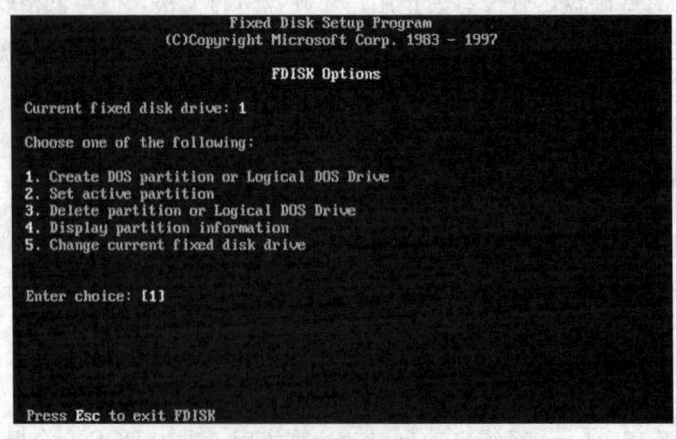

图 3—24　FDISK 主功能表

单硬盘分区的 FDISK 主功能表如图 3—25 所示。

如果硬盘已经存在分区设置，则用户在重新分区前首先要删除原有的分区。删除硬盘分区的步骤如下：

■删除非 DOS 分区。

■删除逻辑盘。

■删除扩展分区。

■删除主分区。

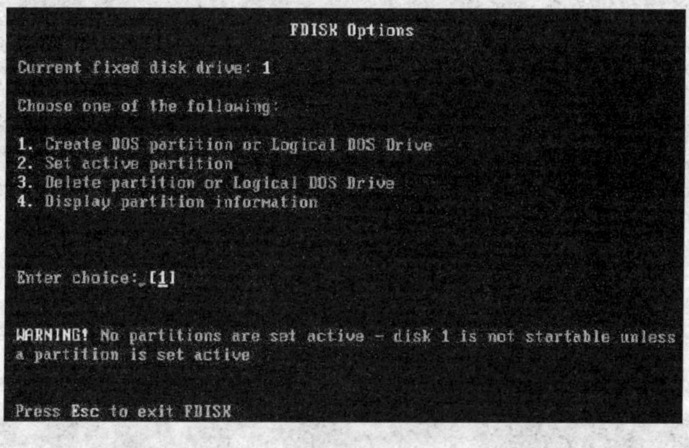

图 3—25　单硬盘的 FDISK 主菜单

■**提示**：删除硬盘原有分区必须按照上述的顺序依次进行，而创建分区则需要按照与删除分区相反的顺序进行。

在删除分区之前，首先应查看硬盘的分区情况。用户只需在 FDISK 程序的主界面中选择 4 即可显示当前分区信息，如图 3—26 所示。

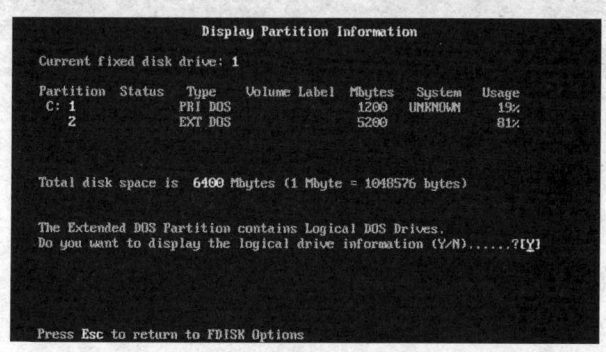

图 3—26　显示当前硬盘的分区信息

从显示界面可知当前已有主分区 1、扩展分区 2 和逻辑盘。程序还提示用户可以按 Y 键并按 Enter 键确认，这样可以查看硬盘的逻辑驱动器信息，执行该操作后即可显示如图3—27所示的逻辑分区信息。从显示信息中可知，该硬盘中共有5个（C、D、E、F、G）逻辑分区。

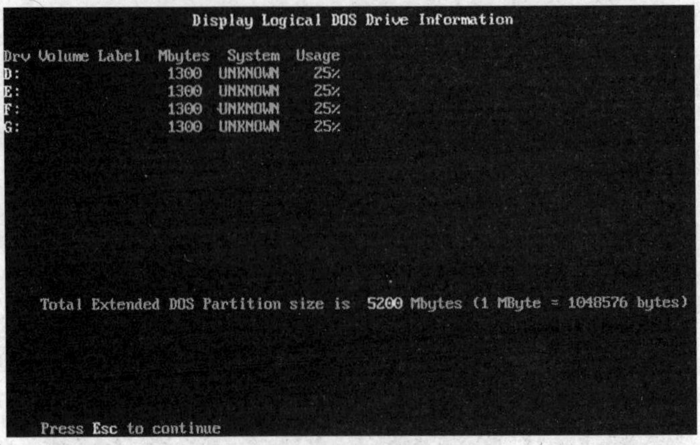

图3—27　硬盘逻辑分区信息

查看了硬盘的分区信息后即可进行删除分区的操作了。按Esc键返回到主界面下，键入3并按Enter键进入删除分区菜单，如图3—28所示。

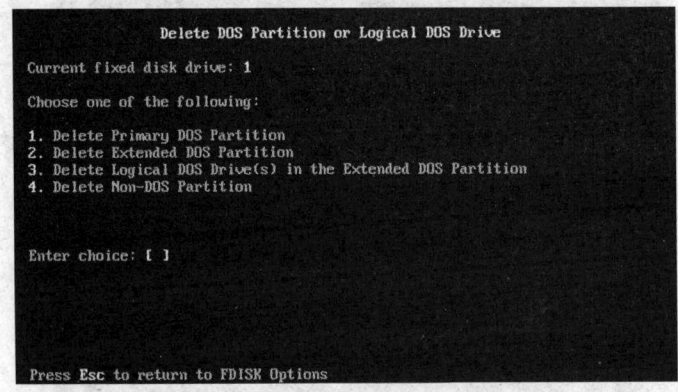

图3—28　硬盘删除分区的菜单信息

删除分区的菜单中又包括了4个选项，分别是：

■删除主分区。

■删除扩展分区。

■删除逻辑分区。

■删除非DOS分区。

按照删除硬盘分区的步骤，依次执行4、3、2、1选项（在删除过程中根据提示输入要删除分区的盘符以及卷标），完成所有操作后，硬盘的分区信息将被删除。

步骤5：创建分区。在FDISK程序的主界面下，按1键并按Enter键后将进入创建分区菜单，如图 3—29 所示。该菜单有 3 个选项，分别表示：
- 建立主分区。
- 建立扩展分区。
- 建立逻辑分区。

创建硬盘的分区也必须严格地按照这个顺序进行。

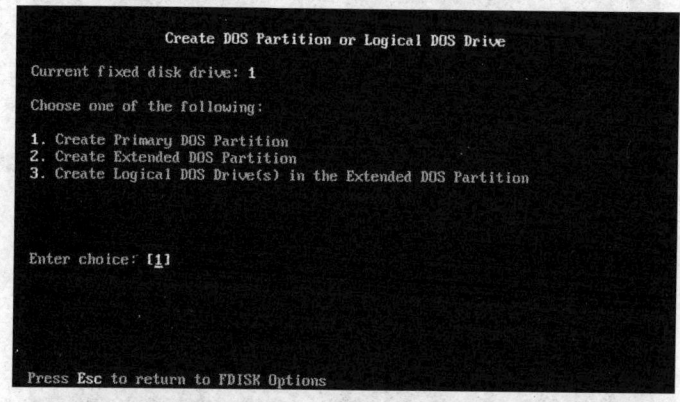

图 3—29 硬盘创建分区信息

首先执行菜单 1，屏幕上将显示提示信息，询问用户是否打算将硬盘的全部容量划分给主分区（即 C 盘）。如果用户只打算将整个硬盘分为一个区，并作为 C 盘，按 Y 键确认即可。如果用户打算将硬盘分为多个区，则只能将部分硬盘空间给主分区，然后按 N 键并输入主分区的容量数值即可完成主分区的创建。

如果要创建多个分区，则用户还必须进行扩展分区和逻辑盘的创建。返回到创建分区菜单中，按 2 键并按 Enter 键，根据提示输入打算分给逻辑盘符的磁盘容量即可。

Create DOS Partition or Logical DOS Drive（建立 DOS 分区或逻辑硬盘），如图 3—30 所示。

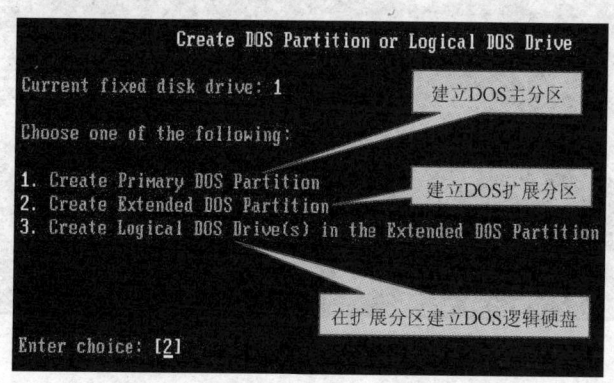

图 3—30 建立 DOS 分区或逻辑硬盘信息

建立 DOS 主分区菜单，如图 3—31 所示。

提示是否要使用最大的可用空间作为主分区时，回答"N"，表明不要，然后按 Enter 键。

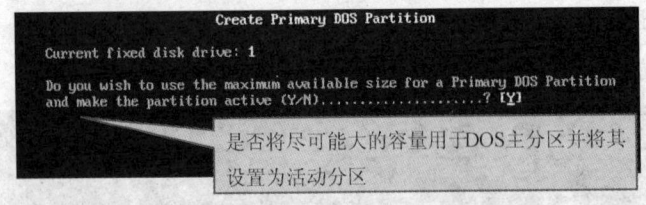

图 3—31　建立 DOS 主分区

DOS 主分区容量设置，如图 3—32 所示。

输入主分区的大小后按 Enter 键。

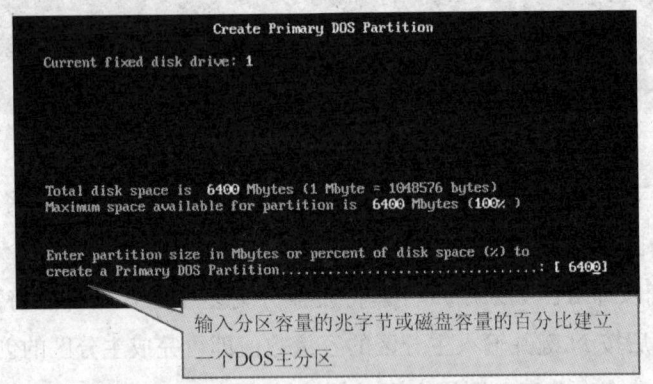

图 3—32　建立 DOS 主分区

步骤 6：主分区建立完后，会显示主分区的相关资料，如图 3—33 所示，按 Esc 键回到主功能表。

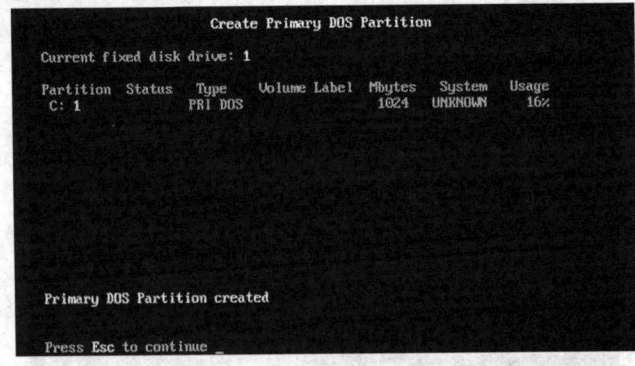

图 3—33　硬盘主分区的资料

步骤 7：回到主功能表后，提醒无可扩展的分区，选择 "2" 后按 Enter 键。

步骤 8：输入可扩展的分区号码，由于目前只有一个分区，输入 "1" 后再按 Enter 键。

步骤 9：设置好后显示相关资料，如图 3—34 所示。位于 "Status" 栏的 "A" 表示 Active，即可激活此分区，按 Esc 键回到主功能表。

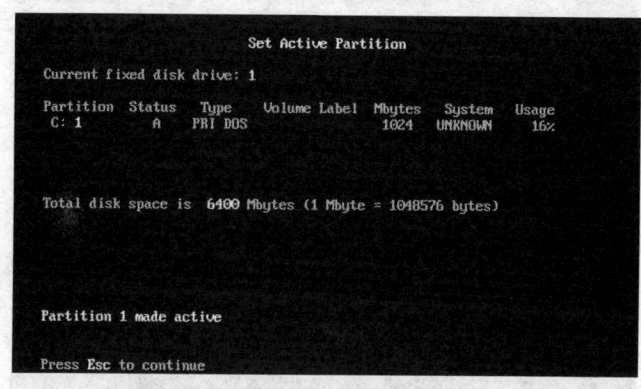

图 3—34　硬盘主分区设置完成信息

步骤 10：由于 FDISK 程序只支持一个主分区，因此如果现在要划分剩下的硬盘空间就必须建立扩展分区，请选择 "2" 后再按 Enter 键，会要求输入扩展分区的大小，输入以后按 Enter 键。

步骤 11：扩展分区建立完成后，会显示主分区和扩展分区的相关资料，如图 3—35 所示，按 Esc 键返回 FDISK 主功能表。

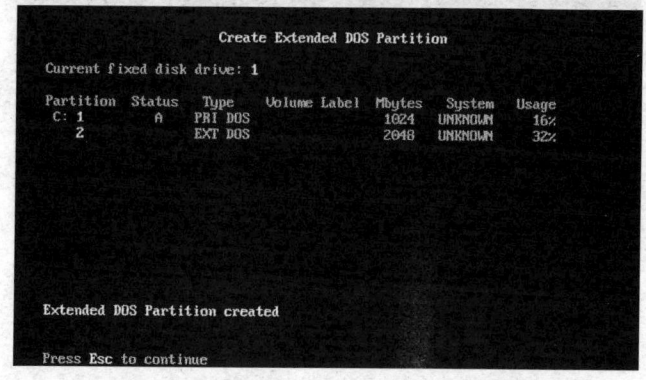

图 3—35　建好扩展分区显示的相关资料

步骤 12：将整个扩展分区划分成一个或几个逻辑磁盘。如要分成几个，需要输入第一个逻辑磁盘的大小，输入以后按 Enter 键。如果整个扩展分区要划分一个逻辑磁盘，直接按 Enter 键即可。

步骤13：屏幕上会显示第一个逻辑磁盘的资料，并且要求输入第2个逻辑磁盘的大小，输入后按Enter键。如果整个扩展分区被划分成一个逻辑磁盘，此步骤将自动省略。

步骤14：所有的扩展分区都划分成逻辑磁盘后，会显示所有逻辑磁盘的资料，如图3—36所示，按Esc键回到主功能表。

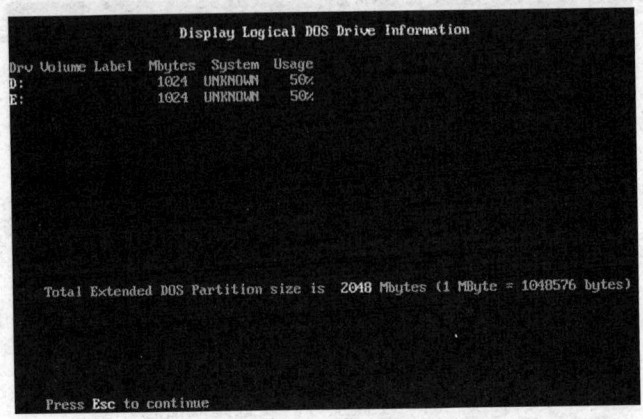

图3—36 扩展分区已划分成逻辑磁盘

在完成了主分区和扩展分区的创建后，按Esc键返回到主界面下，按2键并按Enter键进入激活主DOS分区菜单，如图3—37所示。

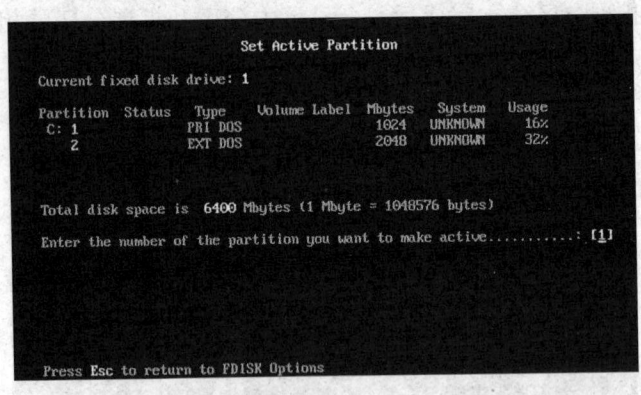

图3—37 激活主DOS分区

在激活主DOS菜单下，按1键，将主DOS分区设置为活动分区，按Enter键后Status（状态）项下出现A，表示操作成功。连续按Esc键退出FDISK程序，系统将提示需要重新启动计算机。用户只需重新从A驱启动计算机即可使分区设置生效，并进行格式化硬盘的操作。

■提示：创建主DOS分区和逻辑分区后，必须激活主DOS分区，否则分区设置无效。另外，分区后不可直接进行格式化硬盘的操作，因为分区设置仍未生效，必须重新启动计算机。

步骤 15：回到主功能表后再按一次 Esc 键，屏幕上显示信息提示，刚才建立的分区要重新开机后才有效。

步骤 16：再按一次 Esc 键就会退出 FDISK 程序并重启计算机。不管是划分成单一分区还是多个分区，都必须等到重新开机后才有效，可以按主机面板上的"RESET"按钮，或者按键盘上的 Ctrl+Alt+Del 三个键，重新开机后分区才算真正建立完成。

步骤 17：重启之后，再次进入 DOS 命令提示符，在 DOS 命令提示符后输入"format c:"按 Enter 键后，再输入"Y"按 Enter 键就可以将 C 盘格式化，以此方法依次将其他硬盘格式化。当然，其他硬盘也可以在装好系统之后在 Windows 下格式化。

至此，这块硬盘就可以存储数据了，接下来的一步是格式化和安装操作系统。

■提示：要根据硬盘的大小以及每个分区的作用，并计算好分区的数目和每个区的大小，再进行硬盘分区。分区以后再进行调整会相当麻烦。

六、硬盘格式化操作步骤

步骤 1：将含有 FORMAT.COM 程序的软盘插入 A 驱动器，键入 FORMAT C:/S 并按 Enter 键，系统将提示：

WARNING, ALL DATA ON NON-REMOVABLE DISK DRIVE C: WILL BE LOST!（警告，非移动磁盘 C 的所有数据将丢失）

Proceed with Format (Y/N)?（进行格式化处理吗）

步骤 2：键入 Y 并按 Enter 键，系统显示：

Formatting 4,894.77M（格式化 4894.77 M）

xx percent completed.（完成百分之 xx）

xx 为完成格式化的百分比，完成后，系统将依次显示：

Format complete.（格式化完成）

Writing out file allocation table complete.（文件分配表写出完成）

Calculating free space (this may take several minutes)…

（计算空闲空间，需要几分钟）

Complete.（完成）

System transferred.（系统已传递）

Volume label (11 characters ENTER for none)?

(卷标——输入 11 个字符，不输入就按 Enter 键)

步骤 3：按 Enter 键，系统进一步显示磁盘分配情况：

4 885.21 MB total disk space.（磁盘总空间）

319 448 bytes used by system.（系统使用空间）

4 884.91 MB available on disk.（用户可用空间）

4096 bytes in each allocation unit.（"簇"的大小）

1 250 534 allocation units available on disk.（磁盘上可用"簇"的数目）

■注意：格式化 C 盘时，/S 参数不能缺省，否则硬盘将无法启动。

通过 FDISK 设置的逻辑硬盘也要进行格式化才能使用，不过在格式化时不必再传递系统，如对逻辑硬盘 D 进行格式化，只需键入"FORMAT D:"并按 Enter 键即可。格式化的步骤和提示与格式化 C 盘基本相同，只是没有与复制系统相关的操作和提示，如图 3—38 所示。

图 3—38　格式化硬盘

步骤 4：硬盘格式化后（需带/S 参数）即可启动硬盘，然后可以进行操作系统的安装。

■DOS 系统的安装比较简单，目前使用的 DOS 系统一般为 DOS 6.0 以上的版本（3 张软盘），只要将其中的 1 号盘插入 A 驱动器，启动计算机后根据提示信息按顺序就可将软盘上的文件装入硬盘。

■Windows XP 的操作系统安装程序中附带有进行硬盘分区和低级格式化的功能，可以在安装操作系统的时候进行低级格式化、分区、格式化操作。

■大多数计算机的主板的 BIOS 中附带有低级格式化的程序。

3.3 存储系统的检验

3.3.1 检验存储系统硬件质量

 学习目标

➤掌握测试内存、硬盘、光驱质量的有关知识

影响存储系统硬件质量的因素有两个方面,外界因素对存储系统硬件的影响和存储系统自身的质量问题。

外界因素包括是否受到外力的撞击使存储系统受到损伤,例如,硬盘是一个精密的设备,受到外力的撞击可使磁头和盘片发生撞击,从而损坏盘片,无法读取数据;空气潮湿使内存条引脚生锈,造成接触不良,使计算机系统无法正常工作。

自身质量问题主要是指厂商的生产条件没有达到要求或质量检验手段不齐全,检验程序不严格,使产品质量存在问题。

一、内存质量的检验

1. 检验印制基板类型

DIMM 内存一般有 4 层印制基板(PCB)和 6 层印制基板两种。一般来说,6 层的比 4 层的抗干扰性强,当然内存的品质还与所用的内存颗粒等因素有关。要区分内存用的是 4 层基板还是 6 层基板,单从外表来看是很困难的。一般来说,4 层基板比 6 层基板薄,除此以外,还可以从基板表面信号线的多少来判断。将内存基板有 SPD 芯片的一面朝上,观察内存颗粒间的信号线。信号线比较多的是 4 层基板,反之信号线少的则是 6 层基板。这是因为在采用 6 层基板的内存条上,许多信号线都位于内部的布线层上,而不需要从表面层引出。

2. 检验内存 SPD 芯片

SPD 是在内存正面右上角一个 8 针脚的芯片,内存出厂时一些默认设置信息都保存在里面,让主板可以在开机自检时读取,并为内存设置最优化的工作方式。大多数兼容内存厂家出于成本的考虑,都去掉了 SPD,造成内存兼容性的下降;

品牌内存大都没有忽视 SPD 设置，因此品牌内存要比普通内存的兼容性、稳定性高出许多。事实上，内存芯片上的每一步工艺都是提升整体性能很重要的保证，省去某个工艺会较大程度地降低内存的综合性能。

3. 检验内存颗粒质量

内存颗粒本身品质的好坏对内存模组质量的影响几乎是举足轻重的。一颗优秀的颗粒必须具备"名牌"和"标志和品质一致性"两个条件。

所谓"名牌"就是必须是名牌大厂的内存颗粒。虽然使用名牌大厂的内存颗粒并不一定代表内存模组就是优秀的，但采用不知名品牌的内存颗粒显然不会有出色表现。目前知名的内存颗粒品牌有 HY（现代）、Samsung（三星）、Winbond（华邦）、Infineon（英飞凌）、Micron（美光）等。在严苛的条件（恒温、恒湿，不得断水、断电）下，经过长达数个月的物理、化学、光电反应后，一块合格的晶圆硅片才得以顺利诞生。然后经过细密的高分子切割，只保留效能质量最好的中间精华部分。接着对这些优中选精的"精华"进行封装。接下来原厂会对封装好的颗粒进行严格的测试。在原厂测试中，测试设备按程序需进行完整的测试流程，耗时 600～800 s，测试温度为－10～＋85℃。这段测试流程可以很好地保证颗粒的兼容性（颗粒兼容性决定了内存的兼容性）和耐用性（颗粒耐用性决定了内存的超频能力和使用寿命）。由于芯片级测试设备是非常昂贵的，并且其寿命根据工作时间来计算，通常都以秒为单位，所以测试流程对于生产成本有很大影响。直到测试合格，颗粒才被允许打上代表着质量和品质的原厂标志，直到这时这颗优秀的颗粒才算正式诞生。而所谓"标志和品质一致性"就是要保证颗粒的标志和所代表的品质一致，因为一些不法商家常常将所谓 OEM 内存颗粒改换原厂标志冒充原装产品。可以通过仔细观察颗粒上原厂标志是否清晰、是否有磨过的痕迹来辨别真伪。

二、硬盘质量的检验

硬盘质量的判别往往通过软件测试的方式进行，比如 HD Tune 软件（在下一节介绍），通过 S.M.A.R.T. 数据、测试曲线与评测报告查看硬盘健康状况，也可以通过比较来判断是否正常。

三、光驱质量的检验

光驱的质量主要通过对光盘的读写能力来体现。可以通过测试软件进行测试，像 Nero 一类软件都可以测试光驱的读写速度，但因为盘片质量不一样，所以，光驱读盘能力的好坏无法单独评测，更多的是靠使用者的感觉和横向对比。

3.3.2 测试存储系统整体性能

 学习目标

➢掌握存储系统相关的检测软件
➢熟悉并能应用相关软件检测实际系统

一、内存检测工具

MemTest 是专业的内存检测工具,它不但可以的检测出内存的稳定度,还可同时测试记忆储存与检索资料的能力,让使用者可以确实掌控目前计算机上正在使用的内存到底可不可以信赖。

1. MemTest 的安装

双击已下载的 MemTest 软件可直接运行,如图 3—39 所示。

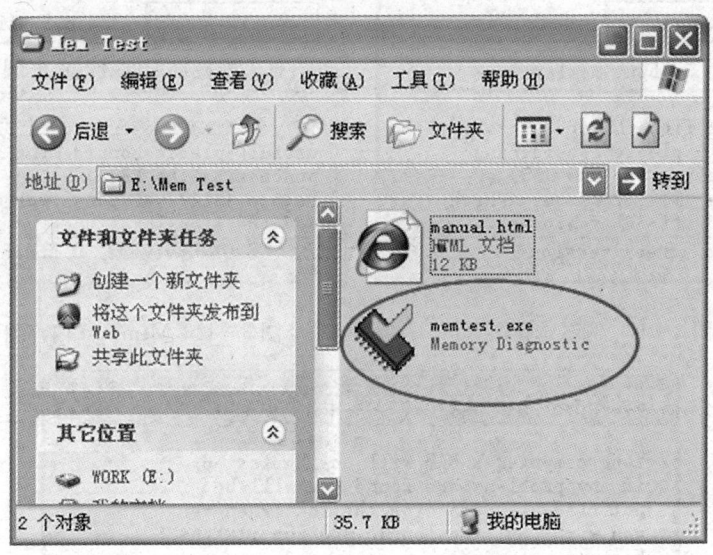

图 3—39 MemTest 3.5 的运行

2. 内存测试

步骤 1:MemTest 运行后显示,如图 3—40 所示的对话框。
步骤 2:单击"确定"按钮开始测试,出现如图 3—41 所示的对话框。
步骤 3:单击"Start Testing"按钮即开始进行内存测试,如图 3—42 和图 3—43 所示。

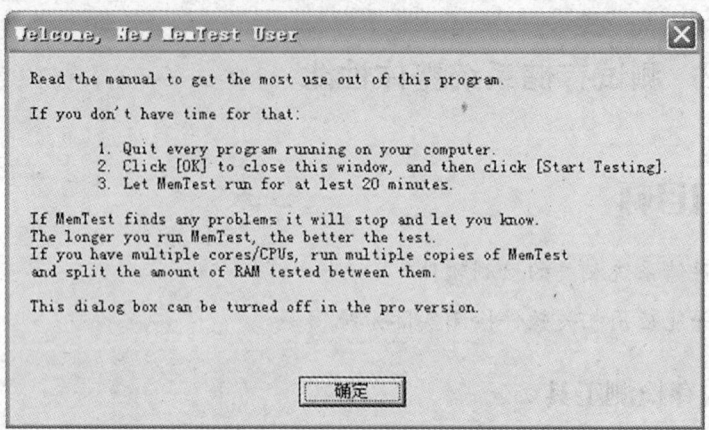

图 3—40　MemTest 测试开始图示

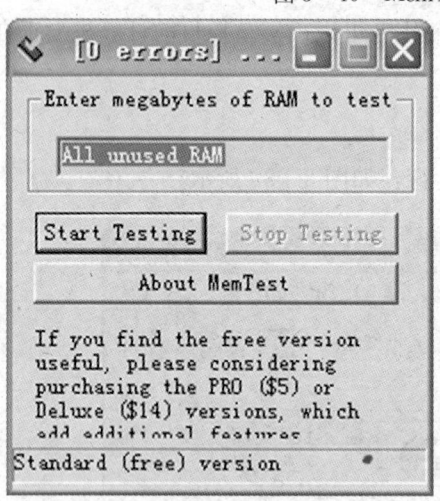 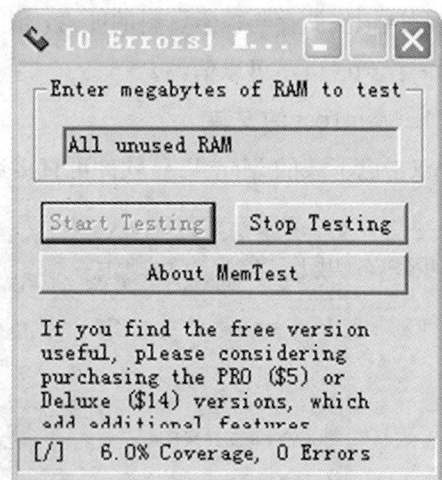

图 3—41　测试选择图示　　　　图 3—42　MemTest 内存测试

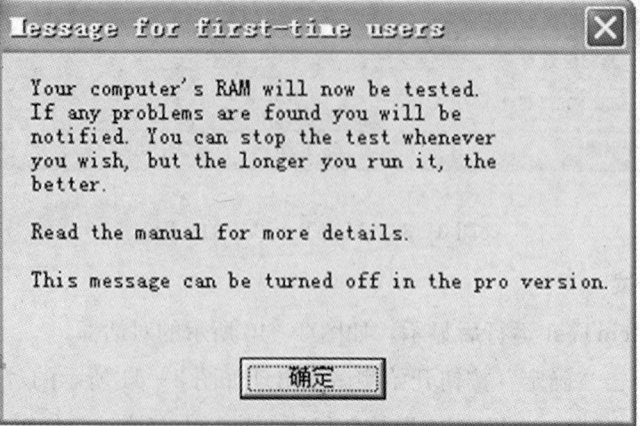

图 3—43　MemTest 测试提示

二、硬盘检测工具

HD Tune 是一款小巧易用的硬盘工具软件,其主要功能有硬盘数据传输速率检测、健康状态检测、温度检测及磁盘表面扫描等。另外,还能检测出硬盘的固件版本、序列号、容量、缓存大小以及当前的 UltraDMA 模式等。

1. HD Tune 硬盘检测工具的安装

HD Tune 的安装步骤如下:

步骤1:运行安装程序,按照屏幕提示单击"前进"按钮,接受软件许可协议(单击"我接受"按钮),查看软件说明(单击"了解"按钮)。

步骤2:选择安装组件后,单击"前进"按钮,选择安装路径,开始安装该程序(单击"安装"按钮)。

步骤3:安装结束后,单击"完成"按钮。

2. HD Tune 软件的使用

步骤1:运行 HD Tune 软件,单击"基准"选项卡,检测硬盘,得出硬盘的基本信息,如图3—44所示。

步骤2:单击"信息"选项卡,得到硬盘各分区情况,得出硬盘支持的特性,如图3—45所示。

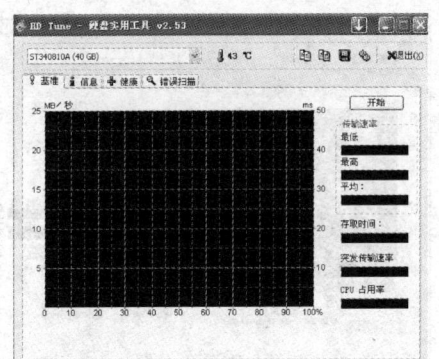
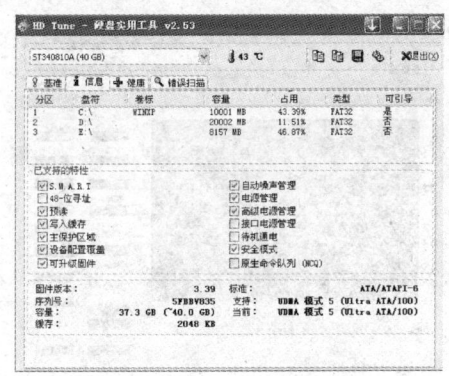

图3—44 "基准"选项卡　　　　图3—45 "信息"选项卡

步骤3:选择"健康"选项卡,检测硬盘的性能指标及运行状态,如图3—46所示。

步骤4:选择"错误扫描"选项卡,进行硬盘状态扫描,如图3—47所示。

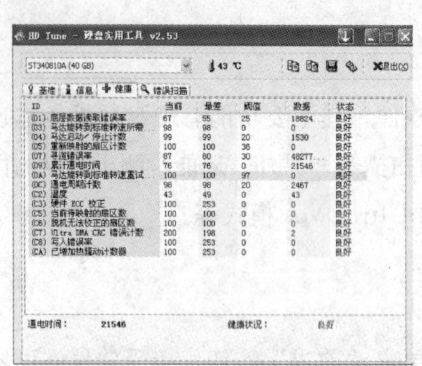

图 3—46 "健康"选项卡　　　　图 3—47 "错误扫描"选项卡

三、光驱的检测工具 NeroDVDSpeed

NeroDVDSpeed 是测试 DVD 驱动器性能的工具，可以测试 DVD 驱动器很多特征。

步骤1：运行 NeroDVDSpeed 软件，选择"基准"选项卡，得到 DVD 光驱的基本信息，如图 3—48 所示。

步骤2：选择"创建光盘"选项卡，检测出当前需使用的光盘的信息，如图 3—49 所示。

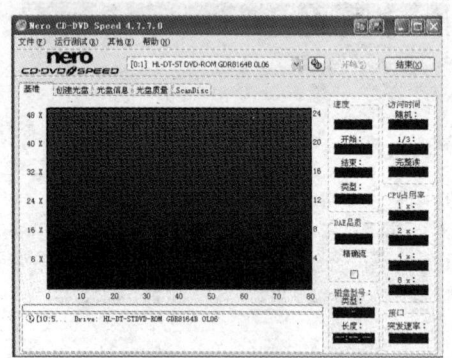

图 3—48 "基准"选项卡　　　　图 3—49 "创建光盘"选项卡

步骤3：选择"光盘信息"选项卡，检测实际使用的 DVD 光驱的相关信息，如图 3—50 所示。

步骤4：选择"光盘质量"选项卡，检测出 DVD 光盘的质量，如图 3—51 所示。

步骤5：选择"Scan Disc"选项卡，检测、扫描 DVD 光盘速度、表面、位置等相关信息，如图 3—52 所示。

第3章 计算机系统组装与检验

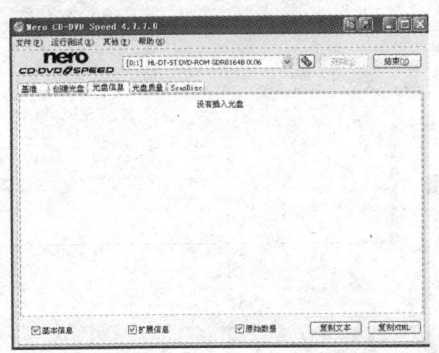

图 3—50 "光盘信息"选项卡

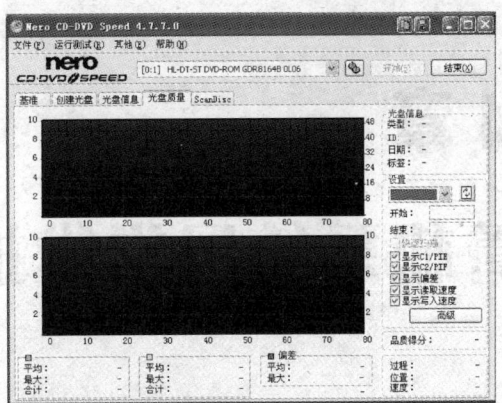

图 3—51 "光盘质量"选项卡

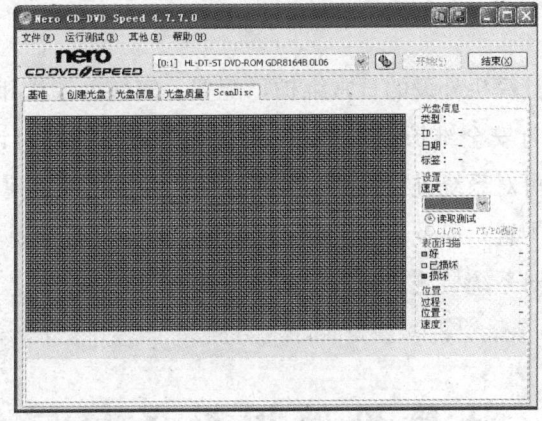

图 3—52 "Scan Disc"选项卡

本章练习题

1. 简要描述硬盘的内部结构和工作原理。
2. 在购买硬盘时，应该注意哪些影响硬盘性能的主要技术指标？
3. 简述硬盘分区的步骤。
4. 格式化硬盘时，有哪些需要注意的问题？
5. DVD 具有哪些特点？
6. 简述 CD-RW 和 DVD-ROM 的工作原理。
7. 简述 CD-ROM 光驱的 3 种读盘方式。
8. 简述 HD Tune、NeroDVDSpeed 软件的作用。

第 4 章
计算机系统日常维护

本章主要学习计算机外设的日常维护，配置、安装、调试相关的软件和硬件，并能够对计算机进行安全维护和对 BIOS 的优化处理，能够对计算机操作系统重装、备份和恢复。可对系统进行检测、分析评估，并提出改进建议。重点是杀毒软件的选用、安装、配置，以及 BIOS 的优化处理。难点是配置、安装、调试相关的软件和硬件，以及对系统检测、分析评估的方法。

4.1 计算机外围设备日常维护

4.1.1 显示器、键盘、鼠标等外围设备的日常使用与维护

 学习目标

➢ 了解显示器、键盘、鼠标等外设的使用方法
➢ 掌握这些设备的日常维护方法

一、显示器使用及基本参数的设置

1. 显示器的使用

显示器作为计算机系统的必备设备，是人与计算机互动的主要渠道，使用与维

护好显示器，使其发挥最佳性能，不但可保护视力，而且可以更有效地使用计算机。目前人们所使用的显示器分为阴极射线管（CRT）显示器、液晶（LCD）显示器和等离子（PDP）显示器等。显示器使用中的注意事项如下：

（1）显示器的放置应尽量远离强磁场，如高压电线、音箱等，否则显像管容易被磁化。使用时尽量将显示器面向东方，因显示器出厂调整是面向东方进行的，这样可以使显示器受地球磁场的影响最小。

（2）应尽量避免灰尘进入，但在使用时不能用物品将显示器遮盖，否则热量散发不出去，导致显示器内部温升过高而损坏机器。

（3）避免阳光直射屏幕，光照容易使显像管老化。

（4）对比度可设置为最大，但亮度最好设置为最大值的 70%～90%，亮度太高对眼睛不利，且会缩短显示器的使用寿命。

（5）清洁屏幕时只能用柔软的干棉布擦拭屏幕的灰尘，注意不要使用硬质物品，也不能用水或清洁剂擦拭，否则会损坏屏幕表面的防辐射及抗静电镀膜。

（6）清洁外壳时用棉布蘸清水擦拭，不要使用任何清洁剂，否则会使外壳失去出厂时的特有光泽。

（7）尽量把 LCD 显示器放在较为干燥的环境下使用，不让潮气进入 LCD 内部。在不用的时候，还是把它关掉为好，或者将它的显示亮度调低。LCD 的像素是由许许多多液晶体构成的，过长时间的连续使用，会使晶体老化或烧坏，损害一旦发生，就是永久性的、不可修复的。

（8）要注意千万不要用手对着 LCD 显示屏指指点点，或者用力地戳显示屏。液晶的显示屏非常娇弱，在剧烈移动或振动的过程中就有可能损伤显示屏和内部的液晶分子，使得显示效果变差。

2. 显示器基本参数设置

（1）显示器刷新频率的设置

刷新频率即帧频（也叫场频），指每秒钟重复显示画面的次数，以 Hz 为单位。刷新频率越高，画面显示越稳定，闪烁感就越小。人的眼睛对于 75 Hz 以上的刷新频率基本感觉不到闪烁，85 Hz 以上则完全没有闪烁感，所以国际视频协会（VESA）将 85 Hz 逐行扫描制定为无闪烁标准。普通彩色电视机的刷新频率只有 50 Hz，目前计算机输出到显示器最低的刷新频率是 60 Hz，建议使用 85 Hz 的刷新频率，但有些显示器可能达不到这么高的刷新频率，要根据实际情况设定。其设置方法为在桌面空白处单击鼠标右键，出现如图 4—1 所示的窗口。

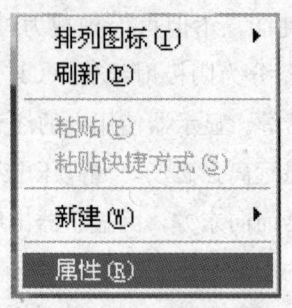

图 4—1　在桌面空白处单击鼠标右键后出现的菜单

选择"属性"→"设置"→"高级"→"监视器",可在对话框中选择刷新频率,如图 4—2 所示,单击"确定"按钮完成设置。

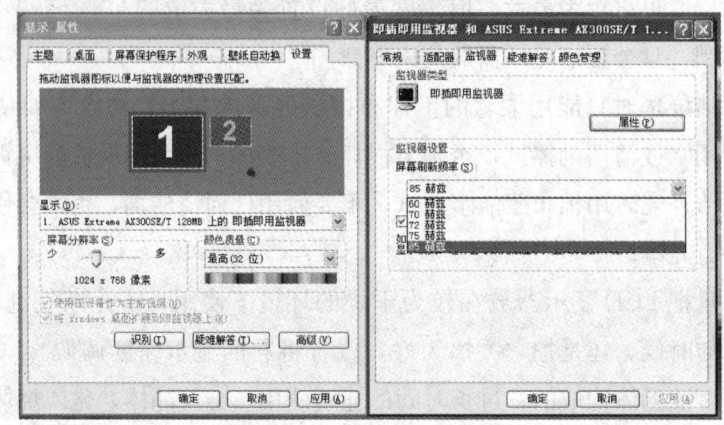

图 4—2　刷新频率设置

(2) 显示器分辨率的设置

分辨率是定义画面解析度的标准,由每帧画面的像素数量决定。以"水平显示的图像个数×水平扫描线数"表示,如 1 024×768,表示一幅图像由 1 024×768 个点组成。分辨率越高,显示的图像就越清晰,但这并不是说把分辨率设置得越高越好,因为显示器的分辨率最终是由显像管的尺寸和点距所决定的。设置方法如图 4—2 所示,移动滚动指示条即可选择,单击"确定"按钮完成设置。通常使用以下分辨率/刷新频率:

1) 14 英寸和 15 英寸显示器,800×600/85 Hz

2) 17 英寸显示器,1 024×768/85 Hz

3) 19 英寸及 19 英寸以上显示器,1 280×1 024/85 Hz

(3) 显示色彩的设置

显示器可以显示无限种颜色,目前普通计算机的显卡可以显示 32 位真彩、24 位真彩、16 位增强色、256 色。除 256 色外,可以根据自己的需要在显卡的允许范围之内选择。256色是最低级的选项，它不能满足一般彩色图像的显示需要。16位不是16种颜色，而是2的16次方（256×256）种颜色，但256色就是256（2的8次方）种颜色。所以16位色要比256色丰富得多。设置方法如图4—2所示，单击"颜色质量"下拉箭头即可选择，按"确定"完成设置。

要注意的是设置完成后，屏幕变黑几秒钟，出现如图4—3所示，选择"是"按钮保留设置，选择"否"按钮取消设置。

图4—3 监视器设置

（4）视频保护和休眠状态的设置

显示器是计算机设备里淘汰最慢的产品，其寿命主要取决于显像管的使用寿命。世界各大著名的显示器厂商所使用的显像管寿命相差无几，基本都在12 000 h以内。用户的使用方法对显像管寿命有很大影响，可以设置显示器视频保护（也叫屏幕保护，简称屏保）和休眠状态。一般进入屏保时间设置为几分钟左右，进入休眠时间设置为10 min左右。屏保状态可以在暂时不使用计算机时避免显像管被电子束灼伤，休眠状态可以在长时间不使用计算机时自动关闭显示器。休眠状态的显示器只有CPU在工作，能耗只有通常状态下的5%左右，既可延长显示器的使用时间又节约电能。其设置方法为在显示属性窗口选择"屏幕保护程序"选项卡，可选择一种屏幕保护程序，如图4—4所示。

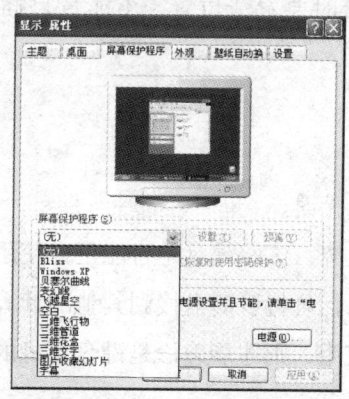

图4—4 选择屏幕保护程序

同时，可继续设置启动屏幕保护的等待时间、预览和设置屏保程序的运行速度、密码等，如图4—5所示。

选择"电源"按钮，可设置关闭显示器的时间和启动休眠等，如图4—6所示。

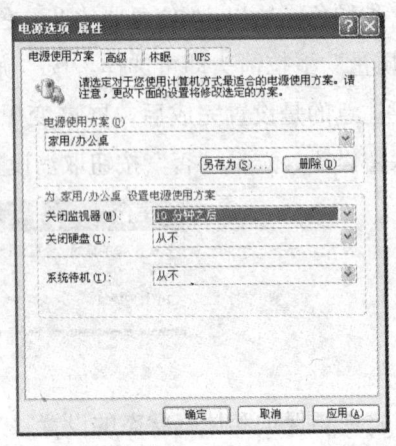

图4—5 设置屏幕保护程序　　　　　图4—6 电源选项设置

二、键盘的使用及故障检查

1. 键盘的使用

键盘作为计算机的主要输入设备，是人机交流的主要通道。使用维护好键盘才能更好地使计算机为人们服务。日常使用中应注意以下方面：

（1）键盘按键应轻敲，不能使用过大的力量敲击，这样易使按键损坏。

（2）保持键盘清洁，不能将液体、杂物掉入按键间隙。

（3）键盘与计算机连接时要看清位置，不能盲目插入接口位置，以免损坏插头。

2. 键盘故障检查

（1）检查步骤

步骤1：确保键盘连接无误。

步骤2：打开计算机电源，试验键盘是否能正常使用。

步骤3：如果无法使用，可将该键盘接到其他的计算机上再做试验。

步骤4：如果仍无法使用，则才能确诊是键盘自身的故障。

（2）键盘的拆卸方法

使用键盘时，若发现某按键失效或其他故障，就必须对其进行拆卸修理。由于整个键盘是安装在一块印制电路板上，要取下一个按键，是比较麻烦的，其一般拆卸修理步骤如下。

步骤 1：翻转键盘，将原来卡住的底板用旋具轻轻撬开（将螺钉卸去），拆下键盘外壳，取出整个键盘，将键帽拔出。

步骤 2：从印制电路板上去掉接头焊锡，这时按键开关应和印制电路板脱离，用尖嘴钳将按键两边的定位片向中间集拢，以便将按键单元从定位铁板中取出。

步骤 3：取下键杆，拿下弹簧和簧片，若簧片完好，可将其折弯部分再弄弯一些，增强对接触簧片的压力。这是处理常见接触不良故障的主要方法。

步骤 4：待故障处理后，装好簧片、弹簧和键杆，重新将按键插入原位置，让焊点插入焊孔并露出尖端部分，将其与焊孔焊牢后装上键帽。

三、鼠标的使用及维护

1. 日常使用鼠标中应避免重力摔打，以免损坏内部电路及机械部件。不要用力拉扯鼠标连线，防止断线，保持桌面整洁干净。

2. 使用鼠标时最好配备鼠标垫，主要是防止鼠标底部的耐磨片（光电鼠标）被桌面磨光而不能正常使用。

3. 机械鼠标移动不灵活时，主要是滚动轴上粘上了脏物，应打开底部滚珠挡片，清理脏污。平时注意桌面清洁。

4. 鼠标的按键由于长时间使用已不灵敏，有时将单击变为双击，这时应考虑更换鼠标内的按键开关。鼠标分为机械式鼠标和光电式鼠标。机械式鼠标采用滚珠转动，利用摩擦力使左右、上下方向的编码盘转动，产生鼠标位移信号。光电式鼠标利用接收自身发射的红外线反射信号，产生鼠标的位移信号。

4.1.2 打印机、扫描仪等外围设备的日常使用与维护

学习目标

➢了解打印机、扫描仪等外围设备的使用方法
➢掌握外围设备的日常维护方法

一、打印机的日常使用与维护

打印机是计算机系统重要的输出设备，它可以输出打印文档、图片、照片等。打印机分为激光打印机、喷墨打印机、针式打印机等。不同类型的打印机其使用与

维护的方法也不同。

1. 激光打印机

(1) 合适的使用环境

激光打印机应该放置在一个符合要求的环境当中，使用环境不要温度过高或过于潮湿，否则会导致激光打印机的机械部件运转不灵；也不要把它暴露的在阳光下，直接的阳光照射会导致机器外壳或一些部件的加速老化；激光打印机工作时会产生大量的热量，应使这些热量尽快散发，避免因过热而不能正常工作，所以室内要保持通风良好。

(2) 清洁

打印机的很多故障都是缘于灰尘，走纸通道中灰尘过多，这些会直接影响打印效果。在清洁纸道时，打开激光打印机的翻盖，取出感光鼓，再用干净柔软的湿布来回轻轻擦拭滚轴和印盒，去掉纸屑和灰尘。应该注意使用整洁的纸张，这既是为了保证打印效果，也是为了内部的清洁。

(3) 健康和环保

普遍使用的桌面型黑白激光打印机，大多外观小巧，如惠普 LaserJet 1010、爱普生 EPL-6200L、三星 ML1710 等，很多人就放置在计算机旁边使用。一定要注意的是，在室内保持通风的前提条件下，不要让打印机的排气口直接吹到脸上或身上，否则会影响身体健康。

由于激光打印机中的碳粉对人体和环境有一定的危害，现在的厂商们都在提倡打印耗材的环保设计，并加强这方面技术的改进，作为使用者也要注意按照说明书正确安装和使用。鼓粉一体化的感光鼓设计可以有效保证打印效果的始终如一，每次更换耗材时不仅更换了碳粉而且更换了全新的成像鼓，这样具有更好的打印一致性。

(4) 防卡纸的技巧

出现卡纸现象时，不要急躁，先关闭打印机电源，采用手工的方式，双手轻轻拽着被卡住的纸张，顺着走纸的方向，缓慢地将卡住的纸从打印机中取出来。

卡纸这种故障很常见，可能有机器的原因，也有相当大的比例是由于使用不当。使用适宜的纸张可以有效防止卡纸，质地优异的复印纸无疑是非常适合的。为防止静电感应造成一次进多页纸或不进纸的现象，在放置打印纸之前，先将打印纸像翻书页一样打开几次，确保每张纸都已单独分离，然后将纸边抹平，放入导纸槽中，用卡纸片紧卡住纸张两边，可以有效避免卡纸。

有时打印后的文件反过来再次使用，因纸面不平整就会增加卡纸的故障率，甚至个别粗心者，装订针、曲别针没有取掉就放入打印纸盒中，不仅导致卡纸，还会出现因为异物进入了打印机内部，造成相关部件损伤的情况发生。

如果使用的打印纸放置时间过长，纸面会潮湿或不平，有可能会造成不进纸的现象；而且纸面灰尘太多，会附着在打印机内部纸路的相关部件上，影响以后的打印效果。不要把成捆的打印纸放在潮湿的地上或把纸盒放在最易聚集灰尘的门窗旁，应找一个干燥清洁的地方放置。

有些厂商对打印机走纸通道做了改进以减少卡纸。例如，HP LaserJet 1010 系列采用的"C"形走纸通道的设计，相比于"S"形的走纸通道，可以有效减少卡纸现象发生。

2. 喷墨打印机

（1）合适的工作环境

打印机必须摆放在一个稳固的水平面上工作，如果打印机所放的水平面不稳固，打印时会影响打印效果。不要在打印机顶端放置任何杂物，否则会为打印机增加外力，严重时会导致打印机变形。为了防止灰尘或者其他东西进入到打印机体内，不用打印机时必须要关闭其前盖，假如打印机长期不用，则最好用布之类的东西罩住。

（2）打印头的清洗和维护

如果打印输出不太清晰或者是有条纹，可用打印机的自动清洗功能清洗打印头。大多数喷墨打印机开机即会自动清洗打印头，并设有按钮对打印头进行清洗。如绝大部分佳能系列喷墨打印机就设有快速清洗、常规清洗和彻底清洗三种清洗功能，具体清洗操作参照喷墨打印机操作手册中的步骤进行就可以了。但是，如果连续清洗几次之后打印仍不满意，应该是墨水已经用完，需要更换墨盒。墨盒未使用完时，最好不要取下，否则会造成墨水浪费或打印机对墨水的计量失误。一般来说，打印机的墨水放在打印机内，在短时间内不会发生硬化变质，所以没有必要把墨盒取出来。不过，如果打印机长期不用的话，那就需要把墨盒取出来了，这样可以防止墨水变质，也确保了打印头的使用寿命。

在打印机关机之前，应该让打印头回到初始位置。有些打印机在关机前自动将打印头移到初始位置，也有些打印机在关机确认处在暂停状态才可关机。打印头回到初始位置可以受到保护罩的密封，使打印头不易堵塞，也可以避免下次开机时打印机重新进行清洗打印头操作浪费墨水。注意自己的打印机是否是在初始位置时处于机械锁定。如果属于这种情况，用手移动打印头是不能够移开其初始位置的，假如用强力移动打印头，会造成打印机机械部分的损坏。

(3) 更换墨盒

当墨盒中的墨水用完以后,就要更换一个新的墨盒。不过,也可用专用墨水给墨盒加墨。由于喷墨打印机墨水要求具有超小的分子量、适中的渗透率、一定的黏度比和化学输墨助动性,只有这样墨水才能在打印头上顺畅地受控喷射,才能保证打印精度。所以要选用正规厂家的产品,最好使用原厂家的产品。

换墨盒时一定要按照操作手册中的步骤进行,而且要在电源打开的状态下进行上述操作,因为重新更换墨盒后,打印机将对墨水输送系统进行充墨,这个过程在关机状态下是不能够完成的。同时,关机状态下打印机也无法检测到重新安装上的墨盒,有些用户曾经问过为什么装上新的墨盒还是不能够打印,就是这样的原因。同时,有一部分打印机对墨水容量的计量是使用打印机内部的电子计数器来计数的,当计数器到达一定值时,打印机判断墨水用尽。这时,更换墨盒后打印机会对其内部的电子计数器进行自动复位,从而确认安装了新的墨盒。

墨盒在长期不使用时置于室温下,避免日光直射,否则会容易变质。众所周知,墨水具有导电性,但是,很多的用户都没有注意到,当有些墨水漏洒在电路板上,他们只是简单地擦一下,正确的办法应该是使用无水酒精擦净、晾干后再通电,否则会很容易烧坏电路板。如果发现打印头出现问题时,应该在不带电的状态下进行拆卸,同时,不要把拆卸下来的打印头放在静电较多的地方,以免因静电造成打印头内部电路损坏。

3. 针式打印机

现在的针式打印机主要用做票据打印,专用的票据打印机也是目前针式打印机的重要应用方面,主要在银行、保险、工商税务、证券等行业使用。这种打印机具有使用简单、打印成本低、技术成熟等特点。与其他办公设备一样,由于频繁地使用,票据打印机也比较容易出现故障,尤其是打印头故障居多。在使用的过程中必须保持机壳及使用环境的清洁卫生,及时清除进纸通道中的纸屑、灰尘等杂物,以保证进退纸顺畅,定期用沾有缝纫机油的软布擦拭字车移动轴,以保证字车移动自如,色带应定期检查,及时调整、更换。

二、扫描仪的日常使用与维护

扫描仪凭借其低廉的价格以及优良的性能,已经成为一种最实用的图像输入设备。由于扫描仪比较"娇气",要想有效地使用它,还必须注意日常使用与维护。

1. 不能随意拆卸扫描仪

扫描仪是一种比较精致的设备,在工作时需要用到内部的光电转换装置,以便把模拟信号转换成数字信号,然后再送到计算机中。这个光电转换装置中的各个光学部件对位置要求是非常高的,如果擅自拆卸扫描仪,不小心就会改动这些光学部件的位置,从而影响扫描仪的扫描成像工作。因此,遇到扫描仪出现故障时,不要擅自拆修,一定要送到厂家或者指定的维修站去;另外在运送扫描仪时,一定要把扫描仪背面的安全锁锁上,以避免改变光学配件的位置,同时要尽量避免对扫描仪的振动或者倾斜。

2. 保护好光学成像部件

光学成像部件是扫描仪中的一个重要组成部分,工作时间长了光学部件上落上一些灰尘也是很正常的,但是如果长时间使用扫描仪而不注意维护的话,那么光学部件上的灰尘将越积越多,这样会大大降低扫描仪的工作性能,例如,反光镜片、镜头上的灰尘会严重降低图像质量,出现斑点或减弱图像对比度等。另外在使用过程中,手碰到玻璃平板而在平板上留下指纹也是不可避免的,这些指纹同样也会使反射光线变弱,从而影响图片的扫描质量。因此,应该定期地对其进行清洁。清洁时,可以先用柔软的细布擦去外壳的灰尘,然后再用清洁剂和水对其认真地进行清洁。接着再对玻璃平板进行清洗,由于该面板的干净与否直接关系到图像的扫描质量,因此,在清洗该面板时,先用玻璃清洁剂擦拭一遍,接着再用软干布将其擦干擦净。用完以后,一定要用防尘罩把扫描仪遮盖起来,以防止更多的灰尘进入。

3. 正确安装扫描仪

扫描仪并不像普通的计算机外围设备一样那么容易安装,根据其接口的不同,扫描仪的安装方法是不一样的。如果扫描仪的接口是 USB 类型的,就应该先在计算机的"系统属性"对话框中检查一下 USB 装置是否工作正常,然后再安装扫描仪的驱动程序,之后重新启动计算机,并用 USB 连线把扫描仪接好,随后计算机就会自动检测到新硬件,然后根据屏幕提示来完成其余操作就可以了。如果扫描仪是并口类型的,在安装之前必须先进入 BIOS 设置,在 I/O Device configuration 选项里把并口的模式改为 EPP,然后连接好扫描仪,并安装驱动程序就可以了。

4. 消除扫描仪的噪声

扫描仪在长期工作后,可能会在工作时出现一些噪声,如果噪声太大,应该拆开机器盖子,找一些缝纫机油滴在卫生纸上,将镜组两条轨道上的油垢擦净,再将缝纫机油滴在传动齿轮组及皮带两端的轴承上(注意油量适中),最后适当调整皮带的松紧。

5. 正确摆放扫描对象

在实际使用图像的过程中，有时希望能够获得倾斜效果的图像，有很多设计者往往都是通过扫描仪把图像输入到计算机中，然后使用专业的图像软件来进行旋转，以使图像达到旋转效果，殊不知，这种过程是很浪费时间的，根据旋转的角度大小，图像的质量会下降。如果事先就把扫描对象的扫描位置放置正确，扫描后就不必用图像软件进行旋转。可以将原稿放在平台上，使用量角器量取精确角度，会得到最高质量的图像，而不必在图像处理软件中再旋转。

6. 选择合适的分辨率

很多用户在使用扫描仪时，常常会产生采用多大分辨率扫描的疑问。其实，这还得由用户的实际应用需求决定。由于扫描仪的最高分辨率是由插值运算得到的，用超过扫描仪光学分辨率的精度进行扫描，对输出效果的改善并不明显，而且大量消耗计算机的资源。如果扫描的目的是为了在显示器上观看，扫描分辨率设为100 dpi 即可；如果为打印而扫描，采用 300 dpi 的分辨率即可，要想将作品通过扫描印刷出版，至少需要用到 300 dpi 以上的分辨率，当然若能使用 600 dpi 则更佳。

7. 最好进行预扫

许多用户在扫描尺寸较大的照片或者文稿时，为了节约扫描时间，总会跳过预扫步骤。其实，在正式扫描前，预扫功能是非常必要的，它是保证扫描效果的第一道关卡。通过预扫有两方面的好处：一是在通过预扫后的图像可以直接确定所需要扫描的区域，以减少扫描后对图像的处理工序；二是通过观察预扫后的图像，大致可以看到图像的色彩、效果等，如不满意可对扫描参数重新进行设定、调整之后再进行扫描。

8. 选择合适的扫描类型

选择合适的扫描类型，不仅会有助于提高扫描仪的识别成功率，而且还能生成合适尺寸的文件。通常扫描仪可以为用户提供照片、灰度以及黑白 3 种扫描类型，在扫描之前必须根据扫描对象的不同正确选择合适的扫描类型。"照片"扫描类型适用于扫描彩色照片，它要对红绿蓝三个通道进行多等级的采样和存储，这种方式会生成较大尺寸的文件；"灰度"扫描类型则常用于既有图片又有文字的图文混排稿样，该扫描类型兼顾文字和具有多个灰度等级的图片，文件大小尺寸适中；"黑白"扫描类型常见于白纸黑字的原稿扫描，用这种类型扫描时，扫描仪会按照 1 个位来表示黑与白两种像素，而且这种方式生成的文件尺寸是最小的。

9. 正确扫描文稿

现在不少人为了避免输入汉字的麻烦，开始通过软件（如 OCR）使用扫描仪来输入文稿;为了保证扫描仪有较高的识别率,应该确保扫描的稿件要清晰,在其他条件相同的前提下,对一般印刷稿、打印稿等的识别率可以达到95%以上;而对复印件和报纸等不太清晰的文章进行识别,大部分OCR软件的识别率都不是太高。当用户需要扫描厚度较大的文稿时,若直接扫描,难免会发生内文因无法完全摊开而导致部分文字不清晰及扭曲失真的情况,使OCR软件无法正确识别,大大降低识别率。因此在扫描前,最好将文稿拆成一页页的单张,然后再进行扫描。对于一般的报纸,由于本身就是单张形式,因此不存在上述问题,但由于报纸面积通常较大,无法一次扫描,因此预扫时事先框选扫描范围,一次扫描一块区域,这样的辨识效果会大大提高。

10. **调整好亮度和对比度**

为了能获得较高的图像扫描效果,应该学会调整亮度和对比度,例如当灰阶和彩色图像的亮度太亮或太暗时,可通过拖动亮度滑动条上的滑块,改变亮度。如果亮度太高,会使图像看上去发白;亮度太低,则太黑。应该在拖动亮度滑块时,使图像的亮度适中。同样,对于其他参数,可以按照同样的调整方法来进行局部修改,直到自己的视觉效果满意为止。

11. **巧妙扫描胶片**

用普通扫描仪是不能扫描透明胶片的,必须用具有透扫适配器的扫描仪才能进行,不过具有这个功能的扫描仪价格比较昂贵。那么,能不能用普通扫描仪来扫描胶片呢?答案当然是肯定的,不过需要对普通扫描仪进行改造。首先要把普通扫描仪内部的光源关闭(这个步骤操作起来难度较大,电子技术水平不高的话不要轻易尝试),然后在待扫胶片背部添加一光源就可以了。扫描时在扫描仪平台的剩余部分要用黑纸遮住,以防露光。至于新增光源,可用最常见的日光灯。光源的位置不要离扫描仪太近,最好为8 cm左右。

12. **校正好扫描色彩**

为了能使色彩丰富的彩照获得更高的逼真度,在扫描仪之前应该校正好扫描色彩位数。校正时,首先选择好扫描仪标称色彩位数,并扫描一张预定的彩照,同时将显示器的显示模式设置为真彩色,与原稿比较一下,观察色彩是否饱满,有无偏色现象。要注意的是,与原稿完全一致的情况是没有的,显示器可能产生色偏,以致影响观察,扫描仪的感光系统也会产生一定的色偏。大多数高、中档扫描仪均带有色彩校正软件,但仅有少数低档扫描仪才带有色彩校正软件,请先进行显示器、扫描仪的色彩校准,再进行扫描。

13. 正确设置计算机输出文件的尺寸

当扫描一幅照片时,扫描仪就会在硬盘上生成一个图像文件。此文件所占据硬盘空间的大小与所扫描照片的大小和复杂程度及扫描时设置的分辨率直接相关联,因此在扫描时应该设置好文件尺寸的大小。通常,扫描仪能够在预览原始稿样时自动计算出文件大小,但了解文件大小的计算方法更有助于在管理扫描文件和确定扫描分辨率时做出适当的选择。图像文件的计算公式是:水平尺寸×垂直尺寸×(扫描分辨率)2/8。彩色图像文件的计算公式是:水平尺寸×垂直尺寸×(扫描分辨率)2×3。

14. 善用透明片配件

新购扫描仪还附带一只透明片配件,该配件是配合平板扫描仪扫描透明片用的。为得到透明片或幻灯片的最佳扫描,从架子和幻灯片安装架上取下图片并安装在玻璃扫描床上,反面朝下(反面通常是毛面)。用黑色的纸张剪出面具,覆盖除稿件被设置的地方之外的整个扫描床。这将在扫描期间减少闪耀和过分曝光。

15. 寻找理想扫描位置

通常在摆放扫描稿时,都是沿着扫描平板的边缘摆放,其实扫描平板的边缘并不是最佳的扫描区域,那么扫描平板上的什么位置是最佳扫描区域呢?这个最佳扫描摆放位置是经过多次测试和寻找得到的,其具体寻找方法是,首先将扫描仪的所有控制设成自动或默认状态,选中所有区域,接着再以低分辨率扫描一张空白、白色或不透明的样稿;然后再用专业的图像处理软件 Photoshop 打开该样稿,使用该软件中的均值化命令(Equalize 菜单项)对样稿进行处理,处理后就可以看见在扫描仪上哪儿有裂纹、条纹、黑点。然后打印这个文件,剪出最好的区域(也就是最稳定的区域),以帮助确定放置被扫描图像的位置。

在使用扫描仪过程中最主要的是要防高温、防尘、防湿、防振、防倾斜,这样才能够保持良好的扫描品质。

16. 清洁扫描仪镜面

扫描仪镜面属于玻璃制品,镜面容易刮伤或受到稿件和手的沾污,影响扫描品质。应尽量避免硬物碰触镜面。同时要保持扫描仪镜面的干净,在工作中要避免用手直接接触稿台玻璃,若镜面有污垢或灰尘,请用软质的无尘布沾清洁水擦拭玻璃台面。

如果扫描后的图像背景有比较明显的阴影,这表明扫描仪镜头上有可能进入了灰尘。此时,需要对扫描仪内部进行清洁。另外,要避免液体滴入、勿放置于潮湿地方,以免造成电路短路。

要经常清除扫描仪外壳上的灰尘和污物，以避免过度磨损。建议用棉纱布蘸些洗涤剂反复擦拭，然后用清水擦拭，再擦干即可。注意不要用酒精、乙醚等有机溶剂擦拭。

4.2 配置、安装与调试相关的软件和硬件

4.2.1 添加与卸载软件

 学习目标

➢掌握为计算机系统添加软件的方法
➢掌握为计算机系统卸载软件的方法

一、添加软件

1. 运行 Setup 文件

大部分的软件都有相应的安装程序 Setup，直接双击运行 Setup 文件，按照提示就可以安装该软件，如图 4—7 所示。

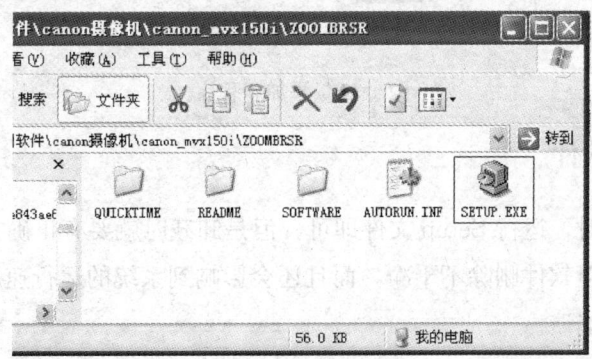

图 4—7 安装程序 Setup

也有些软件运行后自动安装，如图 4—8 所示，双击软件安装图标即可按照提示安装。

在安装过程中，有许多软件要求输入序列号，应按照要求填入，否则就不能正

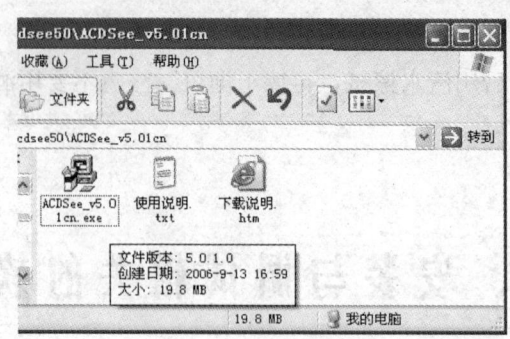

图 4—8　自动安装软件

常安装。

2. 直接运行

有一部分软件无需安装，复制源文件到磁盘，直接运行即可。同时可将其执行文件的快捷方式放到桌面、快捷启动栏或"开始→程序"组中。

3. 添加新程序

从控制面板中选择"添加/删除程序"添加新程序，或添加 Windows 组件，如图 4—9 所示。

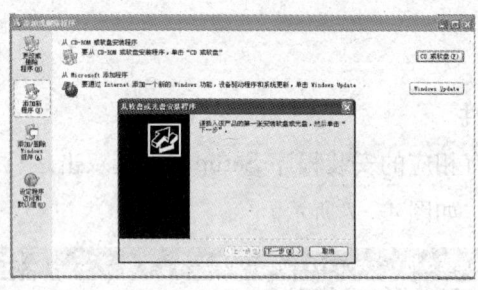

图 4—9　添加新程序

二、卸载软件

在安装软件时，运行 Setup 文件即可，但是卸载时就要有正确方法，如果卸载方法不正确，不但软件删除不干净，而且还会影响到系统的运行速度，最后造成系统频频出错甚至崩溃。

1. 使用卸载程序

在大多数软件的安装目录中，有一个名为"Uninstall"或者以"Uninstall"开头的文件（有的软件会把它命名为"Unwise"）。它的图标上会有一个大"×"或者类似于回收站的模样。执行该程序后，通常只需连续单击"Next"按钮它就会自动引导将软件彻底删除干净。或者单击"开始"，指向"程序"，计算机安装的软件大都在这里显示（如果这里没有，可以直接到软件安装目录下寻找），在要卸载软件的菜单或目录中通常会看到一个"Uninstall"或"Unwise"文件，执行它即可，如图4—10所示。

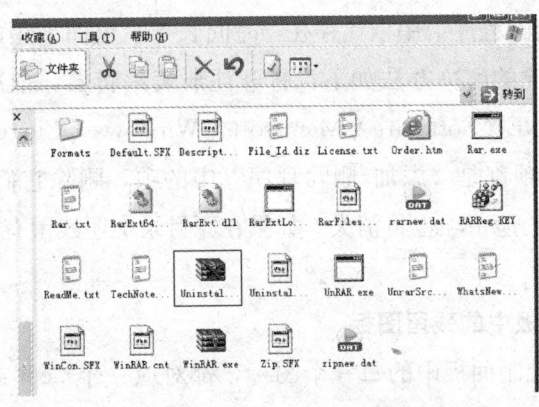

图4—10 Uninstall 卸载程序

2. 通过 Windows 自带的"添加/删除程序"卸载

也有一些软件在它的安装目录里并没有上面所说的反安装程序。选择"开始→设置→控制面板→添加/删除程序"，打开"添加/删除程序"窗口，列表中列出了计算机安装的所有程序，找到要删除的软件，点击"添加/删除"按钮，就可以把软件安全地卸载了。

3. 通过第三方软件卸载

如果以上两种方法不够专业，也不够省力，建议用"完美卸载 XP"，该软件已经发展到 8.61 版，功能十分强大，可以说是系统垃圾清理的终极武器，能卸载软件，清理硬盘、注册表和上网垃圾，还能优化系统，管理驱动程序，整理内存，甚至集成了上网助手。这里只介绍它的卸载功能，在准备安装新软件之前，先打开"软件安装监视器"，等安装完成后，就可以在"完美卸载"的"软件卸载工具"中发现它右边的五角星是黑的，这时就可以单击左边的卸载方式来卸载了。

4. 先安装再删除

有时，重装了操作系统后，以前安装的软件即使还能用，但它在"添加/删除程序"和"完美卸载"中均不会出现，如果它本身又没有附带反安装程序，那怎么办呢？这时只有把这个软件在原安装目录重新安装一遍，然后即可利用第二和第三种方法删除。

5. 直接删除

能直接删除的，一般都是称为"绿色软件"的软件。由于它们不会向注册表中写入信息，因此直接删除即可。

6. 删除软件的遗留项

还有些情况，在删除软件时，不小心把软件目录删除了，软件本身已经不存在了，但在"添加/删除程序"中依然存在，时间长了，里面不用的项目就会越来越多，影响速度。对此的解决办法如下：打开注册表编辑器，依次找到"HKEY_LOCAL_MACHINE \ Software \ Microsoft \ Windows \ CurrentVersion \ Uninstall"，其下所有的项都是"添加/删除程序"中的项，删除它们，相应的"添加/删除程序"界面中的遗留项也将消失。如果在原目录中还残留有文件，则直接删除安装目录即可。

7. 删除控制面板中的残留图标

Windows XP 控制面板中的每一个图标，都对应一个 .cpl 或 .dll 文件，这些文件均保存在系统目录 Windows \ system32 下，例如"Internet 选项"图标，就对应 Windows \ system32 \ inetcpl.cpl 文件。如果想删除控制面板中残留的无用图标，可以先找到对应的 .cpl 文件，把它从"Windows \ System32"目录移到别处妥善保存即可。以后只要把对应的 .cpl 文件，再拷贝到"Windows \ System32"目录下，即可在控制面板中恢复这个图标。

例如，要删除控制面板中的"Internet 选项"图标，可以按下述方法操作。

单击"开始→设置→控制面板"，在控制面板中右击"Internet 选项"，选择"创建快捷方式"在桌面上创建快捷方式；然后右击桌面上该项目的快捷方式，选择"属性"命令，在弹出的对话框中单击"更改图标"按钮，弹出一个对话框，在"在这个文件中查找图标"的文本框中，就显示了该图标对应的 CPL 文件名称（C: \ WINDOWS \ System32 \ inetcpl.cpl）。

在"Windows \ System32"目录下找到 inetcpl.cpl 文件，把它从"Windows \ System32"目录移到别处保存即可。

8. 删除"添加或删除程序"中残留的程序名

"添加或删除程序"中有时也会残留一些无用的程序名（例如 VoptXP v7.12），即使单击"更改/删除"按钮也无法清除，这时可以下述方法清除它们。

单击开始/运行，输入 Regedit.exe 打开注册表编辑器，首先单击注册表"文件"菜单下的"导出注册表文件"备份一下注册表，以后如果删除出问题，可以恢复原来的注册表。

接下来，定位到以下位置：HKEY_LOCAL_MACHINE \ SOFTWARE \ Microsoft \ Windows \ CurrentVersion \ Uninstall

找到残留的程序名（例如 VoptXP v7.12），并将其删除。

为了完全卸载干净，还应该在注册表中单击编辑/查找，打开"查找"对话框，在"查找目标"中输入要卸载的程序名，找到与该程序相关的项目删除之，然后不断使用"查找下一个"命令，找到并删除所有该程序的项目即可。

9. 卸载 Windows Messenger

有人不喜欢使用 Windows Messenger，可是默认情况下，Windows 捆绑了 Messenger，在"添加或删除程序"/"添加/删除 Windows 组件"中你又看不到它，因此无法卸载。其实卸载 Messenger 的方法很多，最常用的就是修改 Sysoc.inf 文件。因为该文件中的每一行文字，代表"添加/删除 Windows 组件"中显示的一个组件，如果想在"添加/删除 Windows 组件"中能看到该组件，删除相应文本行中的单词 hide（不要删除逗号）即可。

操作步骤：首先备份 sysoc.inf 文件（位于 Windows 安装目录 \ inf \ sysoc.inf），以便需要的时候能恢复到原状态。再打开 Sysoc.inf 文件，删除 msmsgs 行中的单词 hide（不要删除逗号），将 msmsgs=msgrocm.dll, OcEntry, msmsgs.inf 更改为 msmsgs=ms-grocm.dll, OcEntry, msmsgs.inf, 7，然后保存 Sysoc.inf 文件，退出并重启计算机。

现在在"添加/删除 Windows 组件"中，就能看到 Windows Messenger 组件了。单击开始/设置/控制面板，双击"添加或删除程序"，单击"添加/删除 Windows 组件"，不勾选"Windows Messenger"，然后单击"下一步"按钮，稍等片刻，单击"完成"按钮便成功卸载。

4.2.2 添加与卸载硬件设备

 学习目标

➢掌握为计算机系统添加硬件的方法
➢掌握为计算机系统卸载硬件的方法

一、添加硬件

在计算机系统的使用过程中，由于用途或任务的变化，需要添加某些设备以完善其功能。比如增加摄像头、视频采集系统、声音设备、挂接 USB 设备等，板载设备损坏需要用相应的接口卡更换，如网卡损坏需另加网卡而不需要更换主板。

1. 添加板卡类硬件

在计算机的插槽中插入接口卡并固定好，打开计算机电源启动计算机，计算机会自动识别插入的设备，安装系统会安装自带的驱动程序。如果系统没有相应的驱动程序，会提示插入驱动光盘安装驱动程序。

也可以在计算机的设备管理器中执行硬件扫描，完成接口卡的识别和安装驱动程序。操作方法为，右键单击"我的电脑→属性→硬件→设备管理器→操作→扫描检测硬件改动"即可完成操作，如图4—11所示。同时从该界面也可以检查设备的安装情况。

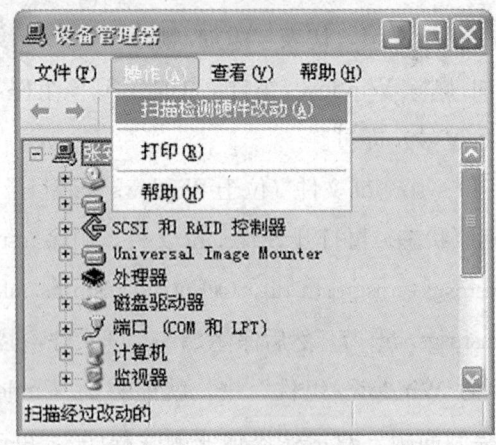

图4—11 扫描检测硬件改动

2. USB类硬件

一般的USB设备支持热插拔。在计算机开机状态插入USB接口，计算机会自动识别该设备并安装相应的驱动程序，该设备即可使用，如U盘、MP3、移动硬盘等。

有些USB设备需要先安装驱动程序，再插入USB口才可使用，如摄像头等设备。一些新型的摄像头已经不需要预先安装驱动程序了。

二、卸载硬件

对于不再使用或使用完毕的设备需要对其卸载移除。对于板卡类的设备从计算机中拔掉即可，最好是从设备管理器中执行卸载操作后完成移除硬件。USB类的移动存储设备从屏幕右下角显示的图标上操作，完成安全删除硬件。

1. 卸载板卡类硬件

操作方法为，右键单击"我的电脑→属性→硬件→设备管理器"，选择"设备"，右键选择"卸载"即可完成，如图4—12所示。有部分USB设备也需要用此方法卸载。

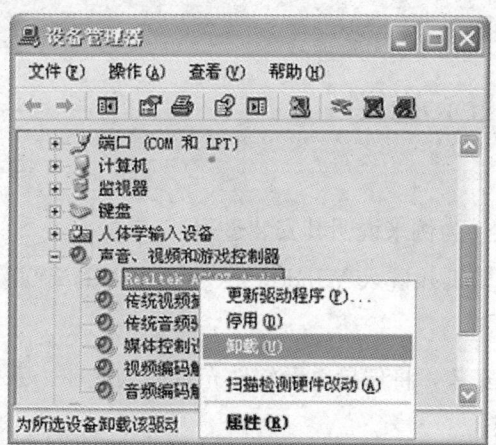

图 4—12　卸载板卡类硬件

2. 卸载 USB 类移动存储设备

操作方法为，左键单击图标选择需移除的盘符即可，如图 4—13 所示。

图 4—13　卸载 USB 类移动存储设备

4.3　计算机安全维护

4.3.1　安装杀毒软件和防火墙软件

 学习目标

➢ 了解计算机病毒的基础知识
➢ 掌握安装杀毒软件和防火墙的方法
➢ 能配置杀毒软件和防火墙

目前国内使用的杀毒软件主要有江民杀毒软件、瑞星杀毒软件、金山杀毒软件、诺顿杀毒软件、卡巴斯基杀毒软件、光华反病毒软件、东方卫士等。各种杀毒软件有各自的特点和用户群。

一、安装和配置杀毒软件

1. 安装

现以瑞星杀毒软件为例来说明其安装过程。

步骤1：启动计算机并进入 Windows（98/Me/NT/2000/XP/2003）系统，关闭其他应用程序。

步骤2：从光盘安装，将瑞星杀毒软件光盘放入光驱，系统会自动显示安装界面，如图 4—14 所示。

单击"安装瑞星杀毒软件"按钮，如果没有自动显示安装界面，可以浏览光盘，运行光盘根目录下的 Autorun.exe 程序，然后在弹出的安装界面中单击"安装瑞星杀毒软件"按钮。

步骤3：在弹出的语言选择框中，可以选择"中文简体""中文繁體""English"和"日本語"四种语言中的一种进行安装，单击"确定"按钮开始安装。这里以选择"中文简体"安装为例，如图 4—15 所示。

图 4—14 安装瑞星杀毒软件　　　　图 4—15 选择语言

■注意：下载版版本和联想 OEM 版本只有中文简体，国际共享版本只有英文和中文繁体。

步骤4：进入安装欢迎界面，如图 4—16 所示，单击"下一步"按钮继续。

步骤5：阅读"最终用户许可协议"，如图 4—17 所示，选择"我接受"，单击"下一步"按钮继续。

步骤6：在"验证产品序列号和用户 ID"窗口中，正确输入产品序列号和 12 位用户 ID（产品序列号与用户 ID 见用户身份卡），单击"下一步"按钮继续，如图 4—18 所示。

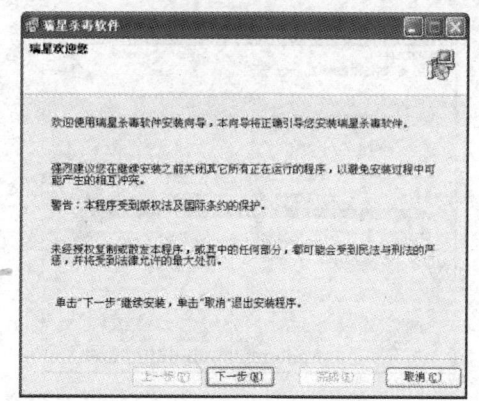
图4—16 瑞星欢迎界面

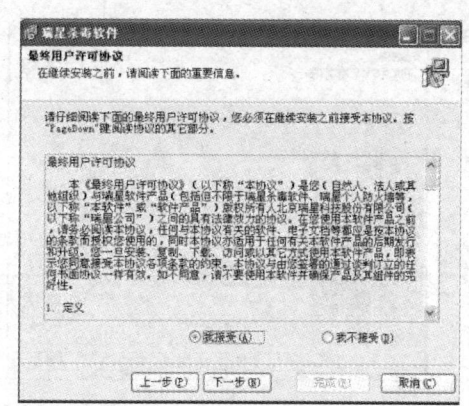
图4—17 用户许可协议

步骤7：在"定制安装"窗口中，选择需要安装的组件。在下拉菜单中选择"全部安装"或"最小安装"（全部安装表示将安装瑞星杀毒软件的全部组件和工具程序；最小安装表示仅选择安装瑞星杀毒软件必须的组件，不包含各种工具等），如图4—19所示。

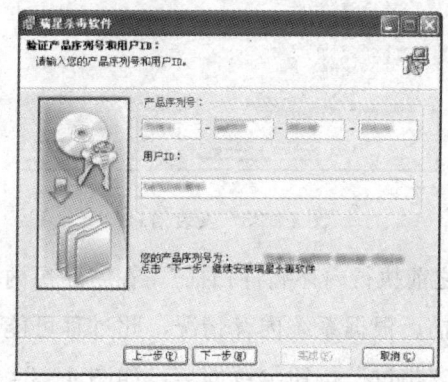
图4—18 输入产品序列号和用户ID

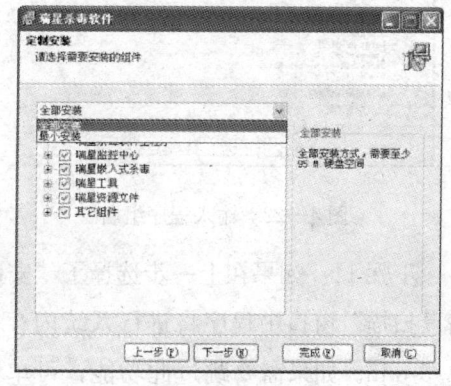
图4—19 定制安装（一）

也可以在列表中勾选需要安装的组件，如图4—20所示。单击"下一步"按钮继续安装，也可以直接单击"完成"按钮，按照默认方式进行安装。

步骤8：在"选择目标文件夹"窗口中，用户可以指定瑞星杀毒软件的安装目录，单击"下一步"按钮继续安装，如图4—21所示。

步骤9：在"选择开始菜单文件夹"窗口中输入程序组名称，单击"下一步"按钮继续安装，如图4—22所示。

步骤10：在"安装信息"窗口中，如图4—23所示，显示了安装路径和程序组名称的信息，勾选安装前先执行内存病毒扫描，确保在一个无毒的环境中安装瑞星杀毒软件。确认后单击"下一步"按钮开始复制文件。

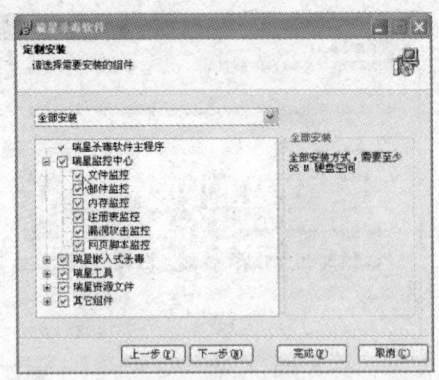
图 4—20 定制安装（二）
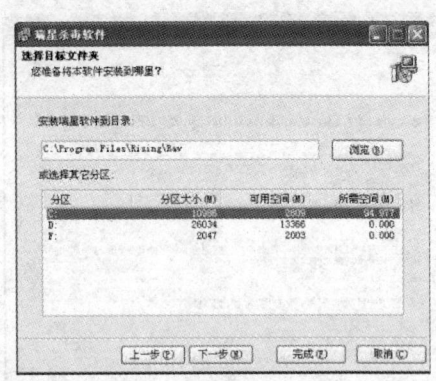
图 4—21 选择目标文件夹

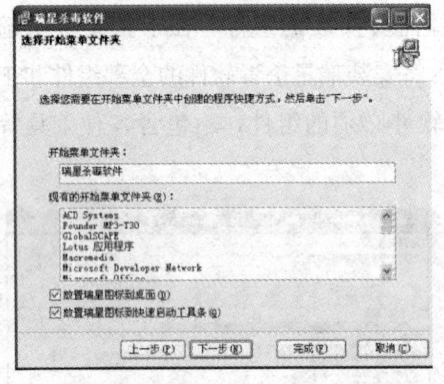
图 4—22 输入程序组名
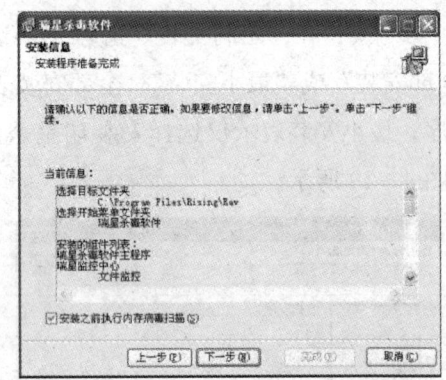
图 4—23 安装信息

步骤 11：如果在上一步选择了"安装之前执行内存病毒扫描"，在"瑞星内存病毒扫描"窗口中程序将进行系统内存扫描。根据系统内存情况，此过程可能要 3～5 min。如果需要跳过此功能，可单击"跳过"按钮继续安装，如图 4—24 所示。

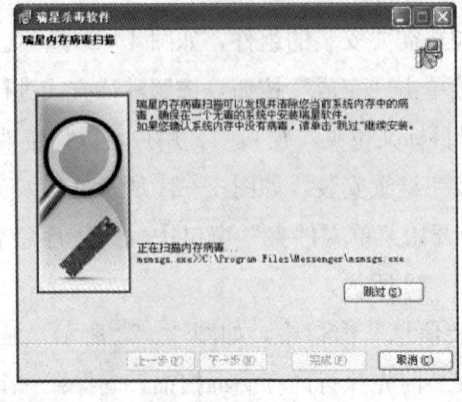
图 4—24 安装过程

步骤12：文件复制完成后，在"结束"窗口中，可以选择"运行设置向导""运行瑞星杀毒软件主程序""运行监控中心"和"运行注册向导"4项来启动相应程序，最后选择"完成"按钮结束安装，如图4—25所示。

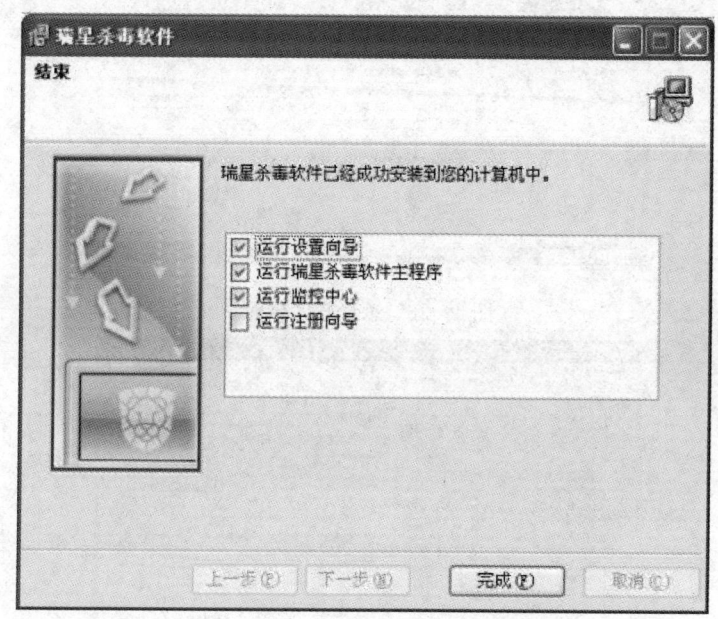

图4—25　安装结束

步骤13：单击"完成"按钮后，系统提示是否安装瑞星防火墙软件。选择否，不安装瑞星防火墙。瑞星防火墙软件具体安装方法见安装防火墙软件部分。

步骤14：当安装完成后，可以有两种方法启动升级程序。

（1）进入瑞星杀毒软件主界面，单击主界面右下角的"在线升级"按钮进行智能升级到最新版本。

（2）左键单击瑞星杀毒软件"实时监控（绿色小伞）"图标，在弹出的菜单中选择"启动智能升级"。

2．配置

进入瑞星杀毒软件主界面，选择"设置"项，即可对瑞星杀毒软件进行设置，如图4—26所示。

通过选择"详细设置"，可以对各个项目进行设置，如图4—27所示。

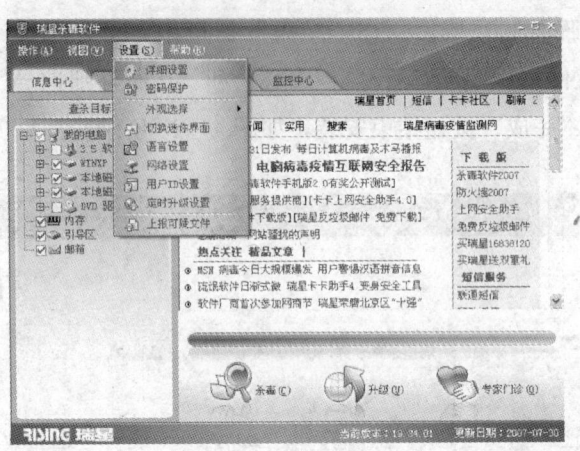

图 4—26　杀毒软件界面

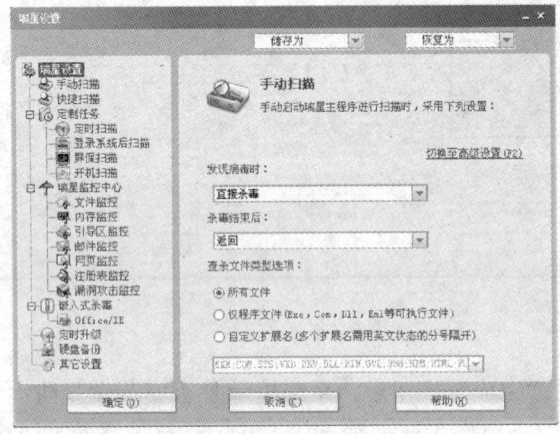

图 4—27　详细设置

二、安装和配置防火墙软件

1. 安装

安装防火墙软件的过程与前面提到的安装杀毒软件过程类似，从略。有以下两种方式启动防火墙软件。

步骤1：进入瑞星防火墙软件主界面，单击主界面右下角的"在线升级"按钮进行智能升级到最新版本。

步骤2：左键单击"瑞星防火墙软件实时监控（黄色盾牌）"图标，在弹出的菜单中选择"启动智能升级"。

2. 配置

进入瑞星防火墙主界面，选择"设置"项，即可对瑞星防火墙进行设置，如图

4—28 所示。

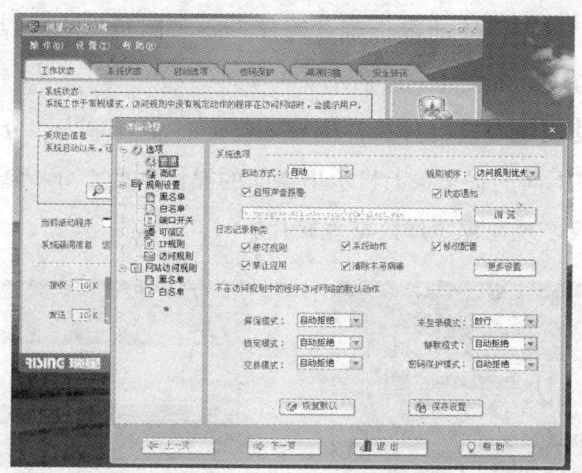

图 4—28 瑞星防火墙设置

4.3.2 定期进行磁盘碎片整理与病毒查杀

 **学习目标**

➢ 了解磁盘碎片是如何产生的
➢ 能进行磁盘碎片整理
➢ 能用杀毒软件查杀病毒

一、磁盘碎片整理

计算机使用久了，磁盘上保存了大量的文件，这些文件并非保存在一个连续的磁盘空间上，而是把一个文件分散地放在许多地方，这些零散的文件被称为"磁盘碎片"，如图 4—29 所示，这些碎片会降低整个 Windows 的性能。

图 4—29 磁盘碎片示意图

Windows 中都提供一个整理磁盘碎片的程序。

打开"开始"菜单，移动鼠标到"程序"→"附件"→"系统工具"，单击"磁盘碎片整理程序"，如图 4—30 所示。

先对磁盘的使用情况进行分析，例如，选定 G 盘，单击"分析"按钮，如图 4—31 所示，窗口下面的状态条上显示出当前的操作进度。分析结束后还会给出是否需要整理的建议，现在程序建议整理碎片。

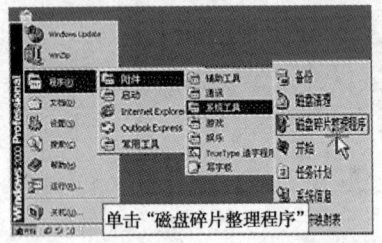 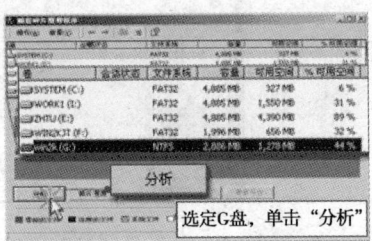

图 4—30　启动磁盘碎片整理程序　　　图 4—31　单击"分析"按钮

在后面的"分析"栏中还可以看到文件的分布情况，红色的部分就是零散的文件，白色的地方是空白区域。单击"查看报告"按钮，可以查阅分析报告，如图 4—32 所示。

从分析报告中可以看出，上面一栏显示 C 盘（卷）的基本信息和碎片的分布比例，下面是最零散的文件列表。单击"碎片整理"按钮，如图 4—33 所示，程序开始整理，这个过程需要的时间比较长，主要和文件的数量分区大小有关。

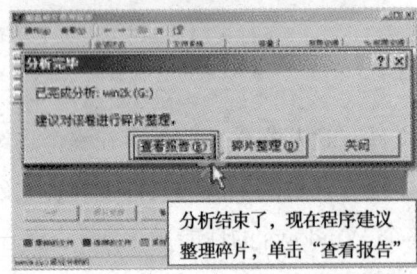 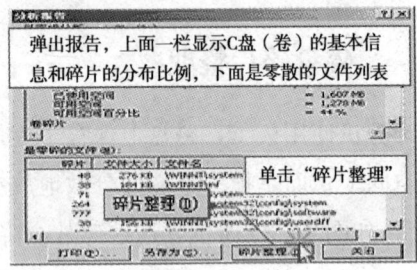

图 4—32　"分析完毕"对话框　　　　图 4—33　分析报告

整理的过程中可以看到文件的分布变化和整个进度。整理结束后，会出现提示，单击"关闭"按钮结束，如图 4—34、图 4—35 所示。

为了使系统发挥更好的性能，需要经常整理磁盘碎片，但对于大容量的硬盘来说，这一工作通常需要花费很多时间，现介绍一些加速整理磁盘碎片的技巧。

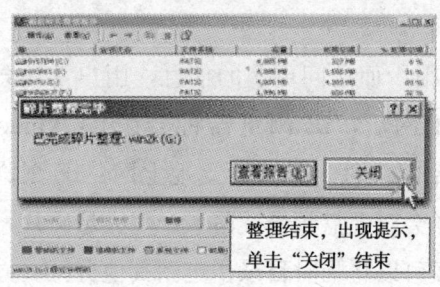
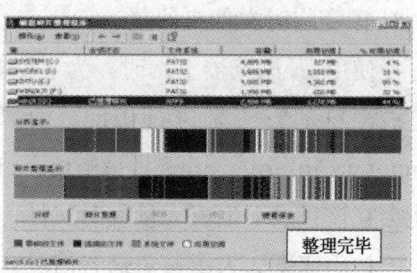

图4—34 碎片整理完毕（一）　　　　图4—35 碎片整理完毕（二）

1. 关闭应用程序

由于某些程序在运行的过程中可能需要反复地读取硬盘中的数据，这会影响碎片整理程序的正常工作，在系统不稳定的情况下甚至还会导致死机现象的发生。因此，为了加快磁盘碎片的整理速度，最好把各个正在运行的程序关闭。

2. 调整参数或使用专用软件

如果硬盘的容量或者分区的容量比较小，对其进行碎片整理工作需要的时间不会太长，但对于一些塞满数据的大硬盘和分区来说，则需要一个漫长的等待过程。所以，在整理这些大容量的硬盘或者分区时，可以采取下面两种措施：

（1）可以将 Windows 系统自身附带的整理程序中的优化参数关闭，这样可以加快碎片整理的速度，但这种方法的效果可能不会很明显。

（2）使用专用的碎片整理工具来对硬盘或者分区进行整理，例如目前使用的 Vopt XP 软件，其整理磁盘碎片的速度就非常快。如果每天都使用 Vopt XP 整理磁盘碎片，磁盘将在几分钟内得到优化，系统能够一直保持最佳状态。建议使用 Windows 的计划任务程序，设定至少每周自动运行一次 Vopt XP。

3. 修改注册表自动关闭屏幕保护

在进行磁盘碎片整理工作前，首先要关闭屏幕保护程序，否则磁盘碎片整理程序会反复地启动，但是如果每次都通过人工的方式来关闭应用程序，可能比较麻烦。可以通过修改注册表来实现自动关闭屏幕保护，具体操作步骤如下：

在命令行中使用 regedit 命令打开注册表，定位到 HKEY＿CURRENT＿USERSoftware MicrosoftWindows CurrentVersionApplets，然后在此路径下寻找是否有"Defrag"键值，如果没有，就新建一个，系统默认情况下都有此键值。在"Defrag"键值下再新建一个名为"Settings"的主键，然后再在此新建的主键下建立一个名为"Disable Screen Saver"的主键，最后将它的默认字符串值改为"YES"即可。以后每次运行磁盘碎片整理程序时系统会自动屏蔽掉屏幕保护，运行完成后自动恢复。

4. 改变临时文件夹位置

在使用 IE 浏览器上网时，为了能花费很少而访问更多的信息，用户常常会采取离线浏览的方法来进行访问。而每次上网后，IE 浏览器将会在 C：Windows Temporary Internet Files 目录中留下许多临时文件。如果频繁地上网，IE 浏览器可能会在该目录下生成大量临时文件，同样会对硬盘频繁读写，产生大量碎片，从而影响访问速度。为了避免这一情况，同样可以将临时目录指定到其他分区。方法为，首先在 D 盘中建立一个临时文件的存放目录，选择"控制面板"中的"Internet 选项"，在打开的对话框中单击"设置"按钮，然后单击"移动文件夹"按钮，选择 D 盘中相应目录即可。

5. 保留一定的磁盘空间

在使用计算机中会发现，如果硬盘的剩余空间太小，运行应用程序的速度将会很慢，磁盘碎片整理也很难进行。所以，对于比较小的磁盘分区，最好保持 15% 以上的可用空间；对于比较大的磁盘分区，最好保持 5% 以上的可用空间；对于引导分区，至少要有 40 MB 以上的可用空间。另外，在使用计算机的过程中，应该及时释放被占用的磁盘空间，例如，经常清空回收站、删除上网后的历史记录以及删除临时文件夹和文件等。

二、查杀病毒

计算机使用久了也会存在许多病毒隐患，所以要经常进行病毒查杀。

综合大多数普通计算机用户的使用情况，瑞星杀毒软件已预先作了合理的默认设置。因此，普通计算机用户在通常情况下无须改动任何设置即可进行病毒查杀。

步骤 1：启动瑞星杀毒软件。

通过以下几种方式，均可快速启动瑞星杀毒软件主程序，见表 4—1。

表 4—1　　　　　　　　　启动瑞星杀毒软件

启动方式	方式	图标
双击快捷方式图标	双击 Windows 桌面上的瑞星杀毒软件快捷方式图标	瑞星杀毒软件
双击任务栏的图标	双击 Windows 任务栏中的瑞星杀毒软件图标	12:36
单击快速启动栏的图标	单击 Windows 快速启动栏中的瑞星杀毒软件图标	开始

续表

启动方式	方式	图标
左键单击图标	用鼠标左键单击瑞星杀毒软件图标，在弹出菜单中选择"启动瑞星杀毒软件"	
开始菜单中选择	选择"开始"→"程序"→"瑞星杀毒软件"→"瑞星杀毒软件"	

瑞星主程序界面，如图4—36所示。界面中提供了瑞星杀毒软件所有的控制选项。现介绍如下：

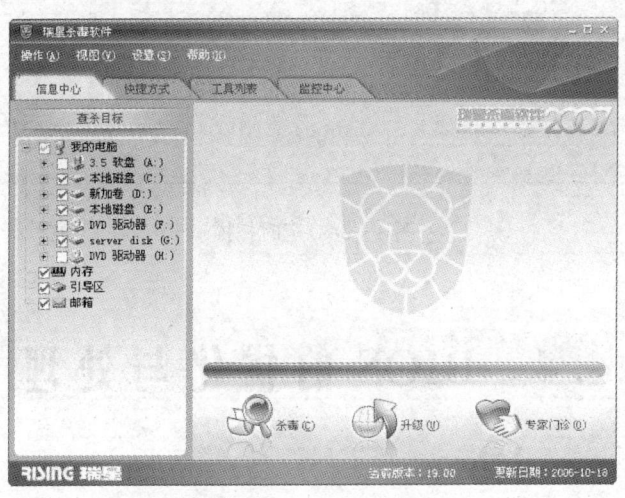

图4—36 瑞星主程序界面

（1）菜单栏是用于进行菜单操作的窗口，包括"操作""视图""设置"和"帮助"4个菜单选项。

（2）菜单栏的下面是4个标签页面，即信息中心、快捷方式、工具列表、监控中心。

步骤2：在"查杀目标"栏中显示了待查杀病毒的目标，默认状态下，所有本地磁盘、内存、引导区和邮箱都为选中状态，如图4—37所示。

步骤3：单击瑞星杀毒软件主程序界面上的"杀毒"按钮，即开始扫描所选目标，发现病毒时

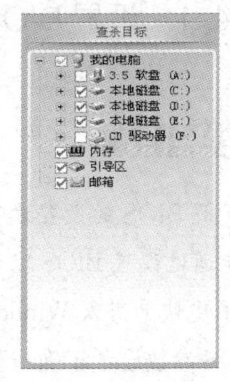

图4—37 "查杀目标"栏

程序会采取用户选择的处理方法。扫描过程中可随时单击"暂停"按钮暂停扫描过程,单击"继续"按钮可继续扫描,也可以单击"停止"按钮结束当前扫描。对扫描中发现的病毒,病毒文件的文件名、所在文件夹、病毒名称和状态都将显示在病毒列表窗口中。

也可以在设置栏设置定时扫描、查杀病毒,如图4—38所示,具体设置如前节所述。

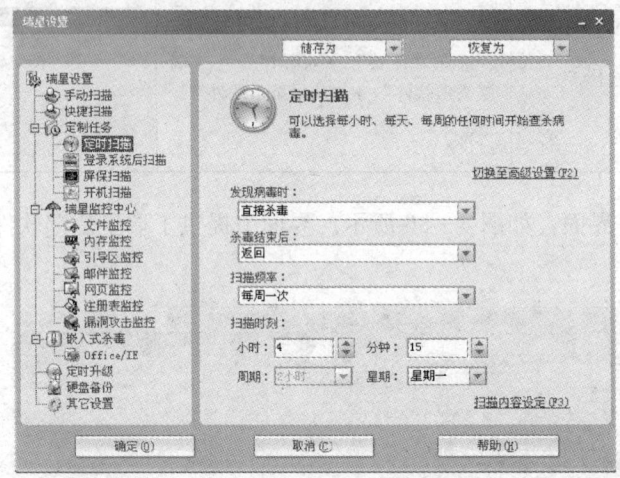

图4—38 定时扫描

4.4 BIOS 的优化与处理

4.4.1 设置 BIOS 优化系统性能

 学习目标

➤了解 BIOS 的设置方法

➤能通过设置 BIOS 优化系统性能

为了更快地进入 Windows,可以使用设置 BIOS 的方法将启动速度进行提升。

BIOS 参数设置正确与否,对系统的整体性能和运行速度有很大影响。对一些与计算机运行速度有关的设置进行优化,可以达到提高系统运行速度的目的。

磁盘读写的快慢直接影响到计算机性能的发挥,可以在 BIOS 中设置优化磁盘的读写速度。

有很多的开机方法,如键盘开机、自动开机、Modem 开机等,都可以在 BIOS 中设置。

一、优化启动速度

1. 打开快速启动自检功能

启动计算机后,系统进行自我检查的例行程序,这个过程被称为加电自检(Power On Self Test,POST),对系统几乎所有的硬件进行检测。按以下步骤操作,可以加快启动的速度。

步骤 1:启动计算机,按 Del 键,进入 BIOS 设置主界面。

步骤 2:选择"Advanced BIOS Features"(高级 BIOS 设置功能)设置项,按 Enter 键进入。

步骤 3:移动光标到"Quick Power On Self Test"(快速开机自检功能)项,设置为"Enabled"(允许)。如果选择"Disabled",那计算机就会按正常速度执行开机自我检查,对内存检测 3 次。

步骤 4:按 Esc 键返回主界面,将光标移动到"Save & Exit Setup"(存储并结束设置),按 Y 键保存退出即可。

2. 关闭开机软驱检测功能

打开"Boot Up Floppy Seek"(开机软驱检测)功能将使系统在启动时检测 1.44 MB 软驱,这时会有 1~2 s 左右的延迟。为了加速启动的速度,可以将此功能关闭。

步骤 1:启动计算机,按 Del 键,进入 BIOS 设置主界面。

步骤 2:设置"Boot Up Floppy Seek"为"Disabled",即可关闭开机软驱检测功能。

3. 设置硬盘为第一启动盘

在 BIOS 中可以选择软盘、硬盘、光盘、U 盘等多种启动方式。但一般情况下,都是从硬盘启动。可以在 BIOS 设置中将硬盘设置为第一启动盘,这样可以加快开机速度。

步骤 1:启动计算机,按 Del 键,进入 BIOS 设置主界面。

步骤 2:选择"Advanced BIOS Features"设置项,按 Enter 键进入。

步骤 3:将"First Boot Device"(第一个优先启动的设备)设置成"HDD-0",

即可加快开机速度,从硬盘启动系统。如果想通过软盘启动,可以将"First Boot Device"设置为"Floppy"。如果想通过光盘启动,将其设置为"CDROM"即可。

4. 选择显卡可以加快启动速度

一般情况下,主板在默认情况下支持两款显卡的启动,即 AGP 显卡和 PCI 显卡,通过该项设置选择第一个开启的设备。若是仅有一个 AGP 显卡,选择 AGP 会提高启动速度。

步骤1:启动计算机,按 Del 键,进入 BIOS 设置主界面。

步骤2:选择"Integrated Peripherals"设置项,按 Enter 键进入。

步骤3:将"Init Display first"(显卡优先设定)设置为"AGP"即可。

5. 选择显示器可以加速启动速度

现在的显示器基本上都是彩色的,所以没有必要尝试"Mono"(黑白显示器),这样反而会减慢启动速度。

步骤1:启动计算机,按 Del 键,进入 BIOS 设置主界面。

步骤2:选择"Standard CMOS Features"设置项,按 Enter 键进入。

步骤3:这时就可以看到"Video"(视频),它有两个选项,即 EGA/VGA 和 Mono,选择默认项即可。

二、优化运行速度

BIOS 参数设置正确与否,对系统的整体性能和运行速度有很大影响。对一些与计算机运行速度有关的设置进行优化,可以达到提高系统运行速度的目的。

1. 在 BIOS 中超频 CPU

一般情况下,通过提升 CPU 的外频或倍频(也就是常说的超频)可以使 CPU 发挥最高的价值。下面介绍如何在 BIOS 中超频 CPU。

步骤1:启动计算机,按 Del 键,进入 BIOS 设置主界面。

步骤2:在主菜单中选择"Frequency/Voltage Control"项,按 Enter 键进入。

步骤3:看到"Host CPU/DIMM/PCI Clock"与"CPU Clock Ratio"两个选项,前者设置 CPU 的外频,后者设置 CPU 的倍频。如果要更改外频,则将光标移动到"Host CPU/DIMM/PCI Clock"项,按 Page Up 键或 Page Down 键进行更改即可。

步骤4:它的数值可以从 100 MHz 调到 133 MHz,这是通过提高 CPU 外频来提高 CPU 的性能的。

步骤5:对于未锁倍频的 CPU,可以用提高倍频的方法进行超频。在"CPU

Clock Ratio"选项中选择适当的倍频即可使 CPU 性能有很大提升（现在一般 CPU 的倍频都是锁着的）。

2. 在 BIOS 中超频内存

BIOS 中有很多关于内存的参数，对这些参数进行优化，可以超频内存，提高系统性能。

步骤 1：启动计算机，按 Del 键，进入 BIOS 设置主界面。

步骤 2：在主菜单中选择"Advanced Chipset Features"选项，进行有关内存的设置。"SDRAM CAS Latency Time"（内存 CAS 延迟时间）参数是对于 SDRAM 内存而言的，CAS 信号延迟时间的长短对内存性能有很大影响，一般它有 AUTO/3/2 三个选项。

普通的兼容内存一般只能在 CL＝3（CAS 信号延迟时间为 3 个时钟周期）模式下工作。

如果内存品质比较好，可以在 CL＝2（CAS 信号延迟时间为 2 个时钟周期）下正常工作，性能也会有大幅提高。

步骤 3：接下来是"SDRAM Cycle time Tras/Trc（内存 Tras/Trc 时钟周期）"设置项，该参数用于确定 SDRAM 内存行激活时间和行周期时间的时钟周期数。

步骤 4：激活时间与周期数越小的内存读取就越快。可将该项设置得小一些，如果内存品质比较好，可以设为 5/7，这时速度就比较快。

3. 打开视频 BIOS 遮罩

Video BIOS Shadow（视频 BIOS 遮罩）功能将把显卡的基本 BIOS 功能存储到内存里，在任何时候都能被方便地调用，使 CPU 能以更高的速度读取这些数据。打开该功能将在很大程度上提高系统性能。

步骤 1：启动计算机，按 Del 键，进入 BIOS 设置主界面。

步骤 2：选择"Advanced BIOS Features"设置项，按 Enter 键进入。

步骤 3："Video BIOS Shadow"设为"Enabled"，即打开视频 BIOS 遮罩。

4. 打开系统 BIOS 缓存

System BIOS Cacheable（系统 BIOS 缓存），也叫 System BIOS Shadow（系统 BIOS 遮罩），打开该功能，系统性能可以得到很大提高。

步骤 1：启动计算机，按 Del 键，进入 BIOS 设置主界面。

步骤 2：选择"Advanced Chipset Features"设置项，按 Enter 键进入。

步骤 3：将"System BIOS Cacheable"设为"Enabled"，即打开系统 BIOS 缓存。

■注意：该功能会引起一些特定显卡或内存的冲突。最好将两种设置都试一遍，以选择最适合自己的设置。如果打开该功能时没有出现问题，那就应该打开它，因为它肯定可以增强系统的性能。

5. 打开视频 BIOS 缓存

Video BIOS Cacheable（视频 BIOS 缓存）选项同上面的一样，唯一的区别就是它与显卡的 BIOS 有关，而不与 BIOS 有关。

步骤1：启动计算机，按 Del 键，进入 BIOS 设置主界面。

步骤2：选择"Advanced Chipset Features"设置项，按 Enter 键进入。

步骤3：将"Video BIOS Cacheable"设置为"Enabled"，即打开系统 BIOS 缓存。

三、优化磁盘读写速度

磁盘读写的快慢直接影响到计算机性能的发挥，下面介绍如何在 BIOS 中设置优化磁盘的读写速度。

1. 打开 IDE 硬盘块模式

块模式把多个扇区组成一个块，每次存取几个扇区，可以加快多扇区存取时的数据传输速率。开启此特性，BIOS 会自动侦察硬盘是否支持块模式（现今的大多数硬盘已有这个功能），且每中断一次可发出 64 KB 资料。

步骤1：启动计算机，按 Del 键，进入 BIOS 设置主界面。

步骤2：选择"A Integrated Peripherals"设置项，按 Enter 键进入。

步骤3：将"IDE HDD Block Mode"（IDE 硬盘块模式）设置为"Disabled"即可。

■注意：Windows NT 系统并不支持块模式，很可能导致数据传输出错，所以微软公司建议 Windows NT 4.0 用户关闭 IDE 硬盘块模式。关闭此特性后，每中断一次只能发出 512 KB 资料，降低了磁盘的综合性能。

2. 自动检测"UDMA"标准

目前硬盘的主流转速为 7 200 r/min，为了让这些硬盘在现有的系统中发挥更大的性能，在 BIOS 中还可以让它加速。

步骤1：启动计算机，按 Del 键，进入 BIOS 设置主界面。

步骤2：选择"Intergraded Peripherals"设置项，按 Enter 键进入。

步骤3：将"IDE Primary/Secondary Master/Slave UDMA"设置为"AUTO"。

系统启动时，IDE 硬盘就能自动进行检测，如果发现支持"UDMA"标准的硬盘，系统就可以启动此功能以加快硬盘的读写速度。

四、优化显示速度

1. 设置显示内存的大小

通过下面的操作可以优化显示速度。

步骤 1：启动计算机，按 Del 键，进入 BIOS 设置主界面。

步骤 2：选择"Advanced Chipset Features"设置项，按 Enter 键进入。

步骤 3：对"On-chip Video Windows Size"的显示内存大小进行设置，即可大大提高显卡的数据传输速率。

如果使用的是 AGP 4X 模式的显卡，那一定要在 BIOS 将 AGP 4X 模式打开。在"Advanced Chipset Features"选项中将"AGP Device 4X"（AGP 4X 模式）设置为"Enabled"即可。

■注意：如果 AGP 显卡不支持 AGP 4X，那一定要将"AGP Device 4X"设置为"Disabled"，否则将适得其反。

2. 打开显卡 RAM 缓存

Video RAM Cacheable（显卡 RAM 缓存）功能将使 CPU 从显卡的 RAM 中读取缓存数据。打开该功能通常能改进系统的性能。

步骤 1：启动计算机，按 Del 键，进入 BIOS 设置主界面。

步骤 2：选择"Advanced Chipset Features"设置项，按 Enter 键进入。

步骤 3：将"Video RAM Cacheable"设为"Enabled"，打开显卡 RAM 缓存。

3. 设置 AGP Size

AGP Graphics Aperture Size（AGP 口径大小），主板上这个项目是指可供 AGP 显卡使用的最大内存数量。默认值是 64 MB。增大这个值可能会引起性能的下降或极大的内存占用。试着将该值设成内存大小的 25% 到 100%，根据显卡操作说明书进行设置，可以提高系统性能。

步骤 1：启动计算机，按 Del 键，进入 BIOS 设置主界面。

步骤 2：选择"Advanced Chipset Features"设置项，按 Enter 键进入。

步骤 3：将"AGP Graphics Aperture Size"设置为自己需要的值即可。

五、优化开启方式

连接电源，按 Power 按钮便能开机。其实还有很多的开机方法，如键盘开机、自动开机、Modem 开机等。

1. 键盘开机

要实现键盘开机，首先按照主板说明书，找到开启键盘开机功能的跳线，然后把跳线重新设置即可。现在很多主板的这项功能是开放的，并不需要进行跳线。下面进入 BIOS 进行设置。

步骤1：启动计算机，按 Del 键，进入 BIOS 设置主界面。

步骤2：选择"Integrated Peripherals"设置项，按 Enter 键进入。

步骤3：将光标移动到"Power On Function"选项上，再按 Enter 键，弹出选项菜单。

该菜单显示了7种键盘开机方式，即 Password（密码开机）、Hot Key（热键开机）、Mouse Move、Mouse Click（鼠标开机）、Any Key（任意键开机）、Button Only（按钮开机）、Keyboard；98（windows 98 键盘开机）。下面就来看一看密码开机是如何实现的。

步骤4：移动光标到"Password"后，按 Enter 键，返回上一级菜单，将光标移到"Power ON Password"选项上，按 Enter 键，输入密码即可。

2. 自动开机

自动开机功能可以使计算机按照预定时间自动启动。

步骤1：启动计算机，按 Enter 键，进入 BIOS 设置主界面。

步骤2：选择"Power Management Setup"设置项，按 Enter 键进入。

步骤3：找到"Power On By Alarm"（定时开机），将"Disabled"改为"Enabled"。

这时"Power On By Alarm"选项下原本灰色的日期与时间设置可以更改了。

步骤4：将光标移到"Date (of Month) Alarm"上，通过"Page Down"键设置日期，再将光标移到"Time (hh：mm：ss) Alarm"上，设置时间。

步骤5：保存设置，只要 BIOS 的时钟跳到设置的时间时，计算机将自动开机。

■注意：自动开机有周期性。不同的主板，它的周期性是不一样的。有的主板每月只能设置一次，也就是每月的某日几时几分几秒开机。而有的主板可以设置一个周期，如"每天的这个时间"都开机，这样就比较方便了。要了解具体的周期，最好认真阅读主板说明。

3. Modem 遥控开机

步骤1：启动计算机，按 Del 键，进入 BIOS 设置主界面。

步骤2：选择"Power Management Setup"设置项。按 Enter 键进入。

步骤 3：将光标移到"Power On By Bing/LAN"选项上，将原来默认的"Disabled"改为"Enabled"即可。

■注意：内置 Modem 实现遥控开机时，将电话插入 Modem 的线路输入端即可；如果是外置的 Modem，先要根据 Modem 所连接的串行端口设置不同的中断号（一般情况下，COM1 口使用的是 IRQ4，COM2 口使用的是 IRQ3），接下来插好电话线。当然还要打开 Modem 的电源。

4. 鼠标开机

许多有实力的主板厂商，其 BIOS 中提供了更为丰富的开机功能，不仅有密码开机、键盘开机和按钮开机（即仅使用机箱面板上的 Power 按钮开机），而且还提供了鼠标开机功能。

步骤 1：启动计算机，按 Del 键，进入 BIOS 键设置主界面。

步骤 2：选择"Integrated Peripherals"设置项，按 Enter 键进入。

步骤 3：将光标移到"Keyboard Power On Function"选项上，选择"Enabled"。

步骤 4：从"Power On Function"中选择开机方式（鼠标左键开机、热键开机、密码开机等）为"Mouse Left"（鼠标左键开机）。

步骤 5：按 Esc 键回到 BIOS 主菜单，保存退出，即可以实现鼠标左键开机。

■注意：由于每块主板键盘开机功能的设置方法不尽相同，因此，在设置时，可参照本机主板说明书。另外，假如已经正确完成了所有设置，却无法用键盘开机时，可另换其他品牌的键盘试试，因为键盘与主板之间的搭配关系很重要。还要注意的是，PS/2 键盘的开机成功率远高于 USB 键盘，如果采用的是 USB 键盘，却无法开机，可以换一个 PS/2 键盘试试。

4.4.2 解决 BIOS 设置错误

 学习目标

➢了解 BIOS 设置错误的检查方法

➢能重新设置 BIOS，恢复 CMOS 正常运行

在使用计算机过程中常出现不慎设置了开机密码或遗忘了以前设置的密码，或由于某些原因导致 BIOS 设置错误而无法启动计算机的现象，下面将具体介绍其解决方法。

一、密码丢失问题的处理

在使用计算机过程中不慎设置了开机密码或遗忘了以前设置的密码,无法启动计算机,或设置了 SETUP 密码不能进入设置 BIOS,有以下几种方法解决。

1. 取出电池放电清除 CMOS 密码

步骤1:打开主机箱左侧盖板,观察主板,找到电池并取下。

步骤2:放置几个小时后重新安装电池。

步骤3:重新开机即可。

2. 通过主板跳线清除 CMOS 密码

步骤1:打开主机箱左侧盖板,观察主板,找到电池,在其附近有一组跳线,看是否有 exit batter,clean cmos,cmos rom reset 等字样,一般有3根插针一只跳线块(也叫短路块)。

步骤2:将跳线块拔下,插在另一组插针上几秒钟。

步骤3:取下跳线块插回原处即可。

3. 使用主板厂家通用的 BIOS 密码

主板厂家一般都有通用的 BIOS 密码,可以试用进入 CMOS,清除或重新设置新密码。

步骤1:Award 的 BIOS,Award、cBBB、Syxz、h996 及 wantgirl。

步骤2:AMI 的 BIOS,AMI。

■提示:在使用中要注意字母的大小写。

4. 使用 DOS 命令 DEBUG 清除 CMOS 密码

步骤1:用软盘或光盘启动计算机,进入 DOS 系统。

步骤2:输入 DEBUG 命令进入 DEBUG 调试程序,出现"-"提示符。

步骤3:输入指令可为:

-O 70 16

-O 71 16

-q   ;退出

-O 70 10

-O 71 10

-q   ;退出

- O 70 10

- O 71 FF

- q ；退出

二、设置错误问题的处理

1. 重新进行正确设置

对出现的错误设置仔细检查核对，重新进行设置。

2. 对 CMOS 放电恢复设置

参照上一节"密码丢失问题的处理"的方法，对 CMOS 放电或通过跳线设置使 CMOS 恢复到原始状态。

3. 通过 CMOS 菜单选项恢复默认设置

进入 CMOS 设置菜单，选择 Load Fail-Safe Defaults、Load Optimized Defaults 选项，可使 CMOS 恢复默认设置。

4.5 系统恢复

4.5.1 重装系统

 学习目标

➢掌握重新安装操作系统的方法

➢能重新安装操作系统

如果系统出现以下几种情况之一，就应该考虑重新安装系统。

（1）需要更新操作系统。

（2）系统运行效率低下，垃圾文件充斥硬盘且散乱分布又不便于集中清理和自动清理。

（3）系统频繁出错，而故障又不便于准确定位和轻易解决。

（4）系统不能启动。

一、重新安装系统前的准备工作

因系统崩溃或出现故障而准备重装系统前，首先应该想到的是备份好自己的数据，仔细罗列硬盘中需要备份的资料，把它们逐项记录，然后逐一对照进行备份。如果硬盘已不能启动，这时需要用其他启动盘启动系统后，拷贝自己的数据，或将硬盘挂接到其他计算机上进行备份。为了避免出现硬盘数据不能恢复的灾难发生，最好在平时就养成每天备份重要数据的习惯。

1. 用户文档备份

在需要备份的数据中，用户文档是首先要考虑备份的数据。通常，用户的文档数据是放在"我的文档"文件夹中的。如果另外指定了存放的文件夹，则需要备份的是相应的文件夹。

2. 备份收藏夹

经常上网浏览，一般都收藏有个人特色的地址列表。重装系统时，安装的新系统只有一个空的收藏夹，所以一定要备份好"收藏夹"。

3. 备份输入法词库

现在，录入汉字无非是采用笔型和拼音两大类输入法。而目前主流的笔型和拼音输入法都带有智能成分，也就是可以自动或半自动地记忆用户形成的个性化词库。个人用户在带有自己特色的词库环境下录入汉字，工作效率会大大提高。别忘了备份输入法用户词库，用户词库一般在系统的文件夹下，有的输入法本身就含有自己的词库备份接口，使用很方便。

4. 备份驱动程序

如果系统中有特殊的板卡或外设，就必须重新安装其驱动程序。这些驱动程序是拷贝在硬盘文件夹中的，并没有安装盘，安装系统前一定要把这些驱动程序备份出来。

5. 准备好有序列号的软件说明或封套

正规的安装光盘的序列号应该在软件说明书或光盘封套的某个位置上，某些软件光盘中提供的测试版系统序列号可能是存放在安装目录中的某个说明文本中，比如 SN.TXT 等文件，要将序列号读出并记录下来以备安装使用。

二、重新安装系统

1. 系统出错缺文件，可覆盖安装

如果系统启动时提示你少某些文件，或者某些文件出了问题，先别急于格式化

硬盘，而应该首先尝试进行覆盖安装。覆盖安装的要点是，先进入安全模式或启动到 DOS 下，然后运行安装光盘上的 SETUP.EXE 程序，或其他用来启动安装程序的文件，注意在安装过程中要选择将系统文件安装在与原来系统相同的目录中。经过这样的安装，一般的问题大多可以得到解决，更重要的是以前安装的一些应用软件还可以继续使用。

2. 全新安装系统

如果按覆盖安装的方法没有能够解决问题，可以在确认备份工作完成后，并且各类驱动程序都已经准备好的情况下，先用启动盘启动系统，而后用 FORMAT 命令格式化系统分区，运行安装盘上的 SETUP.EXE 程序或用来安装的可执行文件，进行全新安装即可。

3. 若没有驱动盘，可另起目录全新安装

如果按覆盖安装的方法没有解决问题，又没有把握知道是否还有需要备份的东西，或者不想格式化分区，可以用另起目录的安装法。方法是，用启动盘启动后执行安装文件，把系统安装在与先前系统不同的目录下，原来的驱动程序还在旧的系统目录中。如果驱动程序丢失，当系统发现新的硬件时，可以按系统提示，到原来的目录里找到硬件的驱动程序，当所有硬件驱动程序安装完毕后，就可以删除原来的系统目录。

4. 升级安装

如果原有操作系统的版本较低，可以采用升级安装的方法。直接在低级操作系统环境下运行高级操作系统的安装文件即可，操作系统一般说来都是向下兼容的，如 Windows 98 环境下可以升级安装为 Windows 2000 或 Windows XP，Windows 2000 下可以升级安装为 Windows XP。升级安装后，原已安装的大部分程序还可以继续使用。

5. 安装双（多）系统

如果需要原来的低版本的操作系统的同时，又需要使用高版本的操作系统，就可以安装双系统。安装方法是在低版本的操作系统（如 Windows 98）下，执行高级操作系统安装盘上的安装文件（如 SETUP.EXE），然后在安装过程中选择将高版本的操作系统安装在新的目录下，而不是选择升级安装。当安装结束并重新启动系统后，便会出现双系统菜单，多系统安装方法也是如此，只是遵守先低级、后高级的安装次序即可。

4.5.2 备份与恢复系统

 学习目标

➢了解备份系统的原理和必要性

➢能备份系统

➢能恢复系统

一、备份的原理与必要性

在使用计算机的过程中，难免要出现各种问题，导致系统无法使用、速度变慢或崩溃，在这种情况下，就必须重新安装操作系统，若事先备有操作系统的备份，便可在很短的时间里恢复系统，使计算机正常运行。

备份大体上分为两种：一种是系统备份，用于备份可正常驱动计算机系统的系统文件或程序等；另一种是数据备份，用于安全保管储存数据文件。在进行系统备份时可参照以下标准：

1. 在系统最优化和稳定时，进行系统备份。

2. 在执行可能会影响到系统设置、性能的操作之前，进行系统备份。

3. 在生成新的文件或修改文件后，立即进行备份。

系统备份的方法很多，现介绍一款优秀的备份还原软件 Ghost，它可对整个硬盘或分区进行备份和还原，一般是备份系统盘（如 C 盘）。

二、用 Ghost 进行分区备份

1. 准备工作

（1）Ghost 是著名的备份软件，它在 DOS 系统环境下运行，必须准备 DOS 启动盘一张（如 Windows 98 启动盘）。

（2）准备 Ghost 软件。该软件有多种版本，使用方法基本一样，现介绍 Ghost 8.0 版本。将它复制到一张空白软盘上，或硬盘上有 FAT 32 或 FAT 文件系统格式的分区，也可把它放在该分区的根目录下，便于在 DOS 系统下执行该程序。Ghost 8.0 支持 FAT、FAT32 和 NTFS 文件系统。也可将其复制到 U 盘中，从 U 盘启动（系统支持 U 盘启动）。

2. 用 Ghost 8.0 备份分区

步骤 1：使用 Ghost 进行系统备份，有整个硬盘备份和分区备份两种方式。下面以备份 C 盘为例，当 C 盘重新安装系统后，用 Ghost 进行备份。

步骤 2：将软驱启动设为第一启动方式，插入 DOS 系统启动盘，重启计算机进入 DOS 系统。也可将光驱方式设为第一启动方式，并从光驱启动，进入 DOS 系统。

步骤 3：启动进入 DOS 系统后，取出 DOS 系统启动软盘，再插入含有 ghost.exe 的软盘。在提示符 "A：\＞_" 下输入 "Ghost" 后按 Enter 键，即可启动 Ghost 程序，界面显示信息，如图 4—39 所示。

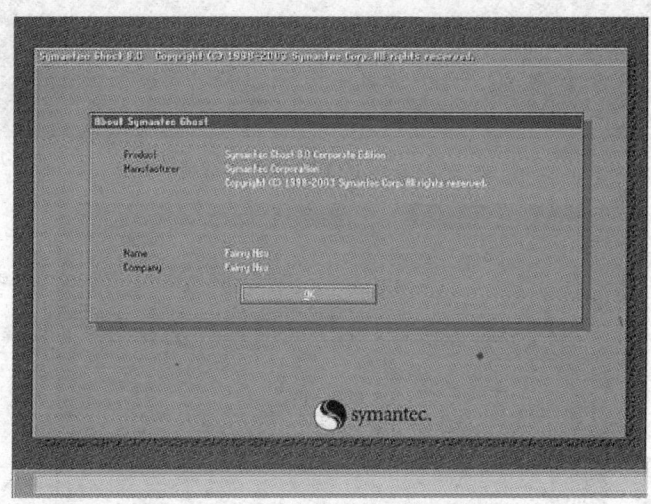

图 4—39　Ghost 启动界面

步骤 4：直接按 Enter 键，显示主程序界面，如图 4—40 所示。

主程序有 4 个可用选项，Quit（退出）、Help（帮助）、Options（选项）和 Local（本地）。

步骤 5：在菜单中单击 Local（本地）项，在右面弹出的菜单中有 3 个子项：其中 Disk 表示备份整个硬盘（即硬盘克隆）；Partition 表示备份硬盘的单个分区；Check 表示检查硬盘或备份的文件，查看是否可能因分区、硬盘被破坏等造成备份或还原失败。

这里是对磁盘分区进行操作，应选 Local。当前默认选中 "Local"（字体变白色），按向右方向键展开子菜单，用向上或向下方向键选择，依次选择 Local（本地）→Partition（分区）→To Image（产生镜像），不可选错。其选择如图 4—41 所示。

步骤 6：确定 "To Image" 被选中（字体变白色），然后按 Enter 键，显示界面如图 4—42 所示。

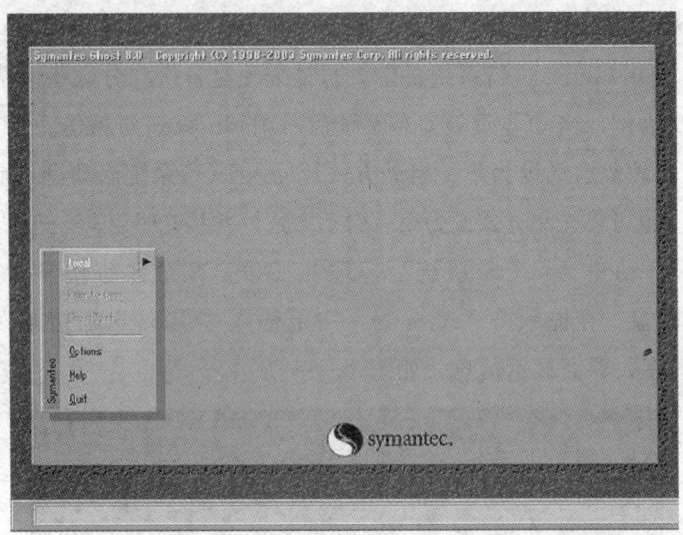

图 4—40　GHOST 主程序界面

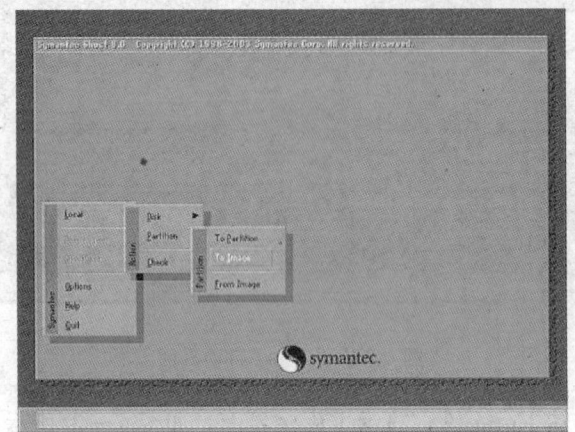

图 4—41　分区备份选项

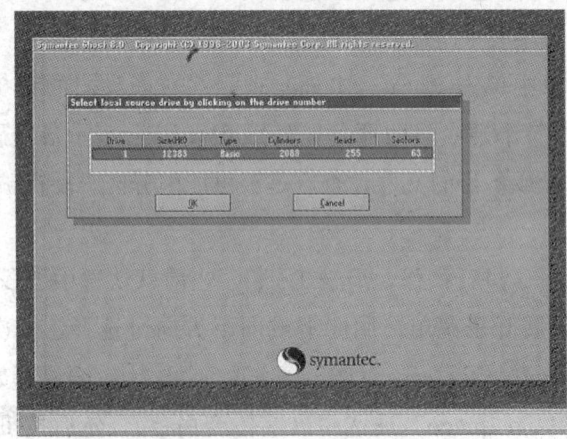

图 4—42　备份硬盘选择

步骤7：弹出硬盘选择窗口，如只有一个硬盘，则不用选择，直接按 Enter 键后，显示如图4—43所示；若有多个硬盘，则按主、从盘顺序显示，一般情况下可有4块硬盘。

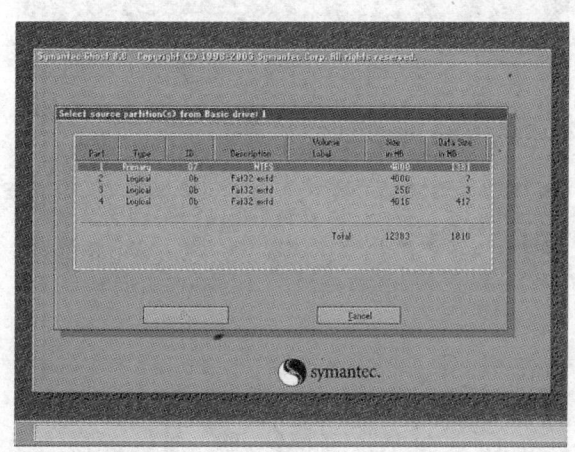

图4—43　分区选择

步骤8：选择要操作的分区，可用键盘进行操作。用方向键选择第一个分区（即C盘）后按 Enter 键，这时 OK 按键由不可操作变为可用，屏幕显示如图4—44所示。

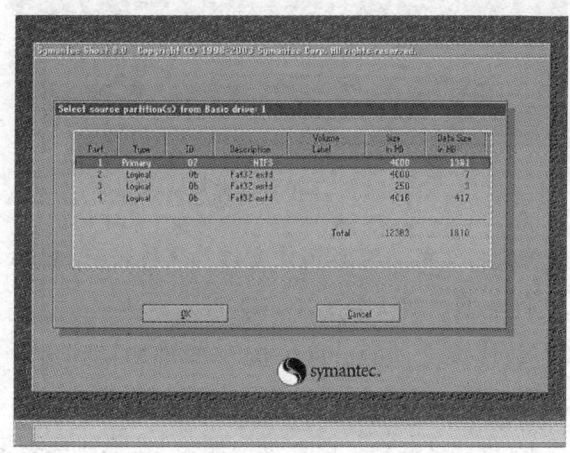

图4—44　选择主分区

步骤9：按 Tab 键切换到 OK 键（字体变白色），屏幕显示如图4—45所示。

步骤10：按 Enter 键进行确认，屏幕显示如图4—46所示。

步骤11：选择备份存放的分区、目录路径及输入备份文件名称。图4—46中有5个框，最上边框（Look in）选择分区；第二个（最大的）选择目录；第三个

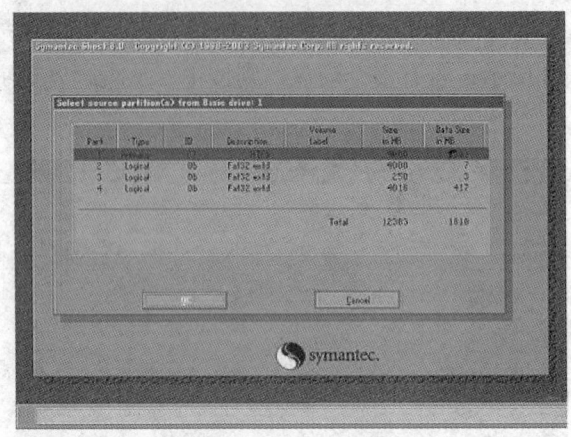

图4—45 分区选择确认

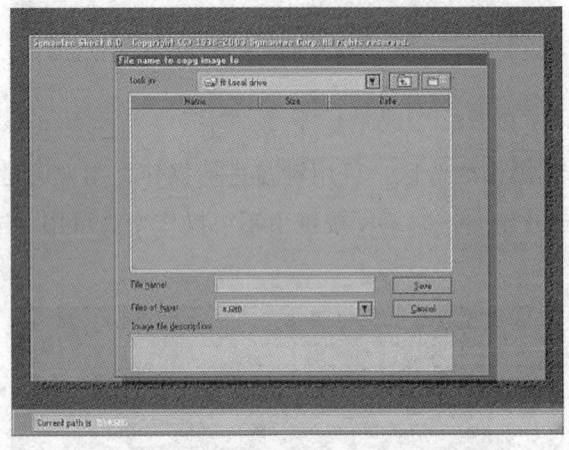

图4—46 备份文件存放选择

(File name)输入镜像文件名称,注意镜像文件的名称带有.GHO的后缀名;第四个(File of type)文件类型,默认为*.GHO。

步骤12:选择存放镜像文件的分区,按Tab键切换到最上边框(Look in),边框线条显示为白色,如图4—47所示。

步骤13:按Enter键确认选择,屏幕显示如图4—48所示。弹出了分区列表,在列表中没有显示要备份的分区。注意在列表中显示的分区盘符(C,D,E)与实际盘符可能会不相同,但盘符后跟着的1:2(即第一个磁盘的第二个分区)与实际相同,选分区时须留意。要将镜像文件存放在有足够空间的分区中,选用原系统的F盘,用向下方向键选(E:1:4 口 FAT drive)第一个磁盘的第四个分区(使其字体变白色),如图4—49所示。

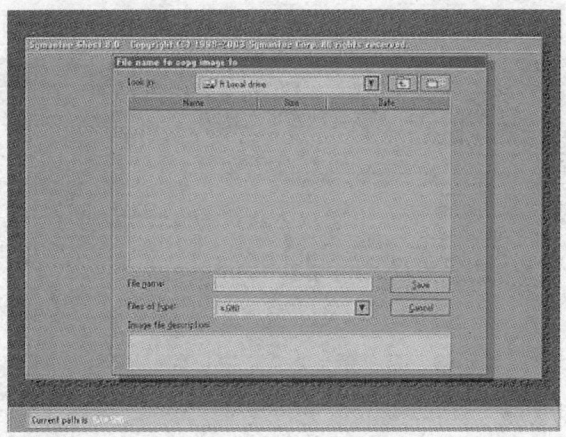

图 4—47　备份文件存放的分区

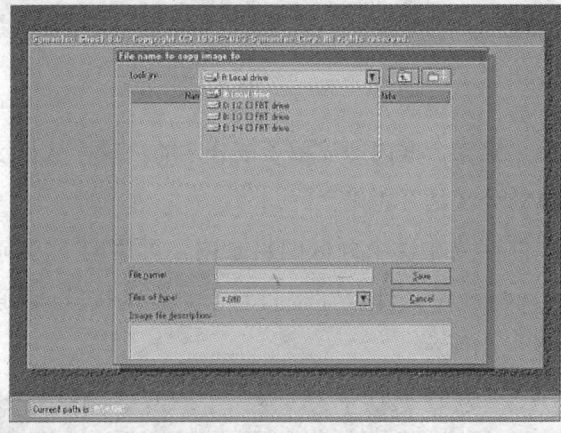

图 4—48　选择分区

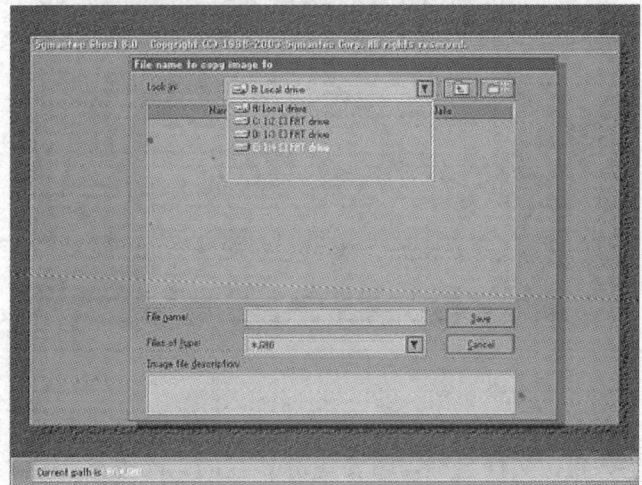

图 4—49　选中分区

步骤14：选好分区后，按 Enter 键确认选择，显示如图 4—50 所示。

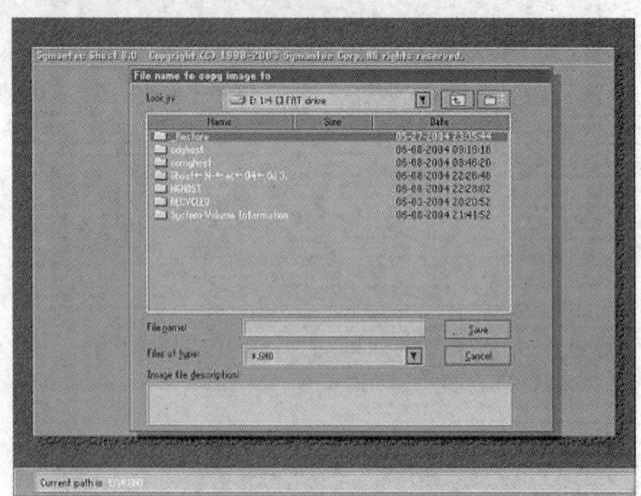

图 4—50　分区确认

确认选择分区后，第二个框内即显示了该分区的目录，从显示的目录列表中可以进一步确认所选择的分区是否正确。

如果要将镜像文件存放在这个分区的目录内，可用向下方向键选择目录后按 Enter 键确认即可。现将镜像文件放在根目录下，直接按 Tab 键切换到第三个框（File name），如图 4—51 所示。

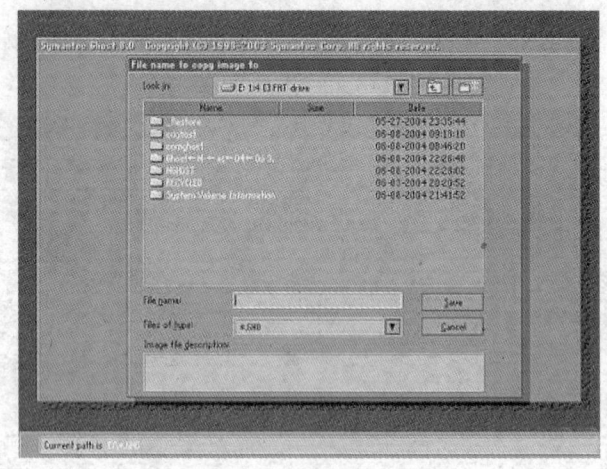

图 4—51　文件名输入框

步骤15：输入镜像文件名称，因要备份 C 盘的 XP 系统，镜像文件名称就输入 cxp.GHO，注意镜像文件的名称带有 GHO 后缀名。也可只输入文件名，程序会自动添加 GHO 后缀名，如图 4—52 所示。

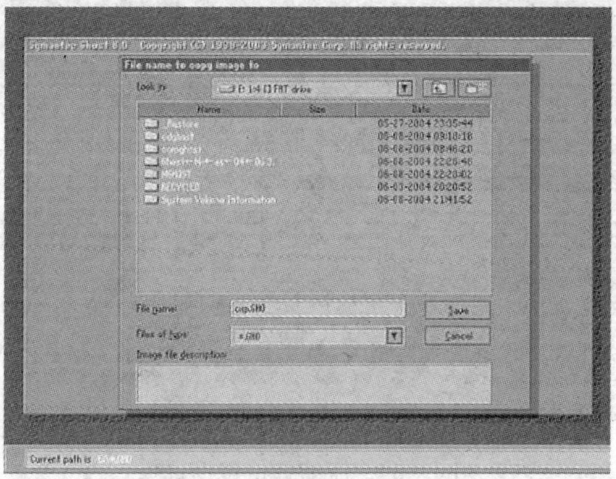

图 4—52　输入备份文件名

步骤 16：输入备份镜像文件名称后，按 Enter 键后准备开始备份，如图 4—53 所示。

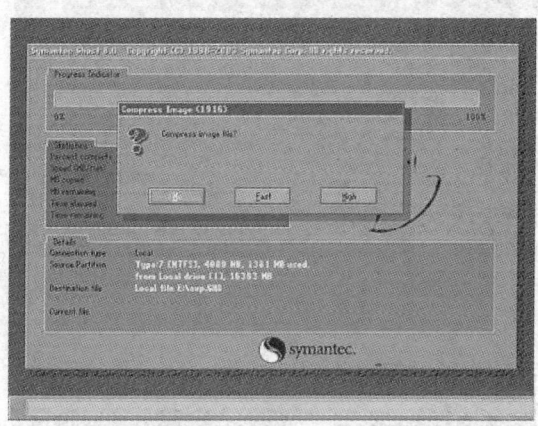

图 4—53　准备开始备份

程序询问是否压缩备份数据，并给出 3 个选择按钮，No 表示不压缩，Fast 表示压缩比例小而执行速度较快的备份，High 就是压缩比例高但执行速度慢的备份。

如果不需要经常执行备份与恢复操作，可选 High 高压缩比例，以减小镜像文件的大小。用向右方向键选择 High 按钮，如图 4—54 所示。

步骤 17：选择好压缩比后，按 Enter 键后即开始进行备份，屏幕显示如图 4—55 所示。

整个备份过程一般需要 5~10 min，时间长短与 C 盘数据多少、硬件速度等因

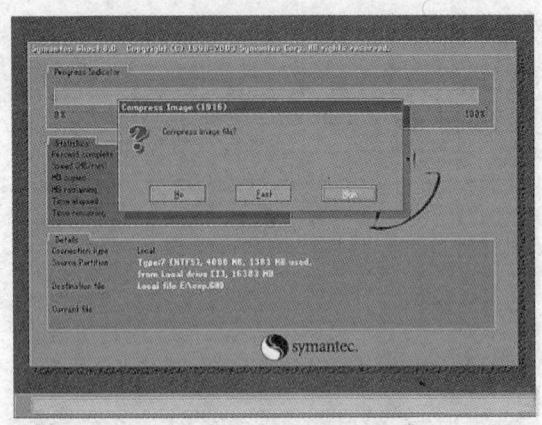

图 4—54　压缩备份数据选择

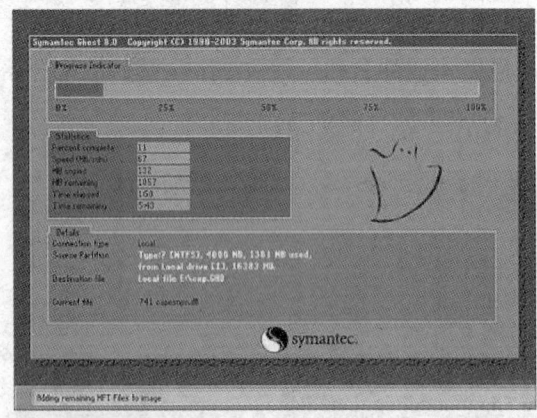

图 4—55　开始备份

素有关，备份完成后屏幕显示如图 4—56 所示。

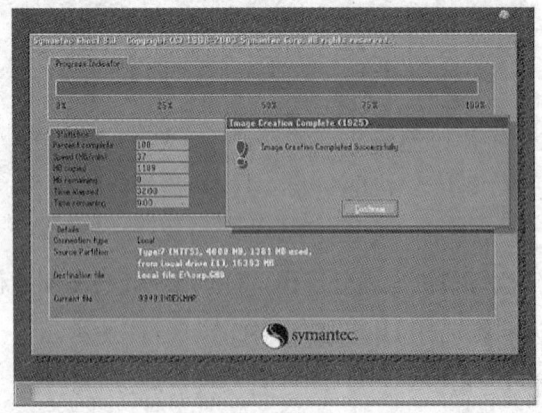

图 4—56　备份完成

步骤 18：提示操作已经完成，按 Enter 键后，退出到程序主画面，如图 4—57 所示。

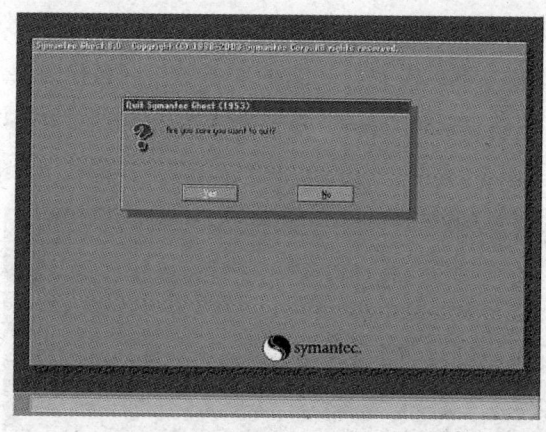

图 4—57　退出界面

步骤 19：按 Enter 键后，退出 Ghost 程序。

步骤 20：重新启动计算机进入 XP 系统，打开 F 盘后查看，如图 4—58 所示。

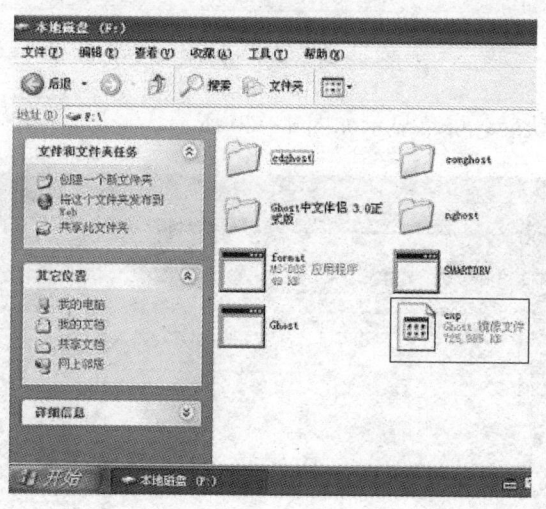

图 4—58　磁盘存储情况

从图 4—58 中可见到镜像文件 cxp.GHO 存放在 F 盘根目录下，大小为 725 985 KB，是 C 盘已用空间大小 1.38 G 的 55%。运行该备份文件即可恢复计算机系统。

最好将该文件另存储在其他硬盘或移动磁盘上，以备该硬盘损坏或文件丢失后可恢复系统。

三、用 Ghost 进行系统恢复

如果需要进行操作系统的恢复，就需要用到已备份的 C 盘影像文件 cxp.GHO，该文件存放在 F 盘根目录下。恢复到 C 盘的准备工作同备份时基本相同。首先要启动计算机进入 DOS 系统，运行 Ghost.EXE 程序进入 Ghost 主程序界面，依次选择 Local（本地）→Partition（分区）→From Image（恢复镜像），如图 4—59 所示。

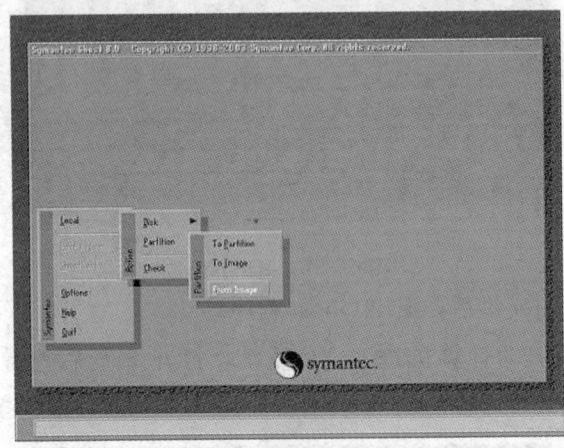

图 4—59 恢复镜像选择

按 Enter 键确认后，屏幕显示如图 4—60 所示。

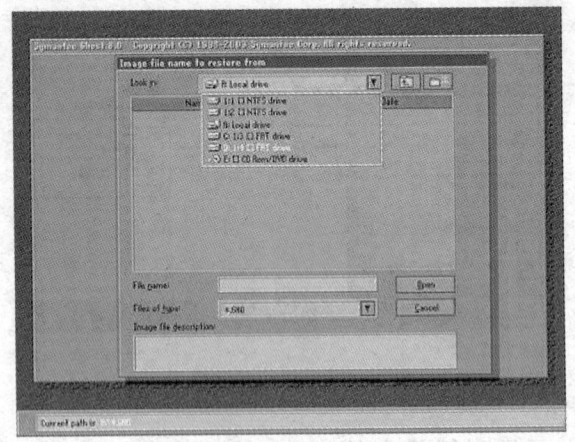

图 4—60 镜像文件所在分区

选择镜像文件所在的分区，因镜像文件 cxp.GHO 存放在 F 盘（第一个磁盘的第四个分区）的根目录，所以选"D：1：4 □ FAT drive"，按 Enter 键确认后，选择 cxp.GHO 文件再按 Enter 键，如图 4—61 所示。

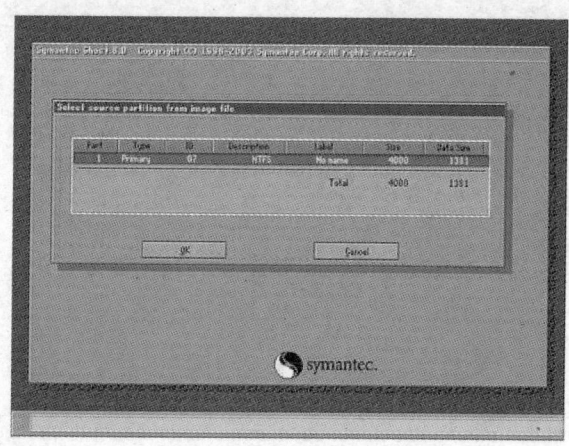

图 4—61　备份信息

此时，显示出选中的镜像文件备份时的备份信息，从第 1 个分区备份，该分区为 NTFS 格式，大小 4 000 MB，已用空间 1 381 MB。按 Enter 键，屏幕显示如图 4—62 所示。

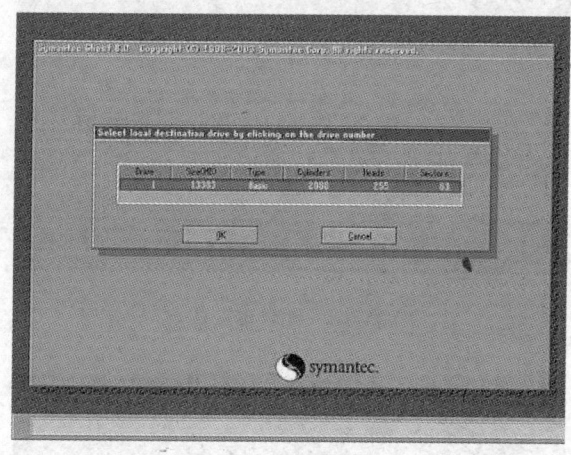

图 4—62　磁盘信息

选择将镜像文件恢复到那个硬盘，按 Enter 键，屏幕显示如图 4—63 所示。

选择要恢复到的分区，将镜像文件恢复到 C 盘（即第一个分区），按 Enter 键，屏幕显示如图 4—64 所示。

提示即将恢复，会覆盖被选中分区，破坏原有数据。选"Yes"后按 Enter 键开始恢复，屏幕显示如图 4—65 所示。

将已备份的镜像文件恢复，完成后如图 4—66 所示。

取出软磁盘或光盘后按 Enter 键，计算机将重新启动，启动后的系统就恢复到

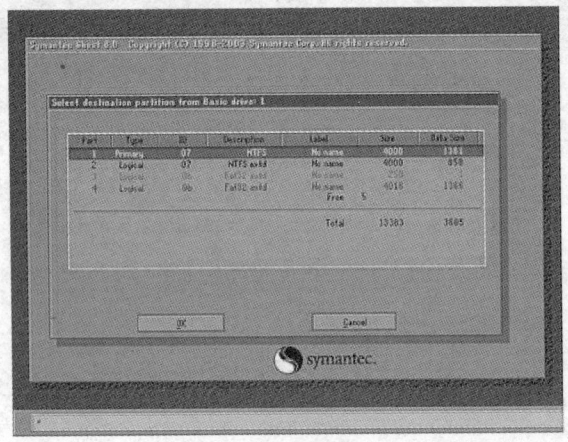

图4—63 分区信息

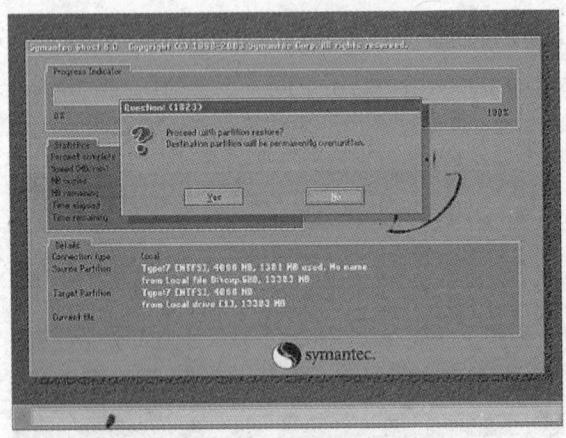

图4—64 恢复提示信息

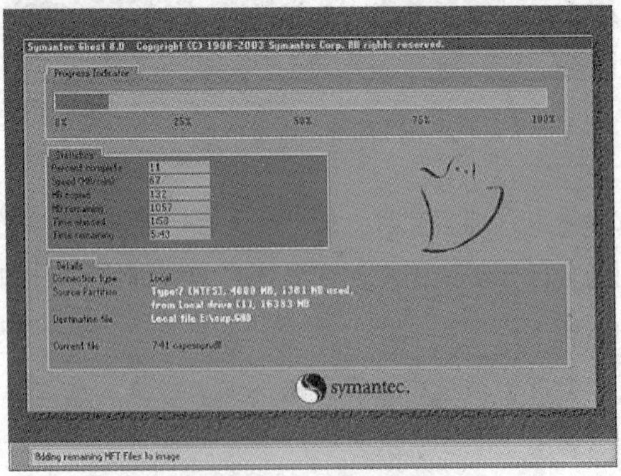

图4—65 正在恢复中

备份时的系统状态。

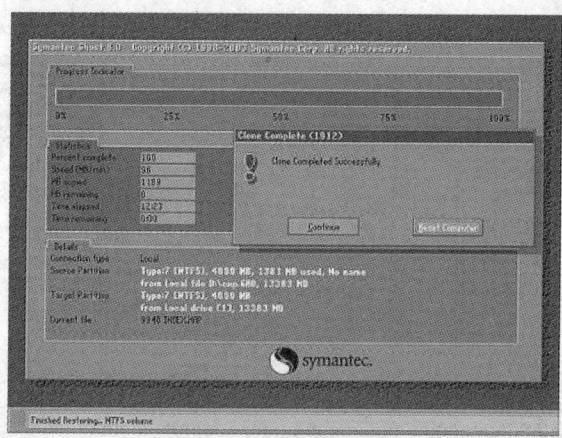

图 4—66　完成恢复

4.6　系统检测、分析、评估与改进建议

4.6.1　定期检测计算机系统并分析、评估现状

 学习目标

➢ 了解检测计算机系统的方法
➢ 能检测计算机系统并分析、评估现状

计算机系统的检测主要是检查计算机的配置情况、系统信息、使用状况等。其检测方法分为人工检查和软件检测。

一、计算机系统检测的方法

1. 人工检查

人工检查主要是了解计算机硬件配置、操作系统、应用软件的使用情况，以及计算机是否能够正常运行等。一般从计算机系统属性中可以看到计算机系统的基本情况。

操作方法是用鼠标右键单击"我的电脑"，选择"属性"，即可出现如图 4—67

所示的计算机的系统属性。选择"硬件"→"设备管理器"→"设备"→右键选择"属性",即可检查该设备的情况,如图4—68所示。

图4—67 计算机的系统属性

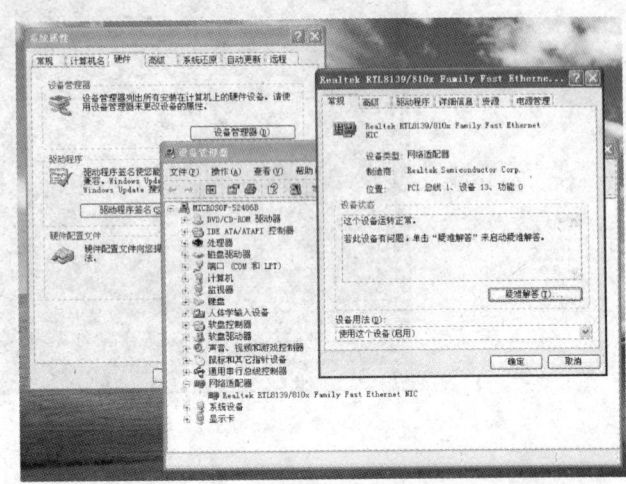

图4—68 设备使用信息

2. 软件检测

软件检测是使用专门测试计算机系统的软件进行硬件设备的检测和计算机整体性能的检查等,现以 SiSoftware Sandra 软件为例说明使用方法。

SiSoftware Sandra 是一套功能强大的系统分析评测工具,它拥有超过30种以上的测试项目,主要包括有处理器、硬盘、光驱/DVD、内存、SCSI、APM/ACPI、鼠标、键盘、网络、主板、打印机等。全面支持当前各种英特尔、威盛、矽统、扬智芯片组和奔腾4、AMD DDR 平台。如图4—69所示为该软件的主界面和系统信息。

图4—69 主界面和系统信息

通过对处理器的测试显示其结果，并和其他类型的处理器比较，可了解当前处理器的性能情况，如图 4—70 所示。

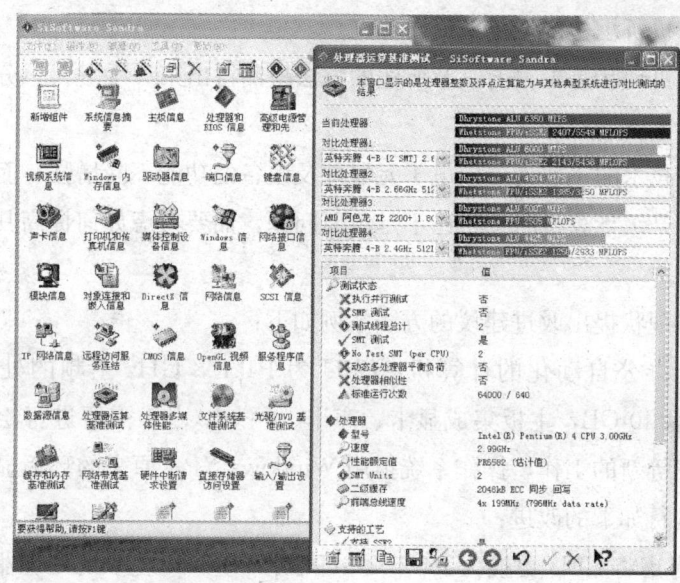

图 4—70　处理器的测试结果

二、分析评估现状

根据计算机系统的检测结果和目前该计算机所承担的任务进行分析和评估，看是否能够满足实际需求。应从以下几个方面分析：

1. 由于操作系统的升级、应用软件的更新，对系统的要求会提高。

2. 增加新的应用软件，如 AutoCAD、图形处理、视频采集处理、电影动画制作等，需要更快的 CPU 处理速度和更大的内存容量。

3. 使用环境的变化、数据容量的增加等需要更大容量的存储空间，需要增加或更换大容量的硬盘。

4. USB 设备的增加，原接口数量已不能满足要求。

5. 显卡、声卡、网卡工作异常或损坏，需要更换等。

4.6.2　提出计算机系统现状的改进建议

 学习目标

▷了解计算机系统现状

➤ 能根据计算机系统现状提出改进建议

要对计算机现状提出改进建议就必须了解计算机系统现状和当前的市场情况，并结合该计算机所承担的任务来提出建议。

了解计算机现状是根据前一节所述的方法检测得出第一手资料，分析其改进措施的可行性方案。

由于电子技术的飞速发展，电子元器件及设备的功能不断增强，而价格却不断降低。因此，升级计算机时价格已不是主要问题，而要考虑如何提高其性能以满足实际需要。

对计算机现状提出改进建议的方法举例如下：

一台用于办公自动化的计算机：CPU 为 P4 1.8 GHz 主频的处理器，内存 256 MB，硬盘 40 GB，主板集成显卡、声卡、网卡。由于需要进行绘图、图片制作、视频采集等新的工作，操作系统拟用 Windows XP，原来的环境显然不能满足要求，需要进行如下的改进：

1. 可以考虑将 CPU 更换为 P4 2.4 GHz 或 2.8 GHz 主频的处理器。
2. 将内存增加至 512 MB 或 1 GB，方法为增加一条 256 MB 内存条或直接换插 1 GB 内存条。
3. 增加一块 80 GB 的硬盘，或直接更换 120 GB 以上的硬盘。
4. 由于使用主板集成显卡，显存一般为 8 MB 或 16 MB，且占用内存，可更换为显存为 128 MB 的独立显卡。
5. 原主板上只有两个 USB 接口，可以增加 USB 接口固定于接口卡位置。

以上的改进建议应附有当前各硬件与设备的市场价格。

本章练习题

1. 显示器有哪些类别？
2. 使用显示器时有哪些注意事项？
3. 怎样设置显示器的刷新频率？
4. 15寸、17寸、19寸显示器的最佳分辨率是多少？
5. 什么是休眠？怎样设置显示器的关闭时间和休眠状态？
6. 键盘有哪些类别？
7. 使用键盘时有哪些注意事项？

8. 怎样维护和清理键盘？
9. 鼠标有哪些类别？
10. 使用鼠标时有哪些注意事项？
11. 怎样进行鼠标的维护？
12. 打印机有哪些类别？
13. 简述使用打印机时的注意事项。
14. 如何维护各种类别的打印机？
15. 简述使用扫描仪时的注意事项。
16. 如何维护扫描仪？
17. 列举常见安装软件的方法。
18. 列举常见卸载软件的方法。
19. 怎样使用控制面板中的"添加/删除程序"？
20. 怎样添加或删除组件？
21. 怎样为计算机添加和删除硬件？
22. 列举4个常见杀毒软件的名称。
23. 简述安装瑞星杀毒软件和防火墙的过程。
24. 瑞星杀毒软件的详细设置包含了哪些内容？
25. 怎样启动系统自带的磁盘碎片整理程序？
26. 加速磁盘碎片的整理有哪些技巧？
27. 怎样设置瑞星杀毒软件的扫描频率和扫描时刻？
28. 简述设置硬盘为第一启动盘的过程。
29. 简述在BIOS中超频CPU的方法。
30. 列举忘记开机密码时的解决方法。
31. 什么时候需要重装操作系统？
32. 重装操作系统前应进行哪些准备工作？
33. 简述全新重装系统的过程。
34. 简述用Ghost备份系统的基本过程。
35. 简述用Ghost恢复系统的基本过程。

第 5 章 计算机系统故障分析与处理

本章主要学习计算机系统故障的分析与处理，掌握计算机软硬件故障和操作系统故障的分析与处理方法，并能够对音频和网络设备的故障进行分析和排除，对笔记本计算机故障进行分析和排除。重点是熟练使用计算机及多种仪器设备和检测软件，对故障进行准确判断。难点是如何使用仪器、设备和计算机软件对故障进行分析和判断，计算机软故障的检测和排除。

5.1 计算机软硬件故障的检测、分析、判断

5.1.1 使用常用检测设备与工具对故障进行分类

 学习目标

➢了解计算机故障产生的原因
➢掌握常用仪器设备的使用方法
➢能使用专用检测工具对故障进行分类

一、计算机故障产生的原因

1. 正常使用故障

主要由机械的正常磨损、器件老化等原因引起。由于计算机产品更新速度非常快，此类故障已不多见。

2. 人为引起的故障

由于使用者不遵守操作规程，如硬件系统的带电插拔、拆卸板卡时动作过大与粗暴等，造成板卡及元器件的损坏。

3. 硬件故障

出现硬件故障的主要原因有制造工艺或材料质量问题，板卡、接插件间的接触不良，板卡焊点虚焊、脱焊、连接导线的断线等。这些情况在计算机最初使用时也许不会发生，但随着外界环境影响，如受潮、灰尘、发霉、振动等，故障就有可能发生。

4. 软件故障

（1）系统故障

由于 CMOS 设置不当，硬件设备安装设置不当，硬件设备不为系统所识别，则会出现设备资源冲突，造成系统不能正常运行甚至死机。

（2）应用程序故障

一般是由系统和应用软件本身的缺陷造成。

（3）病毒

病毒对计算机系统有极大的危害，常造成数据丢失、系统不能启动或正常运行。应及时更新杀毒软件并全面查杀病毒。

5. 使用环境的影响

主要包括供电电源、温度、灰尘、电磁辐射等因素的影响。不稳定的交流电压将对计算机系统造成很大危害。合格的计算机电源和性能稳定的 UPS 电源是计算机稳定运行的基础。计算机的工作环境温度过高，对电路中的元器件影响最大，不但会加速其老化损坏，还会因过热使芯片插脚焊点脱焊。另外，灰尘是计算机的隐形杀手，堆积的灰尘妨碍了散热，从而导致元器件因散热不良，导致损坏，对于潮湿天气还会造成电路短路现象。灰尘对计算机的机械部分也有极大影响，造成运转不良，不能正常工作。电磁辐射也会造成计算机系统的故障，所以计算机应该远离冰箱、空调等电气设备，并且最好不要与这些设备共用一个插座。

二、故障性质分类

一般计算机上的故障，按显示器上是否有显示为界，可以分成"关键性故障""非关键性故障"两大类。

1. 关键性故障

计算机在开机时都要进行上电自检（Power On Self Test，POST），在主板BIOS的引导下，严格检测系统的各个组件，如果计算机存在硬件故障，一般情况下会在此时反映出来。POST的过程大致为：加电→CPU→ROM BIOS→System Clock→DMA→64 KB RAM→IRQ→Display Card（显卡）等。检测显卡以前的过程称为关键性部件测试，任何关键性部件有问题，计算机都将处于挂起状态，只能按Reset键或重新开机，这一类故障就属于"关键性故障"（或"核心故障"）。产生核心故障的器件主要有主板、CPU、显卡、内存和电源等。

2. 非关键性故障

另一类故障称为"非关键性故障"。检测完显卡后，计算机将对其余的内存、输入/输出口、软硬盘驱动器、键盘、即插即用设备、CMOS设置等进行检测，并在屏幕上显示各种信息和出错报告。在这期间检测到的故障，就是"非关键性故障"。此时如果有不正常的设备，就会在相应的检测部位停下来并报告错误信息，提示用户选择是继续进行还是重新启动计算机；如果一切正常，计算机将设备清单在屏幕上显示出来，并按CMOS中设定的系统启动驱动器，装载引导程序（Boot）启动系统。根据POST显示的出错信息，可以方便地找到有问题的设备，对于关键性故障，由于此时屏幕还没有信号，面对无显示的屏幕，只能凭借PC扬声器发出的不同声音来判断问题位置的所在，由于PC扬声器发出的错误提示种类繁多，记忆起来非常困难，再加上PC扬声器发出的故障提示有时并不是十分准确，并不能够将故障位置精确地定位，要花费很多时间来检查故障位置，这时就需要借助诊断卡来判断了。

三、故障的常见检测方法

检测计算机故障必须准备相应的工具、仪器仪表、常用软件等。如用于拆卸硬件、设置跳线带磁性的十字旋具和镊子；清洗软驱磁头和光驱的清洗盘、酒精、毛刷和橡皮擦等；用来测量电压的万用表；常用的启动盘、测试软件、工具软件等。

1. 检测计算机故障的一般原则

（1）先软后硬

计算机出了故障，先从操作系统和软件上来分析故障原因，例如，分区表丢失、CMOS 设置不当、病毒破坏了主引导扇区、注册表文件出错等。在排除了软件方面的故障后，再检查硬件。一定不要一开始就盲目地拆卸硬件，以免走弯路。

(2) 先外后内

先外设、再主机，根据系统出错信息进行检测。先检查打印机、键盘、鼠标、扫描仪等外设，查看电源的连接、各种连线是否连接得当，在排除了这些方面的故障后，再检查主机。

(3) 先电源后部件

电源是计算机是否正常工作的关键，首先要检查电源部分，如是否有电压通到主机，工作电压是否正常、稳定，主机电源的功率是否能负载各部件的正常运行等，然后再检查各个部件。

(4) 先一般后特殊

在遇到故障时，应最先考虑最可能引起故障的原因，如硬盘不能正常工作了，应先检查一下其电源线、数据线是否松动，把它们重新插接，有时问题就能解决。

(5) 先简单后复杂

在排除故障时，先排除简单而易修的故障，再去排除不好解决的故障，有时在排除了简单易修的故障后，难解决的故障也就变得很好解决了。

2. 计算机故障的检修方法

(1) 直接观察法

也就是直接观察，看看是否有烧焦、变形、脱落等现象；是否存在短路、接触不良等现象；元器件是否有生锈和损坏的明显痕迹，各种风扇运转是否正常等，看看电源线是否插上，听听是否有异常声响，还可从开机的出错报警声音分析故障的范围；闻一下是否有异常味道，看看是出自主机还是显示器，以便缩小故障的查找范围。

(2) 拔插法

检查电源线、各板卡间是否有松动或接触不良的现象，可以把怀疑松动的板卡拆下，用橡皮擦将"金手指"擦干净再重新插好，以保证接触良好。还可以利用手指轻轻敲击可能产生故障的部件。

(3) 替换法

可尝试使用相同功能的板卡替换有故障的部件。如声卡不发声，可找一块能正常使用的声卡来判断是主板的扩展槽问题还是声卡自身的问题等。

(4) 升温、降温法

利用手指的灵敏感觉触摸有关发热部件，检查是否有过热现象，可人为利用电吹风对可能出现故障的部件进行升温试验，促使故障提前出现，从而找出故障的原因；或利用酒精对可疑部件进行人为降温试验，如故障消失了，则证明此部件热稳定性差，应予以更换。此方法适用于计算机运行时而正常、时而不正常的故障的检修。

（5）最小系统法

除了采取以上办法外，对于一台能够显示但却无法开机的计算机，可以采取最小系统法进行诊断。也就是只安装主板、CPU、内存、显卡，然后再试试看，如果没有问题时，再把硬盘接上去重新开机。如果这时候计算机能正常开机，就可以确定问题不在主板、显卡或是硬盘。再将其他的板卡逐一装上去，当计算机又无法开机时，就可判断导致计算机不能正常工作的部件了。

3. 主板诊断卡的使用方法

将卡按正确的方向插到主板的插槽，打开计算机后，卡上的数码管就开始显示POST 代码。显示的数字随启动的进程不断变化，如果能够正常进入操作系统，则卡上的数码管最后显示为"FF"，表示开机自检正常；如果在启动时出现了问题，则数码管就会显示故障发生时的 POST 代码。

根据 POST 代码经查表可以判断主板故障部位。POST 代码表见附录，相同的代码对于不同的主板 BIOS 含义不同，需认清所检查的主板型号才能准确判断故障。

四、常用仪器设备常识

在计算机维修中需要用到许多的仪器仪表、故障检测台和检测卡、故障寻迹器等设备。对于一般的计算机维修和检测必须要掌握万用表、示波器和主板诊断卡的使用。

1. 万用表

万用表也叫多用表或繁用表，具有用途多、量程广、使用方便等优点，是电子测量中最常用的工具。它可以用来测量电阻，交、直流电压和电流。有的万用表还可以测量晶体管的主要参数及电容器的电容量等。掌握万用表的使用方法是电子技术应用及计算机维修的一项基本技能。

常见的万用表有指针式和数字式两种。指针式万用表是以表头为核心部件的多功能测量仪表，测量值由表头指针指示读取。数字式万用表的测量值由液晶显示屏直接以数字的形式显示，读取方便，有些还带有语音提示功能。与模拟式万用表相比，数字万用表具有灵敏度高、准确度高、显示清晰、过载能力强、便于携带、使用更简单等特点。

2. 示波器

示波器的种类、型号很多，其功能也有所不同，主要分为模拟示波器和数字示波器，如图5—1所示。在维修中使用较多的是 40 MHz 或者 100 MHz 的示波器。示波器用法大同小异。这里不针对某一型号的示波器，只是从概念上介绍示波器的常用功能。

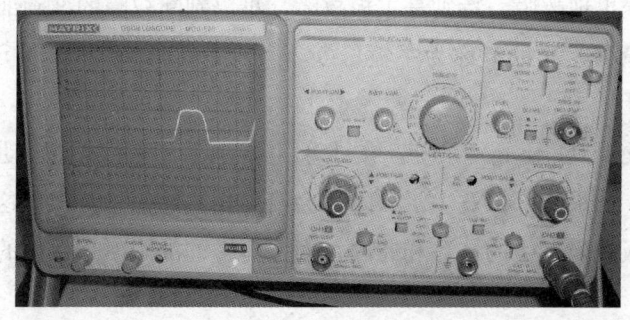

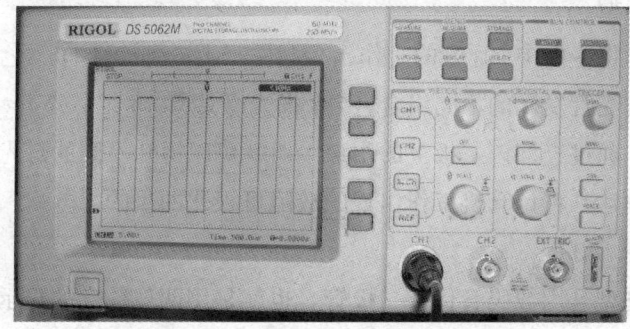

图5—1 模拟示波器和数字示波器

（1）荧光屏

荧光屏是示波管的显示部分。屏幕上水平方向和垂直方向各有多条刻度线，指示出信号波形的电压和时间之间的关系。水平方向指示时间，垂直方向指示电压。水平方向分为10格，垂直方向分为8格，每格又分为5份。垂直方向标有0％、10％、90％、100％等标志，水平方向标有10％、90％标志，供测直流电平、交流信号幅度、延迟时间等参数使用。根据被测信号在屏幕上占的格数乘以适当的比例常数（V/DIV，TIME/DIV）能得出电压值与时间值。

（2）示波管和电源系统

1）电源（Power）。示波器主电源开关。当此开关按下时，电源指示灯亮，表示电源接通。

2) 辉度（Intensity）。旋转此旋钮能改变光点和扫描线的亮度。观察低频信号时可小些，高频信号时大些。一般不应太亮，以保护荧光屏。

3) 聚焦（Focus）。聚焦旋钮调节电子束截面大小，将扫描线聚焦成最清晰状态。

4) 标尺亮度（Illuminance）。此旋钮调节荧光屏后面的照明灯亮度。正常室内光线下，照明灯暗一些好。室内光线不足的环境中，可适当调亮照明灯。

3. 诊断卡

计算机系统出现故障，特别是主板故障，难以判断故障的准确部位，可以使用一种专用卡来检测，这种卡称为主板诊断卡（又称 Debug 卡、POST 卡，简称诊断卡）。

使用硬件侦错（Debug）系统，在计算机开机时，该系统会自动检测主板上各种设备的状态，如果有部件发生了故障，会给出相关的信息，根据这些信息，可以快速判断出主板故障发生的位置和原因，而且非常的准确。主板上的硬件侦错技术有三类。

（1）指示灯型

指示灯型是将主板中 BIOS 的工作指令与主板上的 4 个不同颜色的发光二极管相联结，通过发光管发光的不同组合（4 个发光管共有 16 组状态），将主板的工作情况表达出来，通过查询该主板上的用户手册就可以得知不同的灯光形式所代表的故障含义，从而达到将计算机工作出现的故障可视化的目的。

（2）数码指示灯型

数码指示灯型是用数码管代替二极管，也就是用两位数字的显示来代替四位的发光二极管，完成同样的故障显示功能。与指示灯型相比，这个显示技术就显得更成熟一些了。它可以显示出 0~99 之间的任意数字状态，比发光二极管的 16 种状态要多，两位数字的代码显示对于快速查寻故障手册也很方便。

（3）语音提示型

语音提示型是把语音提示与主板的报错代码联系起来，具有一定的判断能力，智能化水平较上面两种均有大幅地提高。在正常工作的情况下，语音系统并不发音，一旦主板工作出现问题，该功能将会自动启用，用清晰的语音发出提示，方便检查和维修。

主板诊断卡的种类比较多，按接口形式分为 ISA 卡和 PCI 卡及双面接口卡。

1) ISA 卡主要是兼容性极强，能更早、更全面地反映系统状态，但 ISA 卡接口无法校验 PCI 卡相关信息和 3.3 V 电压，而且现在的主板已取消了 ISA 插槽。

2) PCI 卡较为常见，使用方便。PCI 卡本身需要初始化，无法得到主板启动后至初始化之前的系统信息，而且其地址线和数据线是共用的，是通过 10 个脉冲时间来区分当前信号是地址还是数据，这样就有可能会产生错误的报警甚至乱码。

3) 双面接口卡，可以方便地用于 ISA 卡和 PCI 卡插槽，灵活全面地检测出主板的工作状态，由两位数码管、8 个 LED 显示。数码管可以把 POST 代码显示出来，在计算机的操作系统引导工作完成前，数码管显示的代码总处于变化状态，一旦停住，便可通过查阅代码，判断哪里出了问题。LED 指示灯显示+5 V、−5 V、+12 V、−12 V 四组电源的供电情况，主板分频信号显示、BIOS 读显示、主振信号显示、复位信号显示等。

五、数字万用表的使用方法

1. 使用前的准备

(1) 使用前，应认真阅读有关的使用说明书，熟悉电源开关、量程开关、插孔、特殊插口的作用。

(2) 将电源开关置于 ON 位置。

(3) 交直流电压的测量。根据需要将量程开关拨至 DCV（直流）或 ACV（交流）的合适量程，红表笔插入 V/Ω 孔，黑表笔插入 COM 孔，并将表笔与被测线路并联，即显示读数。

(4) 交直流电流的测量。将量程开关拨至 DCA（直流）或 ACA（交流）的合适量程，红表笔插入 mA 孔（<200 mA 时）或 10 A 孔（>200 mA 时），黑表笔插入 COM 孔，并将万用表串联在被测电路中即可。测量直流量时，数字万用表能自动显示极性。

(5) 电阻的测量。将量程开关拨至 Ω 挡的合适量程，红表笔插入 V/Ω 孔，黑表笔插入 COM 孔。如果被测电阻值超出所选择量程的最大值，万用表将显示"1"，这时应选择更高的量程。测量电阻时，红表笔为正极，黑表笔为负极，这与指针式万用表正好相反。因此，测量晶体管、电解电容去污器等有极性的元器件时，必须注意表笔的极性。

2. 使用注意事项

(1) 如果无法预先估计被测电压或电流的大小，则应先拨至最高量程挡测量一次，再视情况逐渐把量程减小到合适位置。测量完毕，应将量程开关拨到最高电压挡，并关闭电源。

(2) 满量程时，仪表仅在最高位显示数字"1"，其他位均消失，这时应选择更高的量程。

(3) 测量电压时,应将数字万用表与被测电路并联。测电流时应与被测电路串联,测直流量时不必考虑正、负极性。

(4) 当误用交流电压挡去测量直流电压,或误用直流电压挡去测量交流电压时,显示屏将显示"000",或低位上的数字出现跳动。

(5) 禁止在测量高电压(220 V 以上)或大电流(0.5 A 以上)时换量程,以防止产生电弧,烧毁开关触点。

(6) 当显示"BATT"或"LOW BAT"时,表示电池电压低于工作电压。

3. 常用检测法

(1) 不在路检测

这种方法是在集成电路(Integrated Circuit,IC)未焊入电路时进行的,一般情况下可用万用表测量各引脚对应于接地引脚之间的正、反向电阻值,并和完好的 IC 进行比较。

(2) 在路检测

这是一种通过万用表检测 IC 各引脚在路(IC 在电路中)直流电阻、对地交直流电压以及总工作电流的检测方法。这种方法克服了代换试验法需要有可代换 IC 的局限性和拆卸 IC 的麻烦,是检测 IC 最常用和实用的方法。

(3) 在路直流电阻检测法

这种方法是用万用表欧姆挡,直接在线路板上测量 IC 各引脚和外围元件的正反向直流电阻值,并与正常数据相比较,以便发现和确定故障。测量时要注意以下 3 点:

1) 测量前要先断开电源,以免测试时损坏万用表和元件。

2) 万用表电阻挡的内部电压不得大于 6 V,量程最好用 $R \times 100$ 或 $R \times 1 k$ 挡。

3) 测量 IC 引脚参数时,要注意测量条件,如被测机型、与 IC 相关的电位器的滑动臂位置等,还要考虑外围电路元件的好坏。

(4) 直流工作电压测量法

这种方法是在通电情况下,用万用表直流电压挡对直流供电电压、外围元件的工作电压进行测量;检测 IC 各引脚对地直流电压值,并与正常值相比较,进而压缩故障范围,找出损坏的元件。测量时要注意以下几点:

1) 万用表要有足够大的内阻,至少要大于被测电路电阻的 10 倍以上,以免造成较大的测量误差。

2) 表笔或探头要采取防滑措施,因任何瞬间短路都容易损坏 IC。可采取如下方法防止表笔滑动，取一段自行车用气门芯套在表笔尖上，并长出表笔尖约 0.5 mm 左右，这既能使表笔尖良好地与被测试点接触，又能有效防止打滑，即使碰上邻近的电路点也不会短路。

3) 当测得某一引脚电压与正常值不符时，应根据该引脚电压对 IC 正常工作有无重要影响以及其他引脚电压的相应变化进行分析，才能判断 IC 的好坏。

4) IC 引脚电压会受外围元器件影响。当外围元器件发生漏电、短路、开路或变值时，或外围电路连接的是一个阻值可变的电位器，则电位器滑动臂所处的位置不同时，都会使引脚电压发生变化。

5) 若 IC 各引脚电压正常，则一般认为 IC 工作正常；若 IC 部分引脚电压异常，则应从偏离正常值最大处入手，检查外围元件有无故障，若无故障，则 IC 很可能已损坏。

6) 对于动态接收装置，如电视机，在有无信号时，IC 各引脚电压是不同的。如发现引脚电压不该变化的反而变化大，该随信号大小和可调元件不同位置而变化的反而不变化，就可确定 IC 损坏。

7) 对于多种工作方式的装置，在不同工作方式下，IC 各引脚电压也是不同的。

(5) 交流工作电压测量法

为了掌握 IC 交流信号的变化情况，可以用带有 dB 插孔的万用表对 IC 的交流工作电压进行近似测量。检测时万用表置于交流电压挡，正表笔插入 dB 插孔；对于无 dB 插孔的万用表，需要在正表笔串接一只 $0.1\sim0.5\ \mu F$ 的隔直电容。该法适用于工作频率比较低的 IC，由于这些电路的固有频率不同，波形不同，所以所测的数据是近似值，只能供参考。

(6) 总电流测量法

该法是通过检测 IC 电源进线的总电流，来判断 IC 好坏的一种方法。由于 IC 内部绝大多数为直接耦合，IC 损坏时（如某一个 PN 结击穿或开路）会引起后级饱和与截止，使总电流发生变化。所以通过测量总电流的方法可以判断 IC 的好坏。也可用测量电源通路中电阻的电压降，用欧姆定律计算出总电流值。

六、示波器的使用

1. 垂直偏转因数和水平偏转因数

(1) 垂直偏转因数选择（VOLTS/DIV）和微调

在单位输入信号作用下，光点在屏幕上偏移的距离称为偏移灵敏度，这一定义对 X 轴和 Y 轴都适用。灵敏度的倒数称为偏转因数。垂直灵敏度的单位是为 cm/V、cm/mV 或者 DIV/mV、DIV/V，垂直偏转因数的单位是 V/cm、mV/cm 或者 V/DIV、mV/DIV。实际上因习惯用法和测量电压读数的方便，有时也把偏转因数当灵敏度。

双踪示波器中每个通道各有一个垂直偏转因数选择波段开关。一般按 1、2、5 方式从 5 mV/DIV 到 5 V/DIV 分为 10 挡。波段开关指示的值代表荧光屏上垂直方向一格的电压值。例如，波段开关置于 1 V/DIV 挡时，如果屏幕上信号光点移动一格，则代表输入信号电压变化 1 V。

每个波段开关上往往还有一个小旋钮，微调每挡垂直偏转因数。将它沿顺时针方向旋到底，处于"校准"位置，此时垂直偏转因数值与波段开关所指示的值一致。逆时针旋转此旋钮，能够微调垂直偏转因数。垂直偏转因数微调后，会造成与波段开关的指示值不一致，这点应引起注意。许多示波器具有垂直扩展功能，当微调旋钮被拉出时，垂直灵敏度扩大若干倍（偏转因数缩小若干倍）。例如，如果波段开关指示的偏转因数是 1 V/DIV，采用×5 扩展状态时，垂直偏转因数是 0.2 V/DIV。

在屏幕上被测信号的垂直移动距离与+5 V 信号的垂直移动距离之比常被用于判断被测信号的电压值。

(2) 时基选择（TIME/DIV）和微调

时基选择和微调的使用方法与垂直偏转因数选择和微调类似。时基选择也通过一个波段开关实现，按 1、2、5 方式把时基分为若干挡。波段开关的指示值代表光点在水平方向移动一个格的时间值。例如，在 1 μs/DIV 挡，光点在屏上移动一格代表时间值 1 μs。

"微调"旋钮用于时基校准和微调。沿顺时针方向旋到底处于校准位置时，屏幕上显示的时基值与波段开关所示的标称值一致。逆时针旋转旋钮，则对时基微调。旋钮拔出后处于扫描扩展状态，通常为×10 扩展，即水平灵敏度扩大 10 倍，时基缩小到 1/10。例如，在 2 μs/DIV 挡，扫描扩展状态下荧光屏上水平一格代表的时间值等于 2 μs× (1/10) = 0.2 μs。

示波器的标准信号源 CAL，专门用于校准示波器的时基和垂直偏转因数。一般是提供一个 V_{P-P}=2 V，f=1 kHz 的方波信号。

位移（Position）旋钮调节信号波形在荧光屏上的位置。旋转水平位移旋钮（标有水平双向箭头）左右移动信号波形，旋转垂直位移旋钮（标有垂直双向箭头）上下移动信号波形。

2. 输入通道和输入耦合选择

（1）输入通道选择

输入通道至少有 3 种选择方式，通道 1（CH1）、通道 2（CH2）、双通道（DUAL）。选择通道 1 时，示波器仅显示通道 1 的信号；选择通道 2 时，示波器仅显示通道 2 的信号；选择双通道时，示波器同时显示通道 1 信号和通道 2 信号。测试信号时，首先要将示波器的地与被测电路的地连接在一起。根据输入通道的选择，将示波器探头插到相应通道插座上，示波器探头上的地与被测电路的地连接在一起，示波器探头接触被测点。示波器探头上有一双位开关。此开关拨到"×1"位置时，被测信号无衰减地被送到示波器，从荧光屏上读出的电压值是信号的实际电压值。此开关拨到"×10"位置时，被测信号衰减为 1/10，然后送往示波器，从荧光屏上读出的电压值乘以 10 才是信号的实际电压值。

（2）输入耦合方式

输入耦合方式有三种选择：交流（AC）、地（GND）、直流（DC）。当选择"地"时，扫描线显示出"示波器地"在荧光屏上的位置。直流耦合用于测定信号直流绝对值和观测极低频信号。交流耦合用于观测交流和含有直流成分的交流信号。在数字电路实验中，一般选择"直流"方式，以便观测信号的绝对电压值。

（3）触发方式

被测信号从 Y 轴输入后，一部分送到示波管的 Y 轴偏转板上，驱动光点在荧光屏上按比例沿垂直方向移动；另一部分分流到 X 轴偏转系统产生触发脉冲，触发扫描发生器，产生重复的锯齿波电压加到示波管的 X 偏转板上，使光点沿水平方向移动，两者合一，光点在荧光屏上描绘出的图形就是被测信号图形。由此可知，正确的触发方式直接影响到示波器的有效操作。为了在荧光屏上得到稳定的、清晰的信号波形，掌握基本的触发功能及其操作方法是十分重要的。

（4）触发源（Source）选择

要使屏幕上显示稳定的波形，则需将被测信号本身或者与被测信号有一定时间关系的触发信号加到触发电路。触发源选择确定触发信号由何处供给。通常有内触发（INT）、电源触发（LINE）和外触发（EXT）3 种触发源。

1）内触发使用被测信号作为触发信号，是经常使用的一种触发方式。由于触发信号本身是被测信号的一部分，在屏幕上可以显示出非常稳定的波形。双踪示波器中通道 1 或者通道 2 都可以选作触发信号。

2）电源触发使用交流电源频率信号作为触发信号。这种方法在测量与交流电源频率有关的信号时是有效的。特别在测量音频电路、闸流管的低电平交流噪音时更为有效。

3) 外触发使用外加信号作为触发信号，外加信号从外触发输入端输入。外触发信号与被测信号间应具有周期性的关系。由于被测信号没有用作触发信号，所以何时开始扫描与被测信号无关。

正确选择触发信号对波形显示的稳定、清晰有很大关系。例如，在数字电路的测量中，对一个简单的周期信号而言，选择内触发可能好一些，而对于一个具有复杂周期的信号，且存在一个与它有周期关系的信号时，选用外触发可能更好。

(5) 触发耦合（Coupling）方式选择

触发信号到触发电路的耦合方式有多种，目的是为了触发信号的稳定、可靠。这里介绍常用的几种。

1) AC耦合又称电容耦合。它只允许用触发信号的交流分量触发，触发信号的直流分量被隔断。通常在不考虑DC分量时使用这种耦合方式，以形成稳定触发。但是如果触发信号的频率小于10 Hz，就会造成触发困难。

2) 直流耦合（DC）不隔断触发信号的直流分量。当触发信号的频率较低或者触发信号的占空比很大时，使用直流耦合较好。

3) 低频抑制（LFR）触发时触发信号经过高通滤波器加到触发电路，触发信号的低频成分被抑制；高频抑制（HFR）触发时，触发信号通过低通滤波器加到触发电路，触发信号的高频成分被抑制。此外，还有用于电视维修的电视同步（TV）触发。这些触发耦合方式各有自己的适用范围，需在使用中去体会。

(6) 触发电平（Level）和触发极性（Slope）

触发电平调节又叫同步调节，它使得扫描与被测信号同步。电平调节旋钮调节触发信号的触发电平。一旦触发信号超过由旋钮设定的触发电平时，扫描即被触发。顺时针旋转旋钮，触发电平上升；逆时针旋转旋钮，触发电平下降。当电平旋钮调到电平锁定位置时，触发电平自动保持在触发信号的幅度之内，不需要电平调节就能产生一个稳定的触发。当信号波形复杂，用电平旋钮不能稳定触发时，用释抑（Hold Off）旋钮调节波形的释抑时间（扫描暂停时间），能使扫描与波形稳定同步。

极性开关用来选择触发信号的极性。拨在"+"位置上时，在信号增加的方向上，当触发信号超过触发电平时就产生触发；拨在"-"位置上时，在信号减少的方向上，当触发信号超过触发电平时就产生触发。触发极性和触发电平共同决定触发信号的触发点。

(7) 扫描方式（SweepMode）

扫描有自动（Auto）、常态（Norm）和单次（Single）3种扫描方式。

1）自动扫描方式。当无触发信号输入，或者触发信号频率低于50 Hz时，扫描为自动方式。

2）常态扫描方式。当无触发信号输入时，扫描处于准备状态，没有扫描线。触发信号到来后，触发扫描。

3）单次扫描方式。单次按钮类似复位开关。在单次扫描方式下，按单次按钮时，扫描电路复位，此时准备（Ready）灯亮。触发信号到来后产生一次扫描。单次扫描结束后，准备灯灭。单次扫描用于观测非周期信号或者单次瞬变信号，往往需要对波形拍照。

3. 使用时应注意的问题

数字示波器因具有波形触发、存储、显示、测量、波形数据分析处理等独特优点，其使用日益普及。由于数字示波器与模拟示波器之间存在较大的性能差异，如果使用不当，会产生较大的测量误差，从而影响测试和造成对故障的错误判断。

（1）区分模拟带宽和数字实时带宽

带宽是示波器最重要的指标之一。模拟示波器的带宽是一个固定的值，而数字示波器的带宽有模拟带宽和数字实时带宽两种。数字示波器对重复信号采用顺序采样或随机采样技术所能达到的最高带宽为示波器的数字实时带宽，数字实时带宽与最高数字化频率和波形重建技术因子 K 相关（数字实时带宽＝最高数字化速率／K），一般并不作为一项指标直接给出。从两种带宽的定义可以看出，模拟带宽只适合重复周期信号的测量，而数字实时带宽则同时适合重复信号和单次信号的测量。厂家声称示波器的带宽能达到多少兆，实际上指的是模拟带宽，数字实时带宽是要低于这个值的。例如，说 TEK 公司的 TES520B 示波器的带宽为 500 MHz，实际上是指其模拟带宽为 500 MHz，而最高数字实时带宽只能达到 400 MHz，远低于模拟带宽。所以，在测量单次信号时，一定要参考数字示波器的数字实时带宽，否则会给测量带来意想不到的误差。

（2）采样速率

采样速率也称为数字化速率，是指单位时间内，对模拟输入信号的采样次数，常以 MS/s 表示。采样速率是数字示波器的一项重要指标。

如果采样速率不够，容易出现混迭现象。如果示波器的输入信号为一个 100 kHz 的正弦信号，示波器显示的信号频率却是 50 kHz，这是因为示波器的采样速率太慢，产生了混迭现象。混迭就是屏幕上显示的波形频率低于信号的实际频率，或者即使示波器上的触发指示灯已经亮了，而显示的波形仍不稳定。判断所显示的波形是否已经产生混迭，可以通过慢慢改变扫描速度（t/div，以下简称"扫速"）到较快的时基挡，看波形的频率参数是否急剧改变。如果是，说明波形混迭已经发生，或者晃动的波形在某个较快的时基挡稳定下来，也说明波形混迭已经发生。根据奈奎斯特定理，采样速率至少高于信号高频成分的 2 倍才不会发生混迭，如一个 500 MHz 的信号，至少需要 1 GS/s 的采样速率。有如下几种方法可以简单地防止混迭发生。

1）调整扫速。
2）采用自动设置（Autoset）。
3）试着将收集方式切换到包络方式或峰值检测方式，因为包络方式是在多个收集记录中寻找极值，而峰值检测方式则是在单个收集记录中寻找最大、最小值，这两种方法都能检测到较快的信号变化。
4）如果示波器有 Insta Vu 采集方式，可以选用，因为这种方式采集波形速度快，用这种方法显示的波形类似于用模拟示波器显示的波形。

（3）数字示波器的上升时间

在模拟示波器中，上升时间是示波器的一项极其重要的指标。而在数字示波器中，上升时间甚至都不作为指标明确给出。由于数字示波器测量方法的原因，以致自动测量出的上升时间不仅与采样点的位置相关，还与扫速有关。虽然波形的上升时间是一个定值，而用数字示波器测量出来的结果却因为扫速不同而相差甚远。模拟示波器的上升时间与扫速无关，而数字示波器的上升时间不仅与扫速有关，还与采样点的位置有关，使用数字示波器时，不能像用模拟示波器那样，根据测出的时间来反推出信号的上升时间。

5.1.2 判断计算机软件故障

 **学习目标**

➢ 了解计算机软件故障产生的原因
➢ 掌握计算机软件故障的种类
➢ 能判断计算机软件故障

一、计算机软件故障产生的原因和种类

计算机软件故障产生的原因主要是系统故障、应用程序故障和病毒引起的异常

现象。有时也因用户对系统或应用软件配置不正确而引发的错误。

1. 出现功能性错误

由于安装某些软件或增加设备及驱动程序覆盖了系统的文件，使得系统功能出现异常以至丧失部分功能。

非正常卸载系统组件和关闭系统进程导致工作不正常。

非法进入系统注册表进行修改。

2. 应用软件的错误

安装了功能不全的应用软件和其他专用软件引起错误，即使卸载后故障也不能排除。这些软件改变了系统的某些设置，需要重新设置系统方可恢复，必要时应重新安装系统。

3. 病毒引发的错误

系统未安装或未升级杀毒软件引起故障，有些病毒在安装了杀毒软件后可清除，如果是病毒已破坏了系统的某些文件则使用杀毒软件也不可恢复。

二、计算机软件故障的判断

计算机出现了故障，应冷静分析、全面观察并做好记录。分析出现故障的起因，比如是由于做了哪些操作后产生的异常情况，还是在正常工作状态时产生的，分清是否是由硬件产生的故障。

1. 系统工作中出现出错信息

可根据出错信息判断故障部位，是系统故障还是应用软件故障，若是应用软件故障可先卸载后再重新安装。

2. 工作出现死机现象并无出错信息

应重新启动后多次试验做出判断。确定是偶发死机还是频繁死机，偶发死机现象在重启后可恢复，频繁死机可能需重新安装系统。

3. 病毒引发的故障

多数故障是因为病毒引起，特别是在安装了应用软件、游戏，或浏览某些网站后产生的，应及时查杀病毒。

4. 计算机意外断电产生故障

意外断电可使计算机工作失常，特别是硬盘读写时断电使写入信息丢失，即使重新启动后也不可恢复。对系统文件启动时会检测并自动恢复，应用软件的数据应重新处理恢复，做好数据备份是一件重要的工作。

5. CMOS 设置不当

CMOS 设置不当可引起某些设备不可使用或工作不正常，如禁用 USB 口则不能识别 USB 设备，板载网卡和 PCI 网卡冲突等。

5.1.3 判断计算机硬件故障

 学习目标

➤了解计算机硬件故障产生的原因
➤掌握计算机硬件故障的种类
➤能判断计算机硬件故障

一、计算机硬件故障产生的原因和种类

计算机硬件故障的产生主要有以下几个方面：

1. 硬件设备老化、板卡及元器件损坏、非正常使用损坏等。
2. 由于温度的变化使板卡之间产生变形出现接触不良，潮湿、灰尘使印制电路板断线。
3. 外围设备连接错误也可引起计算机工作不正常。
4. CMOS 设置不当，同软件故障类似。
5. 供电不正常使板卡或元器件损坏。

二、计算机硬件故障的判断

计算机的硬件故障是伴随着软件故障的现象而表现出来，从计算机启动到系统运行都会有其踪迹。对硬件故障的判断、检测、处理相对复杂，需要根据故障现象准确定位故障部位。

1. 开机故障

计算机不能开机或开机自检不正常现象，常发生在安装了其他硬件设备和移动了计算机后，应重点检查线路、板卡连接部分。

2. 自检故障

计算机自检时遇到异常情况通过扬声器声音和显示器显示出错信息，根据这些信息可判断故障部位。

3. 系统运行故障

系统启动加载后某些功能不可用，如不能上网、音箱无声等，排除软件设置错误情况后即可确定故障部位。

4. 应用软件使用故障

应用软件工作不正常，如串行通信错误、网络共享失败等，应检查串行口、网卡、网线、交换机等设备。

5. 计算机异响

计算机启动、运行中出现异响，如硬盘、光驱、风扇等部件，应及时关机处理，以免造成过大的损失。

5.2 操作系统故障分析与处理

5.2.1 在安全模式下解决系统故障

 学习目标

➢了解安全模式的进入方法
➢能在安全模式下解决系统故障

对于 Windows 操作系统的安全模式，计算机使用者不会感到陌生，安全模式是 Windows 用于修复操作系统错误的专用模式，是一种不加载任何驱动的最小系统环境，用安全模式启动计算机，可以方便用户排除问题，修复错误，以上优点可用来对用户解释使用安全模式的意义。

一、进入安全模式的方法

1. 以安全模式启动 Windows 2000

（1）重新启动计算机。

（2）当屏幕底部出现黑白相间的 Windows 启动条时，按 F8 键。

（3）在 Windows 2000 高级选项菜单中，使用箭头键选择"安全模式"。

（4）按 Enter 键。以安全模式启动 Windows。

■**注意**：在以安全模式下完成工作后，请重新启动计算机，这次不要按 F8 键。

2. 使用"系统配置实用程序"以安全模式启动 Windows XP

（1）关闭所有程序。

（2）在 Windows 任务栏上，单击"开始"→"运行"。

（3）在"打开"方框中，键入以下内容：msconfig。

（4）单击"确定"。

（5）在"系统配置实用程序"中的"BOOT.INI"选项卡上选中 /SAFEBOOT。

（6）单击"确定"。

（7）当要求重新启动计算机时，请单击"重新启动"。

计算机重新启动后将进入安全模式。

3. 安全模式选项菜单

安全模式选项菜单包括了以下几项。

（1）安全模式

只使用基本文件和驱动程序。如鼠标（USB 串行鼠标除外）、监视器、键盘、硬盘、基本视频、默认系统服务等，但无网络连接。

如果采用安全模式也不能成功启动计算机，则可能需要使用恢复控制台功能来修复系统。

（2）带网络连接的安全模式

在普通安全模式的基础上增加了网络连接。但有些网络程序可能无法正常运行，如 MSN 等，还有很多自启动的应用程序不会自动加载，如防火墙、杀毒软件等。所以在这种模式下一定不要忘记手动加载，否则恶意程序等可能会入侵到修复计算机的过程中。

（3）带命令行提示符的安全模式

只使用基本的文件和驱动程序来启动，在登录之后，屏幕上显示命令提示符，而非 Windows 图形界面。

在这种模式下，如果不小心关闭了命令提示符窗口，屏幕会全黑。可按下组合键 Ctrl＋Alt＋Del，调出"任务管理器"，单击"新任务"，再在弹出对话框的"运行"后输入"c:\Windows\explorer.exe"，可马上启动 Windows XP 的图形界面，与上述三种安全模式下的界面完全相同。如果输入"c:\Windows\system32\cmd.exe"也能再次打开命令提示符窗口。事实上，在其他的安全模式甚至正常启动时也可通过这种方法来启动命令提示符窗口。

（4）启用启动日志

以普通的安全模式启动，同时将由系统加载（或没有加载）的所有驱动程序和服务记录到一个文本文件中。该文件称为 ntbtlog.txt，它位于 %windir%（默认为 c:\windows）目录中。启动日志对于确定系统启动问题的准确原因很有用。

（5）启用 VGA 模式

利用基本 VGA 驱动程序启动。当安装了使 Windows 不能正常启动的新视频卡驱动程序时，这种模式十分有用。事实上，不管以哪种形式的安全模式启动，它总是使用基本的视频驱动程序。因此，在这些模式下，屏幕的分辨率为 640 像素×480 像素且不能改动。但可重新安装驱动程序。

（6）最后一次正确的配置

使用 Windows 上一次关闭时所保存的注册表信息和驱动程序来启动。最后一次成功启动以来所作的任何更改将丢失。因此一般只在配置（主要是软件配置）不对的情况下，才使用最后一次正确的配置。但是它不能解决由于驱动程序或文件被损坏或丢失所导致的问题。

（7）目录服务恢复模式

这是针对服务器操作系统的，并只用于恢复域控制器上的 SYSVOL 目录和 Active Directory 目录服务。

（8）调试模式

启动时通过串行口将调试信息发送到另一台计算机。

如果正在或已经使用远程安装服务在计算机上安装 Windows，可以看到与使用远程安装服务还原或恢复系统相关的附加选项。

二、安全模式的使用

1. 修复系统故障

如果 Windows 运行不太稳定或者无法正常启动，先不要急于重装系统，试着重新启动计算机并切换到安全模式启动，之后再重新启动计算机，系统有可能恢复正常。如果是由于注册表有问题而引起的系统故障，此方法非常有效，因为 Windows 在安全模式下启动时可以自动修复注册表问题，在安全模式下启动 Windows 成功后，一般就可以在正常模式（Normal）下启动了。

2. 恢复系统设置

如果是在安装了新的软件或者更改了某些设置后，导致系统无法正常启动，也需要进入安全模式下解决,如果是安装了新软件引起的,请在安全模式中卸载该软件。如果是更改了某些设置,比如显示分辨率设置超出显示器显示范围,导致了黑屏,那么进入安全模式后就可以改变回来;还如把带有密码的屏幕保护程序放在"启动"菜单中,忘记密码后,导致无法正常操作该计算机,也可以进入安全模式更改。

3. 删除顽固文件

在 Windows 下删除一些文件或者清除回收站内容时,系统有时候会提示"×××文件正在被使用,无法删除"的字样,进入安全模式后,即可删除那些顽固文件,并清空回收站。

4. 彻底清除病毒

在 Windows 正常模式下有时候并不能干净彻底地清除病毒,因为它们极有可能会交叉感染,而一些杀毒程序又无法在 DOS 下运行,这时候当然也可以把系统以安全模式启动,使 Windows 只加载最基本的驱动程序,这样杀起病毒来就更彻底、更干净了。

5. 磁盘碎片整理

在碎片整理的过程中,是不能运行其他程序的。因为每当其他程序进行磁盘读写操作时,碎片整理程序就会自动重新开始,而一般在正常启动 Windows 时,系统会加载一些自动启动的程序,有时这些程序又不易手动关闭,常常会对碎片整理程序造成干扰。这种情况下,就应该重新启动计算机,进入安全模式,安全模式是不会启动任何自动启动程序的,可以保证磁盘碎片整理的顺利进行。

6. 删除恶意的自启动程序或服务

如果在使用计算机过程中出现一些莫明其妙的问题,比如上不了网,按常规检查又查不出问题,可尝试启动到带网络连接的安全模式下,如果能上,则说明是某些自启动程序或服务影响了网络的正常连接。

可在带网络连接的安全模式下,用带重定向的命令提示符工具 TaskList→d:Anquan.txt,将当时的进程记录到 D 盘根目录下的文本文件 Anquan.txt 中。接着,以正常的方式启动计算机,将 Anquan.txt 中记录到的进程与此时的进程进行比较,会发现此时的进程要多得多,请逐个结束多出来的进程,并检查网络连接是否正常。如果结束到某一进程时网络连接正常了,则说明刚结束的进程就是问题所在。查出后,可删除与进程相关的可执行文件。但还要注意的是,由于它是自动运行的,强行删除后,可能会引起启动时报"找不到某文件"的错误,还得将其与自启动有关的设置全部清除,包括"系统配置实用程序"的"启动""Win.ini"下的内容、注册表下的内容、启动脚本下的内容、"开始"菜单"启动"下的内容等。

7. 检测不兼容的硬件

Windows XP 由于采用了数字签名式的驱动程序模式，对各种硬件的检测也比以往严格，所以一些设备可能在正常状态下不能驱动使用。例如，一些早期的 CABLE MODEM，如果发现在正常模式下 XP 不能识别硬件，可以在启动的时候按 F8 键，然后选进入安全模式，在安全模式中检测新硬件，就有可能正确地为 CABLE MODEM 加载驱动了。

8. 卸载不正确的驱动程序

一般的驱动程序，如果不适用计算机硬件，可以通过 XP 的驱动还原来卸载。但是显卡和硬盘 IDE 驱动，如果装错了，有可能一进入 GUI 界面就死机，一些主板的 ULTRA DMA 补丁也是如此，因为 Windows 是要随时读取内存与磁盘页面文件调整计算机状态的，所以硬盘驱动一有问题系统马上就会崩溃。

5.2.2 排除多操作系统造成的系统故障

 学习目标

➢了解多操作系统的使用原理
➢掌握多操作系统造成故障的原因
➢能排除多操作系统造成的系统故障

操作系统的更新是相当快速的，从 DOS 到 Windows 32、Windows 95、Windows 98、Windows ME、Windows 2000、Windows XP。虽然说系统一直在不断进步发展着，但其实每个操作系统都有各自的发展空间，也各有优势和劣势。比如 Windows 98 和 Windows ME，它们的普遍特点是多媒体性能佳，支持软硬件多，但缺点是系统不够稳定；而诸如 Windows NT、Windows 2000 等系统，则有比较好的稳定性和操作性，但对系统要求比较高，不适合一般的初级使用。

随着大硬盘和物理内存的降价，越来越多的人可以有条件在自己的机器上安装双操作系统甚至是多操作系统。但仅仅是硬件方面的合格，要安装并正常运行多个 Windows 的不同版本还是不够的，特别是现在 Windows 2000 及 XP，对硬件和软件设置方面都有很严格的要求，如果加上其他如 Linux 或更"另类"的操作系统并存，问题就更复杂了。

由于一块硬盘最多只能有 4 个主分区，所以最多就只能在一块硬盘上同时共存

4个操作系统。一般常用的是安装两个操作系统。

目前主要有通过操作系统附带的多重引导功能和其他软件实现多重引导。在多个硬盘中实现多重启动比较简单，只要将不同的操作系统安装在不同的硬盘上，然后在 CMOS 中选择从哪个盘启动即可进入相应的系统。而在一块硬盘中实现多重系统引导功能就要麻烦许多，目前可以利用 Windows NT/2000 中的 Os Loader、Linux 附带的 Lilo 和其他第三方工具来实现。

一、安装多个 Windows 操作系统存在的问题及解决办法

1. 安装多个 Windows 正常，进入系统也正常，但运行软件出错

（1）故障现象

安装 Windows 98 后又安装了 Windows 2000，双启动进 Windows 98 后运行 OE 提示找不到 MSOE.DLL，另外运行"系统信息"也会提示找不到 MFC42U.DLL，经病毒查杀确认无病毒。

（2）故障分析

这多是由于 Windows 98 和 Windows 2000 装在同一分区，又不注意软件的安装路径造成的。由于 Windows 系列的默认路径及临时文件指向的目录大多相同，高级版本的 Windows 安装程序会在不提示的情况下覆盖旧版本的 Windows 文件。Windows 自带的软件版本不同，如邮件程序 OutLook 会有很细微但很关键的差异，哪怕是改变了一个对话框 DLL 文件，也可能会导致软件的运行不正常。

（3）处理方法

每个 Windows 应该独占一个分区，尽量不要多个 Windows 放在同一个分区里。如果一定要在同一分区的，最好选择定制安装，不要用自动的典型安装，以便适当地指定 Windows 系统中各软件的路径和目录。

2. 只能独立安装一个 Windows，当运行第二个 Windows 安装程序的时候出错

安装 Windows 98 或 Windows 2000 后，再装另外一个 Windows 不能正常通过检测，在拷贝文件的时候自动跳出安装程序或是非法操作甚至自动关机。这种情况又有 3 种不同的表现：

（1）故障现象 1

安装好 Windows 98 后，安装 Windows 2000 或 XP 总是在拷贝完文件后跳回或是死机。

1）故障分析。Windows 98 是基于 DOS 的操作系统，尤其是因为要管理好内存，Windows 98 会在 CONFIG.SYS 里加载 HIMEM.SYS 和 EMM386.EXE，即

使无 CONFIG.SYS，Windows 98 也会在图形界面初始化的时候加载 HIMEM.SYS。而这两个管理基本内存的文件，带有多种参数，不同的配置会带来不同的内存分配环境。当然，系统过热，比如风扇停转的时候，也会表现出这些症状，应该首先检查硬件的基本情况，如风扇和连线的正常与否。如果系统是超频的又不能正常安装的话，请降低回到正常的频率后再安装 Windows 2000 和 XP，成功率较高些。

2）处理方法。如果在 Windows 98 里面用升级安装无法正常进行的话，在确认硬件无故障的情况下，请首先屏蔽掉 CONFIG.SYS 里的这两个程序，或者干脆用不带此两文件的启动盘，跳过 CONFIG.SYS 及 AUTOEXEC.BAT 来启动系统。在纯 DOS 状态下再进行安装 Windows 2000，成功的机会比较大。当然，这样无法加载 SMARTDRV.EXE，安装 Windows 2000 的时间会加倍。

（2）故障现象 2

已经正常安装了一个 Windows 98，但系统在使用过程中损坏，想在不格式化分区或删除 Windows 目录的情况下，覆盖再安装一个 Windows 98，但安装程序检测 Windows 版本后提示出错，不能更新或升级安装。

1）故障分析。严格说来，这不是多操作系统的问题，但也算很常见。这是 Windows 的安装程序为了避免低版本的 Windows 损坏高级版本的 Windows 关键文件的一种措施，当然也包括了防止盗版的意思。类似的情况还有 IE 的低级版本不能在现有高级版本上运行安装。

2）处理方法。在 Windows 图形界面无法升级或是覆盖安装的话，可以尝试修改注册表中相关的版本号信息。如果觉得修改注册表危险，还可到纯 DOS 下把 WIN.COM 改个名，在 DOS 下运行安装程序，选覆盖安装试试。由于 Windows 的 WIN.COM 包含了当前 Windows 一些版本信息，改名后，安装程序会以为是全新安装，就能顺利进行。

（3）故障现象 3

CMOS 里的设置导致 Windows 安装出现问题。

1）故障分析。Windows 2000 及后续的视窗版本对硬件和软件的环境越来越苛刻，能顺利安装 Windows 98，不一定能顺利安装 Windows 2000 或 XP。所以，在安装第二个或以上 Windows 不正常的时候，请进入 CMOS 里，先设置成主板出厂的默认值，再进行安装，成功的几率较大。

2）处理方法。如果改成默认值都不能奏效，请依次关闭主板的内置声卡、内置调制解调器、ACPI 电源管理功能、USB 和病毒防护功能试试，不要一下都关了，一项项地进行以便缩小问题范围，这样很容易找到冲突的根源。正常安装完Windows后，可以再进入CMOS慢慢一个个打开这些硬件功能，安装驱动程序后即可使用。

3. 无多重启动菜单

（1）故障现象

多个Windows安装后，没有多重启动菜单供选择，直接进入了某个Windows版本。

（2）故障分析

这多是安装的时候不注意按Windows的低版本到高版本安装的原则造成的，加上如果两个Windows同处一个分区的话，某些关键的引导文件会被覆盖，造成多重启动菜单不正常。或者是有的用户用直接格式化C盘的方式，来安装新版本的Windows，破坏了其中多重引导要用到的文件。

（3）处理方法

微软的视窗系列操作系统从Windows 2000开始，其安装程序都有自动检测和生成多重启动菜单的功能。所以除了注意每个Windows独占一个分区外，请注意先安装较低版本的Windows，再安装相对高级版本的Windows。这样Windows能自动地检测到已经存在的操作系统，自动生成多重启动菜单，免去用第三方工具软件管理的麻烦。如果还打算使用Windows 98，考虑到要用Ghost备份维护系统，最好优先安装Windows 98在C盘，这样能利用它的DOS状态运行Ghost进行各分区Windows的镜像备份。

二、多操作系统安装时的注意事项

1. 安装操作系统时，把安装程序拷贝到硬盘的目录里比用光盘安装好，不但可避免光驱在安装过程中读盘错误的影响，安装速度也会提高。

2. 格式化C盘，会破坏多重引导菜单，因此在做格式化之前，要确定是否仍需要使用多个操作系统。

3. Windows NT 4.0只支持不超过8.4 G的硬盘，而且只认FAT16和NTFS分区格式，必须打补丁后，才能使用大硬盘。

4. 如果不能正常安装多个操作系统，可能是硬件和操作系统之间不兼容，可考虑用替换法更换硬件。

5.3 计算机音频设备故障分析与处理

5.3.1 分析与处理声卡硬件故障

 学习目标

➢ 了解声卡的工作原理和分类
➢ 能判断分析声卡的硬件故障
➢ 能排除声卡的硬件故障

一、声卡的工作原理和类型

声卡（Sound Card）是多媒体技术中最基本的组成部分，是实现声波/数字信号相互转换的硬件。声卡的基本功能是把来自传声器、磁带、光盘的原始声音信号加以转换，以耳机、扬声器、扩音机、录音机等声响设备输出，或通过音乐设备数字接口（MIDI）使乐器发出美妙的声音。

1. 声卡的工作原理

传声器和扬声器所用的都是模拟信号，而计算机所能处理的都是数字信号，声卡的作用就是实现两者的转换。从结构上分，声卡可分为模/数（A/D）转换电路和数/模（D/A）转换电路两部分，模/数（A/D）转换电路负责将传声器等声音输入设备采集到的模拟声音信号转换为计算机能处理的数字信号；而数/模（D/A）转换电路负责将计算机使用的数字声音信号转换为扬声器等设备能使用的模拟信号。

2. 声卡主要有 3 种类型

内置独立声卡、主板集成声卡和使用 USB 接口的外置声卡。

（1）独立声卡

独立声卡使用较多，为板卡式，分为低、中、高 3 个档次。早期的独立声卡多为 ISA 接口，由于此接口总线带宽较低、功能单一、占用系统资源过多，目前已被淘汰。PCI 则取代了 ISA 接口成为目前的主流，它拥有更好的性能及兼容性，支持即插即用，安装使用都很方便。

(2) 主板集成声卡

为了追求廉价与使用简便，一般可使用主板集成声卡。由于声卡只会影响到音质，而与计算机的系统性能并没有多大关系。集成声卡主要是 AC'97 声卡，根据通俗的分类，AC'97 声卡被分为硬声卡和软声卡两种。

1) 硬声卡除了包含有 Audio Codec 芯片之外，还在主板上集成了 Digital Control 芯片，即把芯片及辅助电路都集成到主板上。这些声卡芯片提供了独立的数字音频处理单元和 ADC 与 DAC 的转换系统，最终输出模拟的声音信号。这种硬声卡和普通独立声卡区别不大，更像是一种全部集成在主板上的独立声卡，而由于集成度的提高，CPU 的负荷减轻，音质也有所提高，不过相应的成本也有所增加。

2) AC'97 软声卡仅在主板上集成 Audio Codec，而 Digital Control 这部分则由 CPU 完全取代，节约了不少成本。根据 AC'97 标准的规定，不同 Audio Codec 97 芯片之间的引脚兼容，原则上可以互相替换。即 AC'97 软声卡只是一片基于 AC'97 标准的 Codec 芯片，不含数字音频处理单元，因此计算机在播放音频信息时，除了 D/A 和 A/D 转换以外所有的处理工作都要交给 CPU 来完成。AC'97 软声卡只是简化了硬件，而设计思路仍是按 AC'97 的规格标准的声卡，没有 Digital Control 芯片，而是采用软件模拟实现，CPU 占用率较高，容易产生爆音，音质也不如独立声卡。

随着 CPU 主频的不断提高，音频数据处理量却并没有增加，CPU 占用率的问题可被忽略。音质也随着 SoundMAX 3.0 驱动的不断升级和改进，使 AC'97 软声卡拥有硬件级的数据处理转换能力和最高 94 dB 信噪比的专业音质回放能力，增加的 Sensaura 为 3D 定位音效，与 XG 兼容的 Sondius-XG 的 MIDI 软波表，以及最新的音效演算法 SPX，将 AC'97 软声卡提升至一个前所未有的高度。

(3) USB 接口外置声卡

它通过 USB 接口与 PC 连接，具有使用方便、便于移动等特点。但这类产品主要应用于特殊环境，如连接笔记本实现更好的音质等。目前市场上的外置声卡并不多，常见的有创新的 Extigy、Digital Music 两款，以及 MAYA EX、MAYA 5.1 USB 等。

二、声卡硬件故障的分析与处理

在使用声卡的过程中常常会遇到一些故障，其中包括硬件故障和软件故障。本节主要通过对硬件产生的故障特例作相应的分析和处理，掌握硬件故障的分析与处理方法，以解决实际使用中的各类故障。

1. 不能识别声卡

（1）故障分析

此类故障主要发生在安装系统时未发现声卡，或使用中丢失声卡。安装系统时未发现声卡可能是声卡安装时未插到位、倾斜、接触不良等，也不排除声卡本身损坏。板载声卡未被识别一般是因未安装主板的补丁程序。使用中丢失声卡可能是因搬动计算机使机壳产生变形引起接触不良，或是安装了其他设备、软件引起冲突而产生。

（2）解决方法

1）重新安装声卡，拧紧固定螺钉。

2）擦拭声卡的"金手指"并检查主板插槽内是否有异物。

3）或将声卡插到另一插槽试验，必要时更换声卡。

4）机壳产生变形引起的故障最好将机壳打开，重新固定即可。

5）安装板载声卡前须先安装主板驱动或补丁程序。

6）必要时更换声卡。

2. 声卡无声

（1）故障分析

如果声卡能正常识别和安装，可不考虑声卡本身的故障，可能出现无声的原因主要是外部连接出现问题。

（2）解决方法

1）检查声卡与音箱或者耳机是否正确连接。

2）音箱或者耳机是否性能完好。

3）音频连接线有无损坏。

4）将音箱或耳机的插头插入其他音源设备或光驱面板上的耳机插孔中进行试听，若不正常说明音箱或耳机故障需检查或更换。

5）Windows 音量控制中的各声音通道是否被屏蔽。

6）如果依然没有声音，应更换较新版本的驱动程序，安装主板或者声卡的最新补丁。

7）必要时更换声卡。

3. 音量不足

（1）故障分析

音量不足达不到应有的输出功率，调节音箱上的音量旋钮或调节任务栏上的音量调节图标，其效果也不十分明显。这种故障可分为几种情况。

1）音箱的输入插头插在了 Line Out 插口。此种连接方式是正常的连接，会使输出音质最好，只是声音信号没有经过声卡板载放大器的放大处理，就直接输送给了音箱的功放电路，而音箱功放电路所需的推动功率又较高，从而造成输出音量较小。遇此情况只要将音箱的输入插头，改接至声卡的 SPK 插口，音量即可明显得到改善。

2）音箱内部电路故障。可能是音箱内部功放、电源电路等存在着故障。

3）声卡的芯片或电路故障。如果音箱无任何问题，则可能是声卡本身的部件存在着问题。

4）声卡与主板不兼容。

（2）解决方法

1）将音箱输入插头改接至声卡的 SPK 插口，音量即可明显得到改善。

2）检查音箱的放大电路和电源部分，更换音频耦合电容。

3）检查声卡上的芯片或电容，必要时更换声卡。

4）可将声卡换插到其他计算机上进行测试，假如在其他计算机上声卡音量正常，只有通过更换其他品牌、型号的声卡，才能得到解决。

4. 播放 CD 无声

（1）故障分析

如果播放 MP3 等有声音，基本可以排除声卡故障。最大的可能就是没有连接好 CD 音频线，普通的 CD-ROM 上都可以直接对 CD 解码，通过 CD-ROM 附送的 4 芯线和声卡连接。不过还有许多音乐播放器可以直接播放 CD 音乐。

（2）解决方法

1）连接音频线，线的一头与 CD-ROM 上的 ANALOG 音频输出相连，另一头和声卡的 CD IN 相连即可。

2）安装合适的播放器。

5.3.2　分析与处理声音设置故障

 学习目标

➢能分析判断声音设置故障

➢能处理声音设置故障

➢掌握音箱故障的解决方法

声卡及其他放音设备的故障可以导致无声音或声音不正常，但多数情况是由于对声音设备设置不当或设置错误引起,要正确地判断声音设置故障,并对其进行分析和处理,使其恢复正常。

一、声音设置故障的分析判断

1. 无声音

(1) 故障分析

无声音故障可能是声音调节到最低或静音,如图 5—2 所示;也可能是将音量控制的波形平衡选项调至最低或静音,如图 5—3 所示。

(2) 解决方法

取消静音,并将音量调至合适位置。

 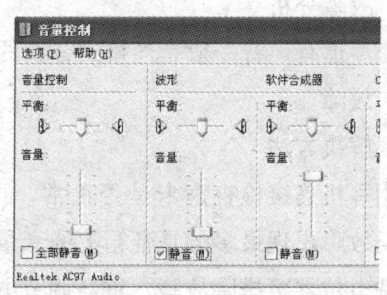

图 5—2　音量调节　　　　　　图 5—3　音量控制

2. 一个声道有声音

(1) 故障分析

一个声道有声音应先排除线缆断线、插头未插好、音箱损坏等情况,多数是音量平衡控制滑块移动到一边,造成一个声道无声,如图 5—2 所示。

(2) 解决方法

移动平衡滑块至中间位置声音可恢复正常。

3. 播放 CD 无声

(1) 故障分析

播放 MP3 等音源有声音,可以排除声卡故障,最大的可能就是没有连接好 CD 音频线。普通的 CD-ROM 上都可以直接对 CD 解码,通过 CD-ROM 附送的 4 芯线和声卡连接,线的一头与 CD-ROM 上的 ANALOG 音频输出相连,另一头和集成声卡的 CD IN 相连。

(2) 解决方法

连接 CD 音频线到声卡。

二、音箱故障的解决方法

1. 无声音

（1）故障分析

无声音故障可能是音箱未接通电源、信号线未插好、音箱故障等。

（2）解决方法

连接好音箱电源并打开开关，检查信号线并将插头插到声卡输出插孔。如果还无声音可用耳机试验以确定音箱故障。

如果确定为音箱故障，可以拆开音箱，检查电路、排除故障。

2. 一个声道有声音

（1）故障分析

一个声道有声音一般是连接到音箱的线缆断线、插头未插好、音箱损坏，也可能是声卡故障。

（2）解决方法

试用耳机连接检查声卡是否正常，再检查音箱插头和线缆，最后检查音箱部分。此类故障出现最多的是音箱上的音量电位器由于长时间使用出现接触不良，更换、清洗电位器可排除故障，重新调节电位器也可以暂时排除故障。

5.4 计算机网络设备故障分析与处理

5.4.1 网络硬件故障

 学习目标

➢ 了解网络设备的组成
➢ 能分析判断网络设备的硬件故障
➢ 能解决网络设备的硬件故障

一、网络设备的组成

将两台以上的计算机通过网卡和交换机（或集线器 HUB）连接在一起组成局

域网，可以实现资源共享、共享上网。也可以通过调制解调器、电话线连接到 Internet 实现宽带上网。

常用的网络设备有交换机、集线器、调制解调器、网卡、网线及 RJ45 接头等。

二、网络设备的硬件故障

网络设备的硬件故障主要有网卡自身故障、网卡未正确安装、交换机、集线器、调制解调器故障等，以及网线和 RJ45 接头的故障。其检查步骤如下。

步骤1：检查插在计算机 I/O 插槽上的网卡侧面的指示灯是否正常，网卡一般有两个指示灯"连接指示灯"和"信号传输指示灯"，正常情况下"连接指示灯"应一直亮着，而"信号传输指示灯"在信号传输时应不停闪烁。如"连接指示灯"不亮，应考虑是连接故障，即网卡自身是否正常，安装是否正确。

步骤2：检查交换机、集线器是否有故障。可检查连接在交换机、集线器上的其他计算机的情况以确定其是否正常，若不正常则检查交换机、集线器的电源连接及指示信号灯，也可更换测试。

步骤3：检查网线和 RJ45 接头。

（1）RJ45 接头容易出故障，例如，双绞线的头没顶到 RJ45 接头顶端，双绞线未按照标准脚位压入接头，甚至接头规格不符或者是内部的双绞线断了。

（2）双绞线颜色和 RJ45 接头的脚位是否相符。

（3）观察线头是否顶到 RJ45 接头顶端，若没有，该线的接触会较差，需再重新压接一次。

（4）观察 RJ45 接头侧面。金属片是否已刺入绞线之中，若没有，极可能造成线路不通。

（5）观察双绞线外皮去掉的地方，是否使用剥线工具时切断了绞线（绞线内铜导线已断，但外皮未断）。

（6）镀金层厚度对接头品质也有影响，如果镀得太薄，那么网线经过多次插拔之后，也许就把它磨掉了，容易被氧化，产生接触不良。

网线及 RJ45 接头可用专用的测试仪测试通断和连接的正确性，也可用万用表的蜂鸣器挡测试。

5.4.2 网络协议与配置故障

 学习目标

➢ 了解网络协议与配置
➢ 能分析判断网络协议与配置故障
➢ 能解决网络协议与配置故障

一、网络协议与配置

在安装操作系统时会自动安装局域网中的协议。如安装 Windows 2000、XP 或 Windows 95/98 时，系统会自动安装 NetBEUI 通信协议和 TCP/IP 协议。在安装 NetWare 时，系统会自动安装 IPX/SPX 通信协议。3 种协议中，NetBEUI 和 IPX/SPX 在安装后不需要进行设置就可以直接使用，但 TCP/IP 要经过必要的设置。

在 Windows 2000、XP 中以 TCP/IP 协议为主，可通过右键单击网上邻居图标选择属性，再在本地连接图标上右键单击选择属性，即可看到如图 5—4 所示的窗口，该窗口可查看、安装（添加）、卸载各种协议。

根据图 5—4 选择 TCP/IP 协议的属性，可以查看配置网络的 IP 地址、子网掩码、默认网关和 DNS 服务器等，如图 5—5 所示。

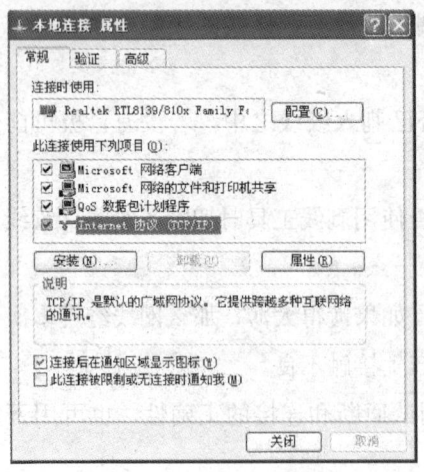

图 5—4 本地连接属性

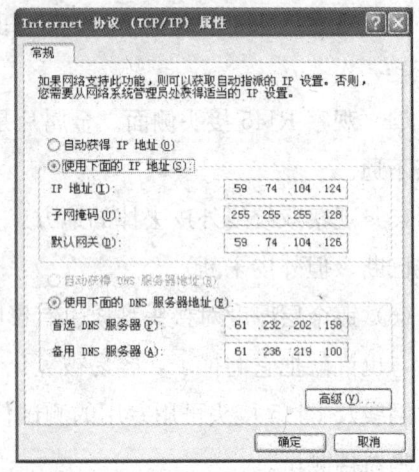

图 5—5 TCP/IP 协议的属性

二、常用 DOS 命令

在网络出现故障时，可以交替使用下面这 4 个命令，以方便查找故障。

1. ping 命令

ping 命令用于确定本地主机是否能与另一台主机成功交换数据包。根据返回的信息，可以推断 TCP/IP 参数（因为现在网络一般都是通过 TCP/IP 协议来传送数据的）是否设置正确，以及运行是否正常、网络是否通畅等。但 ping 成功并不代表 TCP/IP 配置一定正确，有可能要执行大量的本地主机与远程主机的数据包交换，才能确信 TCP/IP 配置无误。

ping 命令可以在 Ms-DOS 窗口下运行，执行格式如下：

例如：ping 127.0.0.1。

2. ipconfig 命令

ipconfig 这个命令，通常只被用户用来查询本地的 IP 地址、子网掩码、默认网关等信息，如图 5—6 所示。ipconfig、ping 是在诊断网络故障或查询网络数据时常用的命令，它们的使用也很简单，即使不知道它们的应用格式，也可以通过"ipconfig/?"或"ping/?"这种标准的 DOS 命令帮助方式来获取相关信息。

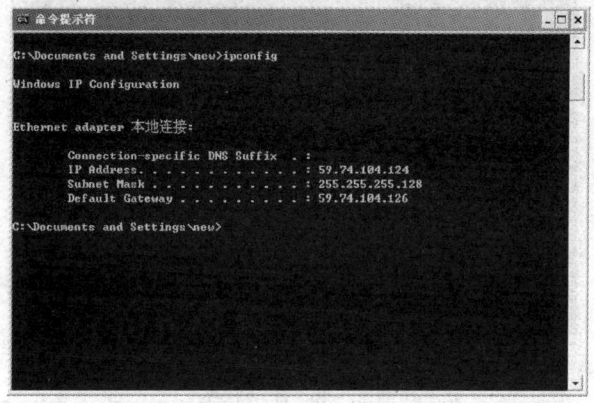

图 5—6 查询信息

3. Tracert 命令

Tracert 命令能够追踪访问网络中某个节点时所走的路径，也可以用来分析网络和排查网络故障。例如，想知道访问 sohu.com 时走的是怎样一条路线，就可以在 DOS 状态下输入 Tracert sohu.com，执行后经过一段时间等待，系统会反馈出很多 IP 地址。最上方的 IP 地址是本地的网关，而最后面一个地址就是 sohu.com 网站的 IP 地址了。换句话说，从上至下，便是访问 sohu.com.cn 所走过的"足迹"，如图5—7所示。

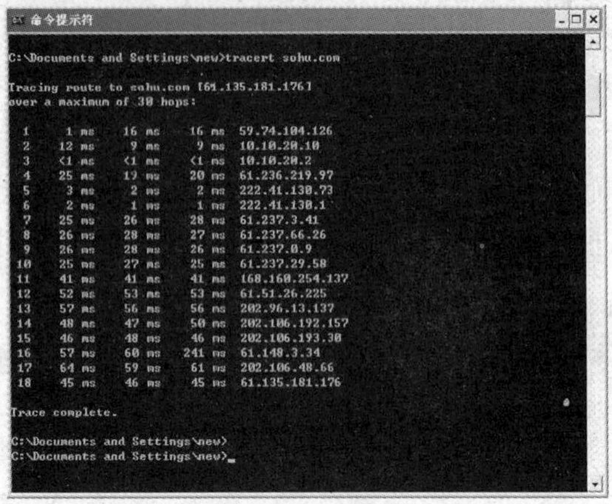

图5—7 网站查询图

4. Netstat命令

Netstat命令是一个监控TCP/IP网络的实用的工具，它可以显示实际的网络连接以及每一个网络接口设备的状态信息。Netstat命令的参数不是很多，常用Netstat-r来监视网络的连接状态，如图5—8所示。

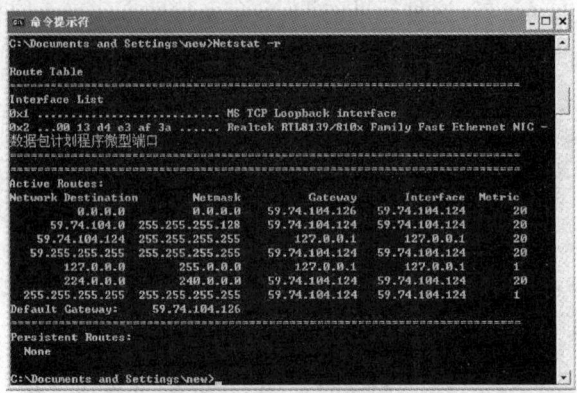

图5—8 连接状态

三、网络协议与配置故障检查方法

如果网卡及其他设备正常，但网卡的信号传输指示灯不亮，通常是由网络的软件故障引起的，一般涉及到网卡设置、网络协议的配置等。

1. 检查网卡设置

普通网卡的驱动程序磁盘大多附有测试和设置网卡参数的程序。分别查验网卡设置的接头类型、IRQ、I/O端口地址等参数，若有冲突，只要重新设置（有些必须调整跳线），一般将网卡设置成即插即用 PnP 方式，由系统自动分配端口地址和中断号，都能使网络恢复正常。

（1）检查网卡驱动程序是否正常安装

不同的网卡使用的驱动程序不相同，如果选择错误，就有可能发生不兼容的现象，只要重新正确安装驱动程序即可。

（2）网卡安装故障是否排除

可以打开"控制面板→系统→设备管理器"，或右键单击"我的电脑"，选择"属性"→"设备管理器"，选中安装的网卡，单击右键选"属性"，即可以查看网卡是否在正常工作，如图 5—9 所示。

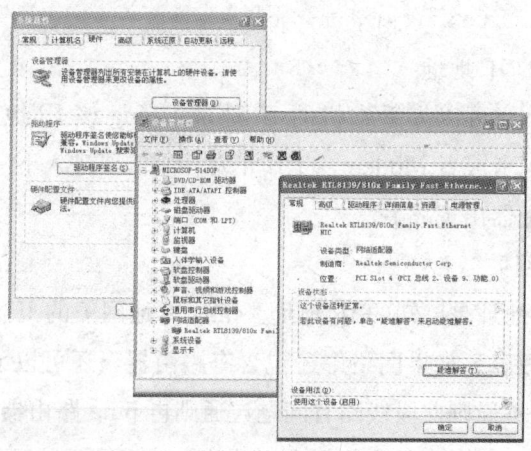

图 5—9 网卡工作状态

2. 检查网络协议

打开"控制面板→网络→配置"选项，查看已安装的网络协议，必须配置以下各项：NetBEUI 协议和 TCP/IP 协议，Microsoft 友好登录，拨号网络适配器。如果以上各项都存在，重点检查 TCP/IP 是否设置正确。在 TCP/IP 属性中要确保每一台计算机都有唯一的 IP 地址，将子网掩码统一设置为 255.255.255.0，网关要设为代理服务器的 IP 地址（如 192.168.0.1）。另外，必须注意主机名在局域网内也应该是唯一的。

3. 用 ping 命令来检验网卡能否正常工作

（1）ping 127.0.0.1

127.0.0.1 是本地循环地址。如果该地址无法 ping 通，则表明本机 TCP/IP 协议不能正常工作；如果 ping 通了该地址，证明 TCP/IP 协议正常，则进入下一个步骤继续诊断，如图 5—10 所示。

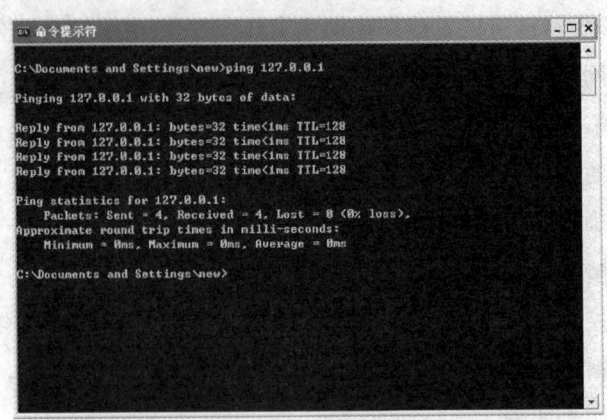

图 5—10　ping 本地地址

（2）ping 本机的 IP 地址

使用 ipconfig 命令可以查看本机的 IP 地址，ping 该 IP 地址，如果 ping 通，表明网络适配器（网卡或者 Modem）工作正常，则需要进入下一个步骤继续检查；反之，则是网络适配器出现故障。

（3）ping 本地网关

本地网关的 IP 地址是已知的 IP 地址。ping 本地网关的 IP 地址，ping 不通则表明网络线路出现故障。如果网络中还包含有路由器，还可以 ping 路由器在本网段端口的 IP 地址，不通则此段线路有问题，通则再 ping 路由器在目标计算机所在同段的端口 IP 地址，不通则是路由器出现故障。如果通，最后再 ping 目的机的 IP 地址。

（4）ping 网址

如果要检测的是一个带 DNS 服务的网络（比如 Internet），上一步 ping 通了目标计算机的 IP 地址后，仍然无法连接到该机，则可以 ping 该机的网络名，比如：ping www.sohu.com，正常情况下会出现该网址所指向的 IP 地址，这表明本机的 DNS 设置正确而且 DNS 服务器工作正常；反之，就可能是其中之一出现了故障。

四、典型故障分析与处理

无论是上 Internet 还是联局域网，都从"本地连接"开始，对网络参数进行合适的配置。不过在实际上网过程中，有时会发现"本地连接"可能发生各种莫名其妙的故障，这些故障往往导致无法对网络参数进行有针对性的设置，从而影响上网的效率。为了有效地提高上网效率，必须掌握一些与"本地连接"相关故障的排除方法。

1. IP 地址设置错误导致的"本地连接"受限故障

部分 ADSL 用户在 Windows XP SP2 操作系统下,进行宽带拨号上网时往往会使用 Windows 系统内置的 PPPOE 拨号方式。在用该方式上网时,用户可能会在网络连接列表窗口中发现"本地连接"图标的显示状态,常常会莫名其妙地被调整为"受限制或无连接",不过在这种状态下上网操作倒是能正常进行。那这种奇怪的状态显示故障是怎么出现的,又该如何消除这样的故障现象呢。

如果"本地连接"的显示状态无缘无故地变成"受限制或无连接",通常是没有给网卡指定固定的 IP 地址造成的。正常情况下,当发现"本地连接"的显示状态不正常时,往往可以先尝试为网络连接设置一个静态的 IP 地址,这种方法常常能解决不少莫名其妙的网络故障。一旦发现本地的网络连接没有使用固定的 IP 地址时,可以依次单击"开始"→"设置"→"网络连接"命令,在其后出现的网络连接列表界面中,用鼠标右键单击"本地连接"图标,从右键菜单中执行"属性"命令,打开本地连接的属性设置窗口;在该窗口的"常规"标签页面中,选中"Internet 协议"项目,并单击一下"属性"按钮,如图 5—4 所示。

选中"使用下面的 IP 地址"选项,并将本地计算机的 IP 地址尝试设置为"192.168.0.2",然后再将本地网关的 IP 地址设置为"192.168.0.1"(默认状态下,多数 ADSL 设备的出厂 IP 地址都为"192.168.0.1"),最后单击"确定"按钮,并重新启动计算机系统,本地连接的状态受限故障即能解决。

2. 伪设备导致的"本地连接"故障

一般来说,计算机中每安装配置一块网卡,在网络连接列表窗口中就应该有一个对应的"本地连接"图标出现,如果计算机中同时安装了多块网卡的话,就应该能看到有多个"本地连接"图标出现,并且每个"本地连接"的名称后面都应该有类似"2""3"这样的数字序号,与网卡的数目相对应。事实上,有时明明在计算机中只安装了一块网卡,但网络连接列表窗口中仍有可能出现两个"本地连接"图标。

如果计算机中只有一块网卡,但网络连接列表窗口中出现了两个"本地连接"图标的话,那就表明当前网卡的驱动程序至少在本地计算机中被重复安装了两次,这种现象往往出现在将网卡插槽位置更改之后,IP 地址等配置如图 5—11 所示。

一般来说,当网络不正常时,将网卡的安装位置从原来的插槽调整到其他的插槽中,以便改善网卡与插槽的接触可靠程度,在调整网卡安装位置时,即使在改变网卡位置之前没有将原先的网卡驱动程序卸载掉,但是在网卡位置变动后 Windows系统仍提示必须对新位置处的网卡驱动程序进行重新安装，特别是对于那些启用了即插即用功能的网卡来说，Windows往往不提示就自动重新安装了网卡的驱动程序，相同网卡设备的驱动程序就可能被系统重复进行了两次安装。而网卡原先的驱动程序由于没有被及时卸载掉，因此更换位置后网卡的驱动程序依然还在Windows系统中，并且更换位置后网卡的驱动程序又被安装了一次，考虑到本地计算机中已经出现了一个"本地连接"，此后出现的"本地连接"图标为避免重名往往会自动在名称后面加上"2""3"之类的数字。

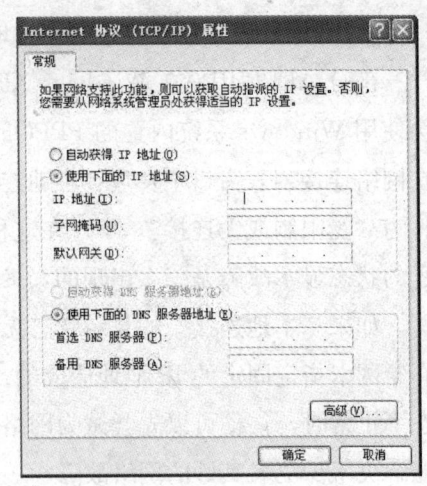

图5—11 IP地址等配置

这种网卡被重复安装的现象往往会带来麻烦，比方说，要是之前已经为网卡设备设置好了IP地址，当网卡安装位置变化之后再次尝试为该网卡设置相同的IP地址时，Windows系统将会自动弹出提示，告诉当前IP地址与其他网卡地址发生了冲突，并要求必须重新为该网卡设置其他的IP地址，此时就没有办法继续使用以前的IP地址了，必须将以前安装的虚拟网卡设备的驱动程序删除掉。

右键单击"我的电脑→属性→设备管理器→硬件→网络适配器"，右键单击要删除的网卡，选择卸载即可，如图5—12所示。

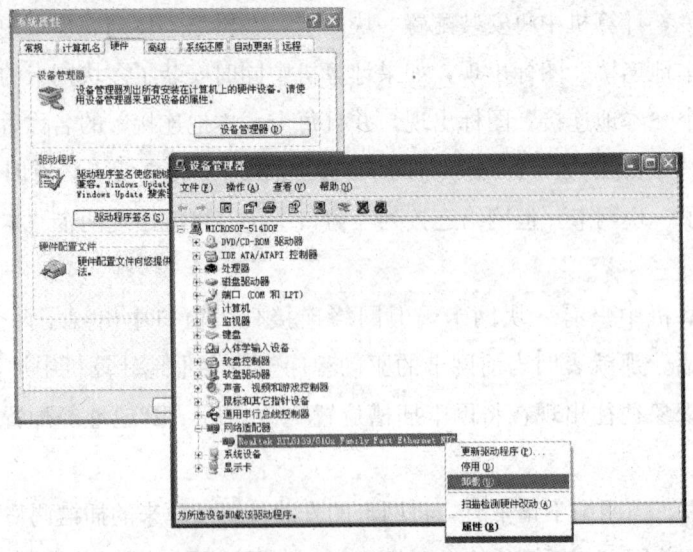

图5—12 卸载网卡

3. "本地连接"丢失故障

对网络参数进行重新配置时，进入网络连接列表窗口后，发现"本地连接"图标找不到。

造成"本地连接"丢失故障的因素有多种，例如，网卡没有安装成功，与"本地连接"相关的系统服务被停止，网络参数没有设置正确，或者对系统进行了不恰当的设置等。不同的因素引发的"本地连接"丢失故障，需要使用不同的方法来应对。

首先，打开系统的"设备管理器"界面，检查一下是否存在网卡设备，如果找不到，就证明网卡还没有安装好，必须重新正确安装好网卡设备；如果网卡能够显示在设备管理器中的话，就可以用鼠标右键单击网卡设备，并从其后出现的右键菜单中执行"属性"命令，在随后出现的窗口中，就能查看到网卡设备的当前工作状态了，如果发现该设备处于不可用状态，不妨更换一下网卡的安装位置，然后再重新安装一次网卡的驱动程序，看看能不能将故障现象消除掉。要是重装网卡还无法让网卡工作状态恢复正常的话，可能是网卡自身已经损坏，此时必须重新更换新的网卡。

其次，进入到系统的服务列表界面，检查一下与"本地连接"有关的系统服务启动状态，例如，看"Network Connections"服务是否已经处于启用状态，如果发现该服务被停用的话，再检查一下与"Network Connections"服务有关的远程过程调用服务"Remote Procedure Call"是否工作正常，因为一旦将该服务不小心禁用的话，"Network Connections"服务也有可能会随之停用。当然，要是"Plug and Play"服务工作不正常的话，也能影响到"本地连接"图标的正常显示，因此，也必须保证该服务能运行正常。

最后，可以打开系统的运行对话框，在其中执行"Dcomcnfg.exe"字符串命令，进入系统的分布式 COM 配置界面，单击其中的"默认属性"标签，查看对应标签页面中的"在这台计算机上启用分布式 COM"是否处于选中状态，如果该项目此时并没有处于选中状态的话，那"本地连接"丢失故障多半是由该因素引起的，此时只有重新将"在这台计算机上启用分布式 COM"选中，同时将模拟级别权限调整为"标识"，最后单击"确定"按钮，这样的话"本地连接"图标在系统重新启动之后就可以出现了。

如果上面的几个步骤还不能让"本地连接"图标出现，有必要检查一下是否人为将"网上邻居"功能隐藏起来了，如果是这样的话，必须打开系统运行框，在其中执行"poledit"字符串命令，打开系统策略编辑器界面，依次单击该界面菜单栏中的"文件"→"打开注册表"项目,然后双击其后界面中的"本地用户"图标,再逐一单击"外壳界面"→"限制"项目,并将"限制"项目下的"隐藏网上邻居"取消,最后保存好上面的设置操作,并重新启动计算机系统,就能恢复网上邻居的显示功能,这样也能解决"本地连接"丢失故障。

5.5 笔记本计算机故障分析与处理

5.5.1 笔记本计算机故障检测与诊断

 学习目标

➢ 了解笔记本计算机故障的种类
➢ 能检测诊断笔记本计算机故障

一、笔记本计算机故障的种类及产生的原因

笔记本计算机也称移动计算机,其功能强大、体积小、便于携带、使用方便,是集光、磁、电一体化的精密仪器。最新的计算机技术总是率先应用在笔记本计算机上,并且笔记本计算机制造工艺精良,虽价格较昂贵,但使用的人员和范围却在不断扩大。

笔记本计算机由于其可移动性和结构的特殊性,决定了其故障的特殊性和维修的复杂性。但笔记本计算机终究是计算机的一种,它的故障产生、维修原理与普通台式机是基本相同的。故障种类同样分为硬件故障和软件故障,更多的还有使用不当产生的故障,应该特别注意其使用方法。

1. 免受电磁干扰

品质较好的台式机机壳,能够遮罩自身和外部的电磁干扰,在工作的时候不会干扰外界电子设备,也不会受到其他电磁干扰。而笔记本计算机就没有像台式机一样的金属外壳,虽然先进的电路设计和制造工艺可以使它不会干扰外界设备,但是却无法避免遭受外部的电磁干扰。日常使用中最常见的干扰源就是手机,如果手机放在正在运行的笔记本计算机上面,来电时很容易使计算机死机或是自动关机,应

注意不要将手机放在笔记本计算机附近。

2. 防止键盘进水

在笔记本计算机的结构中，键盘进水是最容易发生的事情，键盘进水之后，由于键盘是无源键盘，不会直接引起电路部分的损坏，但容易引起键盘内部的印制电路变质失去导电作用从而使键盘失灵或损坏，在日常使用中一定要注意防止此类情况发生。

3. 良好的散热

笔记本计算机无论是主动散热还是被动散热，都需依靠热传递空气的流通，主动散热技术中都会在笔记本计算机机身的某些部分留下空气流通孔，这些孔有的在机身侧面，有的在下面，使用中不可以堵住散热孔。由于笔记本计算机机身体积小，方便携带，人们常会将其放在柔软的地方，如自己的双腿、床上、沙发上，从而堵住了散热孔，由于散热不良机身会感到烫手，甚至发生死机现象。

4. 保护好液晶屏

LCD液晶屏由于是薄玻璃结构，受到外力很容易破裂，在使用时应注意轻拿轻放，防止摔碰。还注意不要在笔记本计算机上面放置重物，从而使液晶屏意外受损，厂商一般都在笔记本计算机包装明显的部位标明了其可以承受的重力。

液晶屏表面的塑胶层也容易受到硬物的划伤，产生不可消除的刮痕，清洁时用软布擦拭即可。

5. 禁止热插拔

笔记本计算机接口卡等绝对禁止热插拔，除非特别说明可以热拔插的部件。尤其是串口和并口连接电缆，笔记本计算机在运行时热插拔很容易击穿内部的集成电路。

二、笔记本计算机故障的检测与诊断

笔记本计算机的各类故障检测按下述方法进行。

1. 不加电（电源指示灯不亮）

（1）检查外接适配器是否与笔记本计算机正确连接，外接适配器是否工作正常。

（2）如果只用电池为电源，检查电池型号是否为原配电池；电池是否充满电；电池安装得是否正确。

（3）检查 DC 板是否正常。

（4）检查、维修主板。

2. 电源指示灯亮但系统不运行，LCD 也无显示

（1）按住电源开关并持续 4 s 来关闭电源，再重新启动检查是否启动正常。

（2）外接 CRT 显示器是否正常显示。

（3）检查内存是否插接牢靠。

（4）清除 CMOS 信息。

（5）尝试更换内存、CPU、充电电池。

（6）维修主板。

3. 显示的图像不清晰

（1）检测调节显示亮度后是否正常。

（2）检查显示驱动安装是否正确；分辨率是否适合当前的 LCD 尺寸和型号。

（3）检查 LCD 连线与主板连接是否正确；检查 LCD 连线与 LCD 连接是否正确。

（4）检查背光控制板工作是否正常。

（5）检查主板上的北桥芯片是否存在冷焊和虚焊现象。

（6）尝试更换主板。

4. 无显示

（1）通过状态指示灯检查系统是否处于休眠状态，如果是休眠状态，按电源开关键唤醒。

（2）检查连接的外接显示器是否正常。

（3）检查是否加入电源。

（4）检查 LCD 连线两端连接是否正常。

（5）更换背光控制板或 LCD。

（6）更换主板。

5. 电池电量在 Windows 98/Windows ME 中识别不正常

（1）确认电源管理功能在操作系统中启动并且设置正确。

（2）将电池充电 3 h 后再使用。

（3）在 Windows 98 或 Windows ME 中将电池充放电两次。

（4）更换电池。

6. 触控板不工作

（1）检查是否有外置鼠标接入并用 Mouse 测试程序检测是否正常。

（2）检查触控板连线是否连接正确。

（3）更换触控板。

(4) 检查键盘控制芯片是否存在冷焊和虚焊现象。

(5) 更换主板。

7. 串口设备不工作

(1) 在 BIOS 设置中检查串口是否设置为"Enabled"。

(2) 用 SIO 测试程序检测是否正常。

(3) 检查串口设备是否连接正确。

(4) 如果是串口鼠标，在 BIOS 设置检查是否关闭内置触控板；在 Windows 98 或 Windows ME 的设备管理器中检查是否识别到串口鼠标；检查串口鼠标驱动安装是否正确。

(5) 更换串口设备。

(6) 检查主板上的南桥芯片是否存在冷焊和虚焊现象。

(7) 更换主板。

8. 并口设备不工作

(1) 在 BIOS 设置中检查并口是否设置为"Enabled"。

(2) 用 PIO 测试程序检测是否正常。

(3) 检查所有的连接是否正确。

(4) 检查外接设备是否开机。

(5) 检查打印机模式设置是否正确。

(6) 检查主板上的南桥芯片是否存在冷焊和虚焊现象。

(7) 更换主板。

9. USB 口不工作

(1) 在 BIOS 设置中检查 USB 口是否设置为"Enabled"。

(2) 重新插拔 USB 设备，检查连接是否正常。

(3) 检查 USB 端口驱动和 USB 设备的驱动程序安装是否正确。

(4) 更换 USB 设备或联系 USB 设备制造商获得技术支持。

(5) 更换主板。

10. 声卡工作不正常

(1) 用 Audio 检测程序检测是否正常。

(2) 检查音量调节是否正确。

(3) 检查声源（CD、磁带等）是否正常。

(4) 检查声卡驱动是否安装。

(5) 检查扬声器及传声器连线是否正常。

(6) 更换声卡板。

(7) 更换主板。

11. 风扇问题

(1) 用 FAN 测试程序检测是否正常，开机时风扇是否正常。

(2) FAN 线是否插好。

(3) FAN 是否良好。

(4) M/B 部分的 Connecter 是否焊好。

(5) 主板不良。

12. 键盘问题

(1) 用 kB 测试程序测试判断。

(2) 键盘线是否插好。

(3) M/B 部分的 Connecter 是否有针歪或其他不良。

(4) 主板不良。

13. 驱动程序类

(1) 显示不正常。

(2) 声卡不工作。

(3) Modem、LAN 不能工作。

(4) QSB 不能使用。

(5) 某些硬件因没有加载驱动或驱动程序加载不正确而不能正常使用。

14. 操作系统类

(1) 操作系统速度变慢。

(2) 有时死机。

(3) 机型不支持某操作系统。

(4) 不能正常关机。

(5) 休眠死机。

15. 应用程序类

(1) 应用程序冲突导致系统死机。

(2) 应用程序导致系统不能正常关机。

(3) 应用程序冲突导致不能正常使用。

5.5.2 笔记本计算机故障分析与处理

 学习目标

➢ 能分析笔记本计算机故障
➢ 能解决笔记本计算机故障

前一节讲述了笔记本计算机故障产生的原因和各类故障的检测与诊断，对故障进行了分类并给出了简单的处理方法。在实际维修操作中，绝大部分的处理方法与台式计算机相同，现就笔记本计算机的一些特殊硬件故障进行分析与处理。

一、BIOS 与引导问题

1. BIOS 与引导

笔记本计算机的 BIOS 很少使用台式机的 AMI 和 Award BIOS，绝大多数笔记本使用 Phoniex BIOS，部分品牌还使用自己专门开发的 BIOS。进入 BIOS 的方式也很多，在启动显示界面都会有提示。大多数笔记本计算机是按 F2 进入，此外还有按 F1 的（IBM），按 ESC＋F1 的（Toshiba），按 F10 的（COMPAQ 和 HP）等。

大多数使用 Phoniex BIOS 的笔记本计算机可通过启动时按 F12 来调出临时引导设备选择菜单，这些选择不会改变 BIOS 设置，只是在选择的当时生效。

笔记本计算机 BIOS 中没有风扇转速和 CPU 温度的显示，而是直接受控于 BIOS，在温度达到预设值的时候就开始运转，转速也会自动调节。但极少有厂商将这方面的设置放在 BIOS 中，最多是有一个允许在使用 AC 电源时让风扇一直运转的选项。

笔记本计算机大多数都可以支持 USB 设备引导，不过，目前的启动型 U 盘，保证能引导支持 USB 启动笔记本计算机的，只有那种可以在 Windows 状态下模拟成 A 盘的。

笔记本计算机的光驱如果是内置的，则一般采用 IDE 接口，如果是外置的，则有 USB、PC 卡、IEEE1394 和特殊接口 4 种。其中通用程度最好的是 USB 接口，但也并非所有 USB 光驱都可以引导笔记本计算机。USB 接口光驱引导后，只能用于安装 Windows XP，如果是 Windows XP 以前的操作系统（如 Windows 2000 和 Windows 98、Windows ME），可能会在引导后找不到光驱，必须使用专门

的引导镜像刻录光盘才可以。

笔记本计算机一般都支持网络引导，当然有些家用机型（如大部分的 SONY 机器）不支持，如果支持，则在启动时按 F12 都可以显示 Network Boot，只要网络环境支持网络引导（如用 Windows 2000 Server 版本加装一个终端服务），就可以使用这个选项。

2. 密码问题

笔记本计算机的 BIOS 密码不像台式机那么简单，绝大多数台式机 BIOS 密码只要拔掉主板电池就会丢失，而在笔记本计算机上面这种方法是没有用的。

在笔记本计算机中，密码有专门的密码芯片，或者写在 FlashRom 中，如果忘记了密码，各大厂商都明言不会为这种忘记密码的情况保修，如果要修的话就只能更换主板了。

笔记本计算机的 BIOS 密码大致分为开机密码（Power On Password）；超级用户密码（Super Visor Password）和硬盘密码（Hard Disk Password），有些机种还有自己特有的密码。

对于开机密码，绝大多数机种都可以通过拔掉 BIOS 电池的方式去掉，但是前提是没有设置超级用户密码，否则即使去掉了开机密码，超级用户密码还是会出现，不输入正确密码仍不能进入 BIOS。开机密码和超级用户密码不能设置成一样的，否则在取消了超级用户密码之后，开机密码会跳出来，而且输入原来的密码也是不能通过的，这时只能拔电池放电。

硬盘密码是防止在笔记本计算机被盗后硬盘里面的资料被盗用，加了硬盘密码的硬盘，超级用户的密码同时生效，在本机上面没有超级密码不能读取硬盘，即使拆硬盘到其他的机器上面，硬盘密码仍然存在，硬盘仍然不可读取。所以并不建议用这样的硬件级方法加密硬盘，采用软件加密文件夹即可。

二、电池的问题

大多数机种的电池都是有保护电路的，当电池温度过高或者放电电流过大的时候，可能因为超出电池的保护电路动作标准，而发生电池自动强行断电的问题。最常见的情况是，笔记本计算机在使用电池的时候全速运行造成电流过大而自动保护。举个例子来说，从光驱将 DVD 碟片内容采集入移动硬盘，这时主机和外设都在大量耗电，就有可能使得电流超出电池的保护标准，遇到这种情况只要断开外设等待 10 min 左右重新开机即可。

还有一种常见情况是笔记本计算机在炎热的环境中使用，电池高负荷运作，这样，环境温度加上电池自身放电产生的热量可能会超出电池保护电路预设的温度，这种情况尤其是高主频奔腾 4 机器在高温环境高速运行后可能出现。遇到这样的情况应该取出电池放置在温度较低并通风的地方，半小时即可恢复正常。高温对于锂电池的损害是比较大的，尽量避免在高温环境中高负荷地使用笔记本计算机。IBM 于 2001 年之后出品的笔记本计算机中，电源管理软件 Battery MaxMiser 可显示电池的温度和放电电流，但并非每个品牌产品都有此功能。

为了维持 BIOS 状态，很多笔记本计算机中有电池校正的选项，简单来说，这个功能会把笔记本计算机的电池充满再放电到彻底没电，然后再次充满，这样对于长期没有彻底放电造成的累计误差有一定的校正作用，但在 BIOS 中校正所花的时间比较长。

很多机型也有在 Windows 中放电的功能。这样可以节约时间，边工作边校正。电池校正不要太频繁，频繁的深度放电是会影响电池寿命的，建议两到三个月做一次就可以了。

三、屏幕的问题

目前的笔记本计算机大都采用 TFT-LCD 液晶屏幕，实际使用中主要的问题是坏点、白斑、黑屏和出现亮线等。

1. 坏点要解决是比较困难的，它其实是 TFT-LCD 生产过程中出现的缺陷。坏点分为真坏点和假坏点，真坏点是不可修复的，假坏点则是暂时性的，通常是由于该像素的原色点有接触不良的现象，假坏点的特征是出现位置不固定，或者时有时无。遇到这种情况，可以找一个火柴棍（也可以是其他不太硬的钝头小棒）轻轻在坏点出现的位置按压几下（切忌用力），有时候就能消除这种假坏点。如果在试过之后发现无法修复，就不要再去尝试。

2. 白斑通常是笔记本计算机屏幕内的反射层出现问题所导致的，最常见的情况就是屏幕受压或者被尖锐物体碰撞造成白斑，如果白斑才刚刚出现，检查屏幕顶盖是否有变形或者屏幕表面有无被撞击的痕迹。对于使用指点杆鼠标的机型特别提醒一点，指点杆一般都是突出键盘的，在机器顶盖受压的情况下指点杆就可能压迫屏幕形成白斑，在携带旅行不能保证条件宽松的时候，最好先把指点杆帽取下另外保存。

3. 黑屏的原因其实可以分为两种：一种是屏幕或者接线彻底坏掉，完全没有任何显示；一种是屏幕的背光不能点亮，看起来屏幕就是黑的。判断原则是，把机器拿到光线很强的地方，进入系统（不管有没有显示），然后对着光从各个角度看屏幕，如果看到屏幕上隐隐约约的显示，则说明是背光不能点亮的问题，如果是完全看不到有任何显示，则说明屏幕或者接线已经损坏。

4. 屏幕背光不能点亮一般可能有两个原因，背光灯管烧毁或者驱动灯管的增压电路损坏。可以在刚刚按下开机按钮启动的时候把耳朵贴在屏幕边框上细听，如果有"滋滋"的声响，然后就无声，可能是增压电路的问题；如果一直无声，则可能是灯管问题。

由于设计导致黑屏的原因。如果把显示器切换到外接显示器，或者不小心把启动时的默认显示器改为了外接显示器，则会一直黑屏，其实并非硬件故障，而是软件缺陷，只要再把显示器切换回来即可解决。

5. 出现亮线是指屏幕上出现一个或者多个像素宽度的亮线，在屏幕上显示为横向或者纵向的一条线，颜色不会改变，在某些背景下就特别明显。亮线的特征是位置固定不变，而且是跨越整个屏幕的横向或者竖直线。

这种原因通常是由屏幕的排线松动造成的，可以尝试前后摇动一下屏幕并且用手按一下屏幕四周的边框，如果亮线有闪动或者变化，说明确实是屏幕的排线问题，应赶快送修，因为这不是一般用户可以解决的问题。

四、键盘的问题

笔记本计算机的键盘所遇到的最常见问题就是键帽脱落装不回去、支架断裂、不慎泼水和太脏需要清理。键帽脱落装不回去的情况在笔记本计算机用户中很常见，这里以最难装的 Compaq 键帽为例。

1. 首先，请确保支架已经正确安装，可以用手指甲轻轻挑一下支架，如果它能正常上下运动就没问题，否则先把支架装好，在安装不正确的支架上强行装入键帽是一定会造成损坏的。

如果支架已经装好，请注意键帽中心部位有一个凸起，这个凸起和支架中心的弹性橡胶中间的下凹部分必须对应。安装方法是先轻轻地把键帽放在支架上，缓缓地前后左右移动，直到键帽背面的凸起对应了弹性橡胶中间的下凹部位，正确对准后会感觉移动键帽的时候受到弹性橡胶的阻力，这时才可以把键帽压下，键帽上的卡榫会自动夹紧支架，发出到位的"喀哒"声，在键帽的四角用力按一下，确保4个卡榫都已经正确地咬上支架，然后键帽就可以使用了。

2. 支架断裂的情况比较麻烦，可以看看断掉的支架是否还能够勉强运作，如果可以，可强行装上，以后小心使用。如果支架已经断裂到无法再使用，那么可以考虑把其他最少用到的键的支架换过来，这样可以应急，不至于影响工作。键帽支架是很细小脆弱的部件，一定要小心操作。

3. 如是不慎泼水入键盘，应该在第一时间把机器倒转过来以免水流入主板造成严重的后果。然后拔掉电源与电池强行关机，只是单纯按电源开关强行关机是不足够的，因为主电池仍然可能短路，所以一定要取下电池和断开电源适配器。

随后用干布吸干键盘表面的水，尝试拆下键盘擦干背面的水，再阴干（最好不要用热风吹），同时主机内部也最好用冷风吹一天，不然开机可能会发生短路。

水干了之后，如果发现有部分按键失灵，请再次检查键盘积水是否已经干透，重点检查键盘引出接线的位置，一般来说现在的笔记本计算机键盘都不会因为一次泡水就坏，只要清洁得法还是可以修复。

4. 如果键盘很脏需要清理，准备一把软毛刷，把笔记本计算机关闭后侧立，用软毛刷仔细清洁键盘的缝隙。刷子要保持干燥不可有水，完成后再用拧干的湿棉布清洁键盘表面，晾干后即可使用。

五、接口的问题

笔记本计算机上最容易出现问题的接口是网卡接口、USB 接口、4 针 IEEE1394 接口、耳机插孔等。出现问题的主要原因是使用了劣质的插头和粗暴操作，为此一定要选择质量优良的插头，不应该选择那些主体和插头集成但主体又很沉重的设备。

此外，尽可能不要在 USB 接口上使用耗电过大的外设产品，如使用旧款笔记本计算机硬盘的硬盘盒，如果发现这些外设工作已经不正常，就不要继续在 USB 接口上使用它们，长期处于过大的电流容易导致 USB 接口控制电路烧毁。

如果端口表面镀层因为磨损而剥落进而生锈，可以尝试用绘图橡皮来磨掉锈蚀，但这需要非常小心才行。

六、系统过热

笔记本计算机在使用过程中经常出现死机的情况，触摸其底部发现温度过高。笔记本计算机空间狭小，散热不好，各元器件散发出来的热量容易积蓄，最后造成计算机工作不正常，甚至将机器烧毁。由于笔记本计算机通常是通过底部和侧面来散热的，所以在使用过程中：一是要避免在高温环境中长时间使用；二是最好不要在过于柔软的平台上使用，这样会不利于热量的散失。一定要将笔记本计算机放在一个通风良好的硬平面上，同时要经常清洁笔记本计算机，除去尘土，使通风口空气流动畅通，保证系统散热良好。

某些需要依靠处理器的程序会导致笔记本计算机的温度升高到某一程度，使笔记本计算机自动放慢 CPU 的速度，以保护其不会因为高温而损坏。

如果笔记本计算机工作过程中温度很高，则应该迅速保存文件后关闭电源，然后更换工作环境。如果上述问题仍然出现，则将笔记本计算机送到专业维修部门检测。需要特别指出的是，使用台式机 CPU 的笔记本计算机，在炎热的夏季长时间使用后，非常容易发生过热死机。建议，对于稳定性要求比较高，同时经济条件较宽裕的用户，最好不要选择这类笔记本计算机。

七、LCD 故障

笔记本计算机的 LCD 故障主要来自使用过程中的砸、压或摔等人为故障，使显示器出现大量坏点、偏色、面板破碎，甚至完全没有图像。这类故障很难自行修理，通常交由专业维修人员处理。如果是液晶板和主机的信号线接触不良或断裂造成的问题，比较容易处理。如果液晶板本身损坏，则只有更换。液晶板的造价根据机型不同，占到总成本的 30%～50% 不等。另外，一般情况下笔记本计算机的薄膜场效应管液晶显示屏（即 TFT-LCD）包含了多达两百万个场效应管。正是由于这种技术的生产过程，出现一定数量的像素失效（包括像素点丢失、像素点失色、像素点常亮无法关闭）是薄膜场效应管液晶显示屏技术的一种特性。对于任何一个生产厂家，这样的现象都是不可避免的。

八、内存故障

笔记本计算机内存故障较少，尤其是原装内存。如果内存出现问题，系统将无法启动。根据使用的 BIOS 的不同，有不同的报警声，多数为连续不断的长"嘀"声，或者是连续不断的短"嘀"声。解决的方法是打开内存槽的盖板更换内存，通常不用购买原装内存（价格昂贵）。注意笔记本计算机使用的内存与台式机不同，长度只有台式机内存的一半。

1. 内存不规范

目前大多数笔记本计算机使用的是 PC100 或者 PC133 规格的内存；这些内存都应该有一个 SPD 芯片用于存储内存的基本参数和规格，以提供 BIOS 识别和系统调用，但是一些杂牌的内存是没有 SPD 芯片或者是只用一块针脚相同的空芯片来冒充 SPD 芯片。这样的内存能用便是侥幸，稳定性毫无保障，对于没有 SPD 芯片的内存，不管价格多么便宜都建议不要购买。此外，有些较老的机器使用的是 144 针的 EDO 内存，这种内存和 SDRAM 的封装完全相同，外观也看不出来，最高容量为 128 MB，不过其工作电压为 5 V 而不是 SDRAM 的 3.3 V，如果误插了

SDRAM 内存就很可能被烧毁。

2. 内存的外观问题

主要是指内存的高度和厚度,因为采用单面封装因此比较薄,过去的一些笔记本计算机没有在内存插槽中预留足够的空间,现在的一些大容量高板双面内存就安装不下。

3. 内存的兼容性问题

这个问题对于 Compaq 和 IBM 的超轻薄机器尤为常见,即使是 KingSton 和 KingMax 这样的名牌内存也可能出现兼容性问题,因此最好不要不试机就盲目地购买,插上内存条确认正确的容量是基本的要求,如果是机器都开不了的黑屏或者"嘀嘀"的报错那就根本不用考虑,将机器置于待机状态,看看能否正常唤醒。最好是可以用一些内存测试软件(推荐 DocMem)测试其稳定性。

4. 耗电量和发热问题

许多用户在升级内存后发现电池寿命缩短了,而且整机的发热量增大,这主要是新更换的内存在工作时发热所致,通常有两条内存的机器比一条内存的机器温度会高一些(两个发热源)。而且内存工作时是需要耗电的,耗电量加大也是正常。

5. 最大内存支持问题

目前市面上所销售的笔记本计算机内存从单条 64 MB 到单条 256 MB (SDRAM) 都有。有时会遇到单条 256 MB 的内存被计算机识别成 128 MB 内存的情况,这就是最大内存支持的问题,这个问题和主板的芯片组及笔记本计算机的 BIOS 都有关系,至于厂商的 BIOS 也对最大内存总量有影响,如果厂商在 BIOS 中限制了最大的内存量,则所使用的内存总量不能超过这个设置。

6. 关于专用内存

专用内存通常用于超轻薄的小机器,是厂商为了减小机器的体积而设计的。由于是为特定机器定做,这些内存成本较高,相应的售价也昂贵,但是不会存在兼容性和质量问题,在选购内存之前,请注意自己计算机是否使用的是专用内存。

九、硬盘故障

硬盘数据发生问题主要可以区分成两种状况。

1. 第一种是硬盘本身的故障,此类问题的预防方式,除了避免在开关机过程摇晃计算机外,平时备份数据的习惯也是养成的。

2. 第二种是操作系统损毁或中毒造成无法开机。针对此情况,如果在安装操作系统之前,就已经将硬盘以适当的比例进行切割,且将重要的数据都已经备份在不同于储存操作系统的分区中,这时就可以通过其他方式或工具设法挽救操作系统,甚至于重新安装操作系统,而不用害怕硬盘中辛苦建立的其他数据受到损害。一般而言,建议将硬盘以 6∶4 的比例存放操作系统和其他数据(操作系统占 60%,数据区占 40%)。倘若操作系统已经安装在整个硬盘中,也就是硬盘中只有一个分区,这时若想要再加入一个分区,可以通过支持 Windows 的硬盘分区软件,(如 Partiton Magic)进行分区。

本章练习题

1. 引发计算机故障的原因有哪些?
2. 检查计算机故障的一般原则是什么?
3. 计算机故障的检测方法有哪些?
4. 万用表有哪些常用的检测方法?
5. 简述示波器各部分的基本功能。
6. 怎样判断计算机软件故障?
7. 怎样判断计算机硬件故障?
8. 怎样进入安全模式?
9. 安全模式包含哪几个选项?
10. 安全模式有哪些作用?
11. 列举多操作系统的典型故障症状。
12. 声卡有哪些类别?
13. 简述不能识别声卡的原因及解决方法。
14. 简述计算机无声可能的原因及解决方法。
15. 列举 5 个常见的计算机网络设备。
16. 简述网络硬件故障的解决方法。
17. 简述网络协议(TCP/IP 协议)的配置方法。
18. 简述 ping 命令的使用方法。
19. 列举常用的网络命令及其基本功能。
20. 列举使用笔记本计算机的注意事项。

第 6 章

板级维修

本章主要学习光驱及刻录机、打印机、USB 存储设备、扫描仪、主板等计算机设备的损坏程度确认和维修。重点掌握这些设备故障的检测方法，准确判断故障部位并进行更换或维修。难点是如何正确拆卸与安装设备，避免造成设备的二次损坏。

6.1 光驱与刻录机损坏的确认与维修

6.1.1 确认光驱与刻录机损坏的程度

 学习目标

➢ 了解光驱与刻录机产生故障的原因
➢ 能判断光驱与刻录机的损坏程度

一、光驱与刻录机产生故障的原因

光盘驱动器（简称光驱）、DVD 刻录机（包括 VCD 刻录机，以后均称为刻录机）已经成为计算机的标准配置，因其价格越来越低廉，人们在选购计算机或组装计算机时都会优先考虑配置光驱和刻录机,充分享受着刻录存储带来的便捷。刻录机同时也可当做普通光驱使用,常常只选择安装刻录机,使得刻录机的使用更加频繁,出现更高的故障率,产生不读盘、读时死机以及无法刻录等故障。排除光驱、刻录机和盘片本身的质量外,多数的故障是由于操作、使用不当所造成的。

1. 选择了劣质的机箱

购买计算机时为了节约成本,选择了劣质的机箱,机箱存在严重的散热问题,由于光驱在读、刻盘时会产生大量的热量,致使无法及时散热导致刻录失败或长时间无法读盘。

2. 光驱安装不正确

当使用双光驱时会将两个光驱紧靠在一起,会影响光驱的散热,长时间工作造成光驱散热不良导致电子板过热或烧毁,影响光驱的使用寿命。机箱内清理不及时,大量的灰尘覆盖在光驱上,也影响光驱的散热,导致散热不良而死机。

3. 使用不正确也可能造成无法读、刻录故障

某些较老的主板 ACPI 电源管理存在一些问题,有时候软解压软件无法禁止屏幕保护程序和睡眠状态等,从而在系统进入省电状态时出现死机。或同时运行很多程序甚至交叉使用软解压软件使系统资源过低而导致系统崩溃。

某些 VIA/SiS 芯片组主板安装了比较老或相对于这些芯片组不是很完善的 IDE 驱动程序,导致光驱在 DMA 方式工作下出现死机。

有些盘片表面不平,由于同一半径下圆环上的每一个点都不在同一平面上或同一半径下,这条半径上的每一个点都不在同一平面上造成光驱在读到某一个扇区时出现死读。

刻录时未禁止使用 ACPI,或者在操作系统的电源管理中也未禁用所有的关于硬盘、显示器关闭、睡眠等选项,使得刻录失败。

4. 长时间使用光驱及刻录机

频繁使用光驱观看影片(特别是同一影片),或使用盗版盘,使得光驱为纠错而反复读盘,导致光驱机械磨损加重和激光头过早老化,出现不读盘或挑盘等故障。

二、光驱与刻录机损坏程度的判断

对于光驱与刻录机的损坏程度的判断需要从以下几个方面来分析。

1. 不能识别设备

计算机系统安装有光驱或刻录机,未能被系统识别,在资源管理器中没有相应

的驱动器盘符。其处理方法是：

（1）重新启动计算机，查看启动信息中是否有光驱信息。

（2）进入 BIOS，查看系统中的设置是否正确。

（3）如果 BIOS 设置正确而无光驱信息，则说明光驱安装不正确。

（4）检查光驱的跳线设置是否正确，不能和硬盘发生冲突。

（5）检查光驱电源和数据插线是否正确连接。

（6）如果电源和数据插线连接正确，设置也正确，即可判断是光驱本身损坏。将该光驱连接到其他计算机上或更换光驱做最终确认。

2. **读盘故障**

（1）不读盘

放入光盘后不能识别，或指示灯闪烁几下后无反应，说明光驱激光头老化，或相关电路损坏。

（2）读盘出错

排除光盘损坏、划伤等情况，出现读盘出错，应该是激光头发射能力降低所致。可通过调整激光头激光发射功率恢复。

（3）挑盘

同样也是激光头发射能力降低所致。质量好的盘片可正常读出，稍差的盘片不能读，可通过调整激光头激光发射功率恢复。

3. **刻录故障**

该故障是烧写激光头老化引起。刻录盘片时需要较大功率的激光，容易引起激光头过早老化，发射能力降低，产生不能刻录或刻录失败的故障。

4. **机械故障**

（1）机械磨损

机械磨损、位移、变形，造成机械部分抖动过大或是直接损坏而导致某些光盘不能识别和读取，或是激光不能正常发射聚焦至正常的光盘轨道上而无法正常读取光盘中的数据。

（2）盘片托架不能弹出

盘片托架不能弹出是托架驱动机构故障，是由于驱动电动机损坏或传动机构损坏。

（3）盘片托架弹出不能停止

该故障主要是到位开关接触不良或移位，使得托盘弹出后未触到开关而自动退回。

6.1.2 维修光驱与刻录机

 学习目标

➢ 能判断光驱与刻录机的故障部位
➢ 能调整激光头
➢ 能排除其他故障

如果出现光驱不读盘、读盘出错、挑盘等故障，一般可确定为激光头部分出现故障，重点检查激光头部分，并进行清洁，必要时要调整激光头的发射电流使发射功率增大。

一、调整激光头

1. 光驱的拆卸

光驱作为一种精密电子机械，其结构紧凑，拆卸时必须小心谨慎。其外形结构如图6—1所示。

光驱的拆卸步骤如下：

步骤1：拆卸底部4颗固定螺钉。

步骤2：拆卸前面板。取下前面板时必须先将托盘推出，方法为给光驱加电源用按键推出，或用回形针拉直插入推出孔中，如图6—2所示。

图6—1 光驱、刻录机外形图

图6—2 用回形针推出托盘

步骤3：取下两面金属外壳，即可看到印制电路板、激光头、机械驱动部分，光驱内部结构如图6—3所示。有些光驱机芯与外壳之间有橡胶柱防振连接，取出时注意不要损坏其结构。

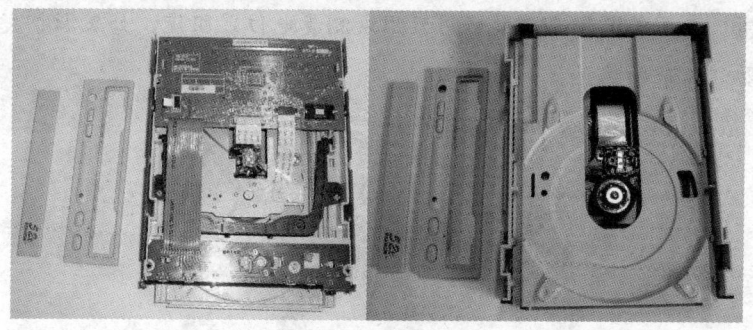

图 6—3　光驱内部图

步骤 4：拆卸电路板时，拆掉一些电缆连接插头，必须先拨开插座锁扣再拔出电缆插头，不可硬性拔出。插入时拨开锁扣，插入插头后锁紧。如图 6—4 所示。

图 6—4　拆卸电缆插头

2. 激光头的清洁

长时间使用光驱，即使光驱不读盘，也会有灰尘进入光驱中。激光头由于平面向上容易堆积灰尘而影响读盘，必须定期对激光头进行清洁。

平时激光头的清洁可使用专用的 CD 清洁盘，使用播放软件读取光盘内容，清洁盘上的软毛刷可将激光头上的灰尘清理干净。

还可以将光驱拆开，用脱脂棉蘸纯净水或蒸馏水清洁，不可使用自来水和矿泉水。也可用脱脂棉蘸无水酒精清洁，但酒精属有机溶剂，要慎重使用。

3. 激光头的调整

光驱长时间使用后读盘能力下降，就必须对激光头进行调整以增加激光发射能力，使得光驱能够继续正常使用，但不能调整过大，以免在短时间内迅速使激光二极管老化，而使光驱报废。

调整方法为拆卸光驱外壳和相关的印制电路板使激光头组件外露，可以从侧面看到调整激光头的电位器，如图 6—5 所示。

调整电位器即可调整激光发射管功率，经反复调整试验达到能正常读盘即可。

■ **注意**：在调整电位器前最好用万用表测量电位器阻值，如果调整失败还可以恢复电位器到原来的位置。

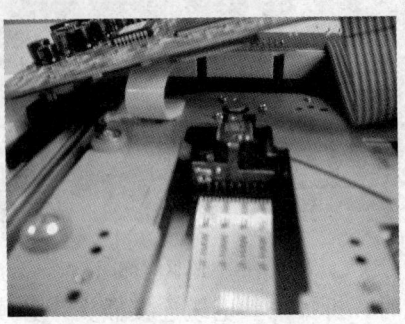

图 6—5 激光头调整

二、其他故障的维修

1. 光驱卡住无法弹出

如果出现光驱卡住无法弹出的情况，可能就是光驱内部机械部件之间的接触出现了问题。

将光驱从机箱卸下并使用十字旋具拆开，通过紧急弹出孔弹出光驱托盘，卸掉光驱的上盖和前盖。

卸下上盖后会看见光驱的机芯，在托盘的左边或者右边会有一条末端连着托盘电动机的皮带。检查皮带是否干净，是否有错位。

另外光驱的托盘两边会有一排锯齿，这个锯齿是控制托盘弹出和缩回的。可以给锯齿涂润滑油，并检查其有无错位之类的现象。

然后将光驱重新安装好，再开机试验，如图 6—6 所示。

图 6—6 光驱内部机械部件

2. 无法识别光驱

光驱安装后开机自检，如果不能检测到光驱，则要检查光驱排线的连接是否正确、牢靠，光驱的电源插头是否插好。

如果自检到光驱这一项时出现画面停止，则要检查光驱跳线（主、从盘设置）是否正确。

在 Windows 系统中，当主板驱动因病毒或误操作而丢失时，会使 IDE 控制器不能被系统正确识别，从而引起光驱故障，只要重新安装主板驱动即可。

3. 检测托盘不到位而不能读盘

光驱中有一个测试托盘到位信号的开关（见图 6—7），托盘进出时拨动开关将到位信号传送给控制电路，如果开关损坏或接触不良，可导致到位信号出错，使控制电路工作不正常，造成不能读盘。可以更换开关或用酒精清洗开关触点即可解决故障。

图 6—7　开关的位置

6.2　打印机维修

6.2.1　确认打印机损坏的程度

 学习目标

➢了解打印机故障产生的原因
➢能判断打印机故障及损坏程度

一、打印机无法打印

打印机无法打印大多是由于打印机使用、安装、设置不当造成的，病毒、打印机损坏、打印机端口有故障也会导致打印机无法打印，可按如下步骤检查处理。

步骤 1：检查打印机是否处于联机状态。在大多数打印机上，"OnLine" 按钮旁边都有一个指示联机状态的小灯，正常情况下该联机指示灯应处于常亮状态。如果该指示灯不亮或处于闪烁状态，说明联机不正常。应检查打印机电源是否接通、打印机电源开关是否打开、打印机电缆是否正确连接等。

步骤 2：如果联机指示灯显示联机正常，应先关掉打印机，然后再打开，并尝试重新打印文档。此操作能清除打印机内存中存放的打印文档数据并能解决许多问题，但有时这种方法会导致打印输出混乱，需重新启动系统后才可正常打印。

步骤3：检查是否已将打印机设置为默认打印机，方法是在控制面板中打开打印机设置窗口，检查当前使用的打印机图标上是否有一黑色的对号，如果没有，用右键单击打印机图标，选择"设为默认打印机"。如果窗口中没有当前使用的打印机，应单击"文件"菜单中的"添加打印机"命令，然后根据提示安装打印机。

步骤4：检查是否将当前打印机设置为暂停打印，方法是在"打印机"窗口用右键单击打印机图标，在出现的菜单中检查"暂停打印"选项是否被选中。如果选中了"暂停打印"选项，则取消该选项，然后重新打印。

步骤5：在"记事本"或"写字板"中键入几行文字，然后单击"文件"菜单上的"打印"。如果能够打印测试文档，可能是使用的程序有问题，则在使用的WPS、Word或其他应用程序中检查是否选择了正确的打印机。如果是应用程序生成的打印文件，则检查程序生成的打印输出是否正确。

步骤6：硬盘剩余空间过小会导致打印机无法打印。检查硬盘可用空间是否低于10 MB，方法是在"我的电脑"中用右键单击安装Windows的硬盘图标（通常是C盘），选择"属性"，打开当前硬盘属性窗口，在"常规"选项卡检查硬盘空间。如果硬盘剩余空间低于10 MB，则必须清空"回收站"、删除硬盘上的临时文件、删除硬盘上的过期文件或已归档文件、删除从不使用的程序，以释放更多的空间才能打印。

步骤7：检查使用的打印机驱动程序是否合适以及配置是否正确，方法是在"打印机"窗口用右键单击打印机图标，在出现的菜单中选择"属性"选项，打开打印机属性对话框，检查以下内容：

（1）在"端口"选项卡中，检查打印机端口设置是否正确，最常用的端口设置为"LPT1：打印机端口"，但是有些打印机却要求使用其他端口。

（2）在"高级"选项卡中，检查使用的驱动程序是否合适。

（3）如果是打印大型文件时出现故障，则在"超时设置"栏目增加各项"超时设置"值。此选项仅对直接与计算机相连的打印机有效，使用网络打印机时无效。

步骤8：检查BIOS中打印机端口是否打开。BIOS中打印机使用的端口应设置为"Enable"，并注意早期的有些打印机不支持ECP类型的打印端口信号，这时应尝试将打印端口设置为"Normal""SPP"或"ECP+EPP"方式。

步骤9：检查是否存在病毒，用杀毒软件杀毒。

步骤10：检查打印机电缆，确保连接计算机和打印机的电缆两端都插对、插牢。如果使用了打印机切换设备（如并口扫描仪、打印机共享器），则不经过切换设备，将打印机直接与计算机相连，然后尝试进行打印。如果不经过切换设备能正常打印，则表明切换设备有问题。

步骤11：检查打印机驱动程序是否已损坏。打印机驱动程序损坏会导致打印机无法打印，可用右键单击打印机图标，选择"删除"，然后重新安装打印机驱动程序后再打印。如果重新安装后能正常工作，说明问题出在已损坏的打印机驱动程序。

步骤12：检查打印机是否有打印纸、色带和其他必需品，如进纸盒中是否有纸，打印机是否卡纸，粉盒、色带或墨粉是否有效。

如经过上述检查还是无法打印，故障原因可能是下列三种之一：一是打印机电缆断线；二是打印机损坏；三是打印机端口有故障。打印机电缆断线和打印机损坏可用替换法检查，如果是打印机出现故障，则将打印机送修；如果是主板打印机端口损坏，可另加装一块多功能卡，在BIOS中关闭主板打印机端口实施打印。

二、打印过程中出现乱码

如果打印机在打印过程中总是出现乱码，即便是重新启动打印机和计算机也是如此，那么故障原因可能是打印机驱动、打印机电缆或打印机自身问题，可按以下步骤来判断故障所在。

1. 打印机自检

打印机自检可以判断打印机本身是否存在硬件故障，不同打印机的自检操作不同，应查阅打印机使用手册，按正确的自检过程操作。例如，EPSON MJ－1600K打印机的自检过程是：确认打印机未接通电源，将极少量不小于A4幅面的打印纸放入单页送纸器，按住"进纸/退纸"键的同时，打开打印机电源，则打印机会进行自检打印，自检打印将持续进行到送纸器上的打印纸用完为止。如果打印自检成功，说明打印机硬件工作正常。如果自检失败，则打印机自身有问题。

2. 检测打印机电缆

如果打印机自检正常，则检测打印机电缆。方法是：确保电缆两端已插牢，在MS-DOS下，键入"dir＞prn"命令，并按Enter键。如果打印机打出文件列表，说明打印电缆正常，否则电缆已经损坏，应换用新电缆并进行测试。

3. 打印测试页

通过打印测试页，可以判断打印机驱动程序是否正确。在控制面板中打开打印机设置窗口，然后右键单击打印机图标，单击"属性"，选择"常规"选项卡，单击"打印测试页"按钮。如果测试页正常，表明已经正确安装打印机驱动程序，否则可重新安装打印机驱动程序。

如果以上三项测试均正常，那么可能是所用程序存在问题，可以换用其他程序进行打印测试。

6.2.2 维修打印机

 学习目标

➢ 能判断不同类型打印机的故障部位
➢ 能维修不同类型的打印机

一、票据打印机的维修

不同型号的票据打印机在整体设计上差别不大，但从具体的电路和结构上来说还有一定的区别。

1. 票据打印机常见故障原因分析

（1）全部打印针不出针打印

票据打印机全部打印针在打印时之所以不出针打印，其主要原因是打印针驱动线圈上没有施加激励高压，使打印针没有驱动力而不能出针。此外，有些票据打印机专门设计有针数据形成电路，如 DLQ-2000K 打印机，若打印头驱动脉冲 HPW 信号失效，打印针就会因无法得到激励高压而出现全部打印针不出针打印的现象。又如在 OKI-5330SC 票据打印机中，是把与 SERIALCLOCK-N 信号同步的串行数据 SERIALDATA-N 转换成打印头的并行针数据 HEADDATA 1～24 信号，若 SERI-ALCLOCK-N 或 SERIALDATA-N 信号失效，则全部打印针不出针打印。

（2）奇数针或偶数针不出针打印

有些打印机中，在打印头控制与驱动电路中设计了奇数针允许信号和偶数针允许信号。只有当奇数针允许信号有效时，奇数针才有可能出针打印；而只有当偶数针允许信号有效时，偶数针才可能出针打印。若奇数针或偶数针不出针打印，则应检测奇数针或偶数针允许信号是否正常。如 OKI-5330SC 票据打印机的打印头控制与驱动电路设计了奇数针允许信号 ODD-EN 和偶数针允许信号 EVEN-EN。

（3）部分或个别打印针不出针打印

当针数据形成电路（或专用门阵列电路）及打印针驱动电路的个别器件中某一部分损坏时，就会造成部分或个别打印针不出针打印。在有些票据打印机中，激励高压是分 4 路或 3 路向打印针驱动线圈提供的（如在 AR-5400、AR-6400 票据打机中是分 4 路向打印针线圈施加激励高压的,而在 Lexmark 2391Plus 票据打印机中是分 3 路为打印针驱动模块提供高压的)。在这种形式的电路中,若其中一路损坏,则由它所提供高压的那些针(6 根或 8 根)就不能出针打印。一般来说,当票据打印机在打印过程中有规则地出现 6 根针或 8 根针不出针打印的故障现象时,就有可能是这 4 路或 3 路中的某一路损坏。因此,在检查这类电路故障时应根据具体票据打印机的打印针驱动电路进行分析和测试,最后寻找出损坏的器件并予以更换。此外,打印头电缆输出插座接触不良也会使打印头的个别打印针不出针打印。

在采用 E05A02LA 芯片作为针数据形成电路的 DLQ-2000K 票据打印机中,由于 E05A02LA 芯片的 8 路数据输入线中的每一位控制着 3 根打印针的针数据信号(E05A02LA 芯片的具体电路分析参见后面实例中的电路原理),当该机器接口电路的 8 位数据输入线中的某一位开路(断线)或短路时,与其对应的 3 根针就不能出针打印,打印出的字符上会出现 3 条白线;或 3 根针连续出针打印,打印出的字符上出现 3 条黑线(此时打印汉字还会伴随着不能联机打印现象,但在自检打印时却不少针。因此,在检查这种故障时还应注意检查其接口电路)。

2. 常见票据打印机故障排除实例

(1) DLQ-2000K 票据打印机自检打印时打印字符缺点少画

1) 故障现象。DLQ-2000K 票据打印机自检打印时打印出的字符不完整,缺点少画。

2) 故障分析与处理方法。从打印出的字符缺点少画这种现象来看,故障原因可能有 4 种:一是打印头上的打印针折断;二是打印针驱动线圈断路或烧坏;三是连接打印头的电缆上出现断头或插头与插座之间的个别插脚接触不良;四是打印头控制与驱动电路有故障。首先用打印头断针测试程序检测打印头出针打印情况,结果测得 5、13、21 号针不出针打印。按以下步骤进行诊断与排除。

步骤 1:关闭打印机电源,将字车移到中间,依次拆下色带盒和打印头,从打印头前面的导向板上检查打印头是否有断针,结果未发现断针。

步骤 2:用万用表仔细测量打印头各组线圈的直流电阻值,测得阻值与正常值相符。

步骤 3:检查打印头连接电缆的插脚是否接触不良,未发现问题。打开打印机上盖,从打印机右侧的打印头电缆插座板上拔下 3 根扁平电缆,将万用表的两支表笔分别搭在所查电缆(一共有 3 根电缆,两根宽的为打印头电缆,最窄的是传感器和色带驱动电动机信号电缆)两端的对应线上,测量其电阻值是否为零,结果测得短针组连接电缆的第9脚断线，用一根同型号的扁平电缆更换后故障排除。

DLQ-2000K 票据打印机的打印头短针驱动线圈组的第9线是 5、13、21 号针线圈的电源公共输入端，而这根电缆是直接沿着打印机机架外侧插在一块专门的插座上，3 根电缆的外面又覆盖着一块保护铁皮。由于机架与最里层短针线圈组电缆接触的下端有明显的棱角，正好卡住该电缆的弯曲部位，长期的摩擦会把该电缆的第9根线磨断，严重时会导致这根线对地短路，即 +35 V 电源端对机架地短路，影响整个票据打印机主控电路的正常工作。

(2) OKI-5330SC 票据打印机打印时全部针都不出针

1) 故障现象。OKI-5330SC 票据打印机开机后字车能返回初始位置，在自检和联机打印时，字车能来回运动，但打印头不能出针打印，打印页面无打印痕迹。

2) 故障分析与处理方法。开机后打印机的字车能够返回初始位置，说明该打印机的主控电路工作正常，而打印时字车能够往返运动但打印头不出针打印，这种现象一般是打印头的控制与驱动电路有故障。OKI-5330SC 票据打印机的针数据信号电路是把串行数据通过连接电缆传输到字车电动机和打印头驱动板上，再由驱动板上的两片 12 位移位驱动器（M2021）转换成并行打印头出针信号输出的，从而会有 3 种可能造成全部打印针不出针打印的故障：一是打印头控制器专用门阵列电路 M61059（03G）的打印针补偿信号 ODD DATACOUT 和打印针触发信号 ODD TRG 故障；二是打印头控制电路故障导致奇数打印针允许信号 ODD EN、打印头驱动电流汇总信号 ODD COMMON 异常；三是打印针驱动器 M2021 损坏。可按以下步骤进行诊断与排除。

步骤 1：关闭打印机电源，拔下输纸手柄后拆下上盖并取出字车电动机驱动板。用万用表静态测量驱动板上驱动奇数打印针的驱动器 M2021（Q2）各脚对地的正反向电阻值，结果正常。

步骤 2：拔下打印机机架上的所有连接插头后拆下打印机机架（先拆去 4 颗固定螺钉），再拆下主控电路板。用万用表静态测量主控电路板上控制着打印头奇/偶数针驱动电流汇总信号线 ODD/EVEN COMMON 的三极管 TR13/TR12（2SB883）的 b、c、e 极对地的正、反向电阻值，结果也正常。

步骤 3：接通打印机电源，分别测量 TR13 和 TR12 的 b、c、e 极上电压，结果测得电压值都属于正常。关闭电源，测量奇数针控制电路中的比较器 2901（0SD）各脚对地的正反向电阻值，结果正常。接着用示波器分别接在 08D 的 4 脚和 8 脚上观察奇/偶数打印针触发信号 ODD/EVEN TRG，结果发现 ODD/EVEN TRG 信号都为一条直线。

步骤4：分别观察 M61059（03C）芯片的 RDN（9脚）和 WDN（10脚）上的 RD 和 WR 信号，结果都有信号输入，初步诊断为该芯片故障，用一片新的 M61059 更换后故障排除。

M61059（03C）是以 8051 微处理器为基础用以控制外接点阵字库和打印的 CMOS 可编程门阵列电路。正常情况下，该电路在 CPU（03E、8051）的控制下，产生打印针补偿信号 ODD/EVEN DATACOUT 和打印针触发信号 ODD/EVEN TRG，经过触发电路和保护电路而形成打印针允许信号 ODD/EVEN EN、打印针驱动信号 ODD/EVEN DRV 和打印头驱动电流汇总信号 ODD/EVEN COMMON。本例故障是由于该电路内部损坏而无打印针触发信号 ODD/EVEN TRG 输出，导致整个打印头不出针打印的故障。

(3) AR-5400 票据打印机打印时打印字符严重缺点少画

1) 故障现象。AR-5400 票据打印机打印时打印字符缺点少画非常严重，甚至很难看出所打印的字符。

2) 故障分析与处理方法。打印头上有较多的打印针不出针是打印机打印出现打印字符严重缺点少画现象的原因，这种故障现象主要是打印头故障（包括打印针断针和打印针驱动线圈断线、打印头连接电缆上有断线或插头多处触点接触不良）以及打印头控制与驱动电路故障。先用打印头断针测试程序检测打印头出针打印情况，结果测得 14、16、18、20、22、24 号针不出针打印。根据这种故障现象，按以下步骤进行诊断与排除。

步骤1：关断打印机电源，将字车移到中间，依次拆下色带盒和打印头，从打印头前面的导向板上检查打印头是否有断针，结果未发现有断针。

步骤2：用万用表测量打印头各组线圈的直流电阻值，测得阻值均属正常。

步骤3：检查打印头连接电缆的插脚也并无接触不良现象。关闭打印机电源并从交流电源插座上拔下电源线，取下输纸旋钮；再用平口旋具沿打印机底侧松开5个齿扣（前面左、中、右3个，两侧各1个），移开面盖，从打印机右侧的打印头电缆插座板上拔下两根扁平电缆，用万用表测量这两根电缆有无断线，结果正常。

步骤4：依次拆去打印机机架上的三脚架和色带托架，拔下机架上的全部连接插头，移去机架并拆下主控电路板。测量主控电路板上打印头驱动三极管阵列 TA1~TA6（PA1428AH）各脚的对地电阻值，结果都正常。再检查打印头公共驱动三极管 TR13~TR16（2SA1841），结果发现 TR16 的 c 极和 e 极虚焊（焊点周围有一圈很小的裂纹），用电烙铁将虚焊的点重新焊接后故障排除。

可见，专用门阵列电路 BU12308-H24W1（IC1）的 HDCM 端（118脚）控制

公共三极管 TR13（2SC3198GR）的导通与截止，再分别通过三极管 TR13～TR16（2SA1841）控制着施加到打印头电磁线圈上的励磁高压的导通和关闭。本例故障是由于控制 14、16、18、20、22、24 号针线圈激励高压的公共三极管 TR16 的 c—e 极虚焊，使这 6 根针无法出针打印。

二、喷墨打印机的维修

喷墨打印机成本低，使用广泛，下面通过几个常见的故障实例来介绍喷墨打印机的维修。

1. 打印时墨迹稀少，字迹无法辨认

（1）故障分析

该故障多数是由于打印机长期未使用或其他原因，造成墨水输送系统障碍或喷头堵塞。

（2）处理方法

如果喷头堵塞得不是很厉害，直接执行打印机上的清洗操作即可。如果多次清洗后仍没有效果，则可以拿下墨盒（对于墨盒喷嘴非一体的打印机，需要拿下喷嘴，但需要仔细），把喷嘴放在温水中浸泡一会（注意，一定不要把电路板部分也浸在水中），然后用吸水纸吸干水滴，装上后再清洗几次喷嘴即可。

2. 更换新墨盒后，打印机在开机时面板上的"墨尽"灯亮

（1）故障分析

正常情况下，当墨水已用完时"墨尽"灯才会亮。若更换新墨盒后，打印机面板上的"墨尽"灯还亮，一种可能是墨盒未装好，另一种可能是在关机状态下自行拿下旧墨盒，更换上新墨盒。因为重新更换墨盒后，打印机将对墨水输送系统进行充墨，而这一过程在关机状态下无法进行，使得打印机无法检测到重新安装上的墨盒。另外，有些打印机对墨水容量的计量是使用内部的电子计数器来进行的，特别是在对彩色墨水使用量的统计上，当该计数器达到一定值时，打印机判断墨水用尽。而在墨盒更换过程中，打印机将对其内部的电子计数器进行复位，从而确认安装了新的墨盒。若在关机状态下更换墨盒，则打印机无法正确计数。

（2）处理方法

打开电源，将打印头移动到墨盒更换位置。将墨盒安装好后，让打印机进行充墨，充墨过程结束后，故障排除。

3. 喷头软性堵头

（1）故障分析

喷头软性堵头指的是因种种原因造成墨水在喷头上黏度变大所致的断线故障。

(2) 处理方法

一般用原装墨水盒经过多次清洗就可恢复，但这样的方法太浪费墨水。最简单的办法是利用空墨盒来进行喷头的清洗。用空墨盒清洗前，先要用针管将墨盒内残余墨水抽出，然后加入专用清洗液。加注清洗液时，应在干净的环境中进行。将加好清洗液的墨盒按打印机正常的操作上机，不断按打印机的清洗键对其进行清洗。利用墨盒内残余墨水与清洗液混合的淡颜色进行打印测试，正常之后换上新墨盒就可以使用了。

4. 打印机清洗泵嘴故障引起堵头

(1) 故障分析

打印机清洗泵嘴较易发生故障，也是造成堵头的主要原因之一。打印机清洗泵嘴对打印机喷头的保护起决定性作用，喷头小车回位后，要由清洗泵嘴对喷头进行弱抽气处理，对喷头进行密封保护。在打印机安装新墨盒或喷嘴有断线时，机器下端的抽吸泵要通过它对喷头进行抽气，此泵嘴的工作精度越高越好。但在实际使用中，它的性能及气密性会因时间的延长、灰尘及墨水在泵嘴中的残留凝固物增加而降低，如果不经常对其进行检查或清洗，会使打印机喷头不断出现故障。

(2) 处理方法

将打印机的上盖卸下，移开小车，用针管吸入纯净水对其进行冲洗，特别要对嘴内镶嵌的微孔垫片充分清洗。要特别注意的是，一定不能用乙醇或甲醇对其进行清洗，这样会造成微孔垫片溶解变形。另外，喷墨打印机要尽量远离高温及灰尘多的工作环境，只有良好的工作环境才能保证机器长久正常的使用。

5. 检测墨线正常而打印精度明显变差

(1) 故障分析

喷墨打印机在使用中会因使用的次数增加及时间的延长而出现打印精度逐渐变差。喷墨打印机喷头也是有使用寿命的，一般一只新喷头从开始使用到寿命完结，如果不出故障，可以打印 20~40 个墨盒。

(2) 处理方法

如果打印机已使用很久而使打印精度变差，可以尝试更换墨盒，如果换了几个墨盒，其输出打印的结果都一样，那么就要更换打印机的喷头。有些喷墨打印机的墨盒是和喷头一起更换的，如惠普系列喷墨打印机。如果更换墨盒以后有变化，说明可能使用的墨盒中有质量较差的非原装墨水。

如果打印机是新的，打印的结果不能令人满意，经常出现打印线段不清晰、文字图形歪斜、文字图形外边界模糊、打印出墨控制同步精度差等,可能买到的是假墨盒或非原装产品,应当立即更换。

6. 行走小车错位碰头

(1) 故障分析

喷墨打印机行走小车是在由两只粉末合金铜套与一根圆钢轴精密结合组成的轨道上滑动。虽然行走小车上设计安装有一片含油毡垫以补充轴上的润滑油,但时间一久,会因空气的氧化和灰尘的破坏使轴表面的润滑油老化而失效,这时如果继续使用打印机,就会因轴与铜套的摩擦力增大而造成小车行走错位,直至碰撞车头造成无法使用。

(2) 处理方法

出现此类故障应立即关闭打印机电源,用手将未回位的小车推回停止位。将一小块海绵或毡放在缝纫机油里浸饱油,用镊子夹住在主轴上来回擦拭。最好是将主轴拆下来,洗净后上油。

另一种小车碰头故障是器件损坏所致。小车停车位的上方有一只光电传感器,它是向打印机主板提供小车复位信号的重要元件。此元件如果因灰尘太大或损坏,小车会因找不到回位信号而碰到车头,导致无法使用。一般出此故障时需要更换器件。

三、激光打印机的维修

激光打印机在办公应用中使用最多,使用的人员也很复杂,容易出现各种故障。以下用实例来详细说明如何处理激光打印机的故障。

1. 打印机无法打印

(1) 故障现象

联想 LJ2000P 型激光打印机开机后没有反应或无法打印。

(2) 故障分析

引起此故障的原因有以下几种:

1) 打印机电源没有接通,打印机电源开关未打开,打印机数据电缆的连接不正确。

2) 打印机进纸盒中没有纸,打印机内有卡纸,感光鼓组件有故障。

3) 应用程序有问题或存在病毒。

4) 硬盘剩余空间过小导致打印机不能打印或未将当前打印机设置为默认打印机。

5）当前打印机已被设置为暂停打印。

6）打印机驱动程序不匹配以及配置不正确。

7）打印机驱动程序未正确安装或损坏。

8）BIOS 中打印机端口未打开。

9）打印机硬件出现故障。

（3）处理方法

首先对打印机电源及电缆的连接进行检查，没有发现问题。接下来对进出纸路及感光鼓和硬盘进行检查，都没有问题，然后用杀毒软件进行杀毒处理也没有效果。在控制面板中检查当前使用的打印机图标，确认其已被设置为默认打印机。再进一步检查，发现驱动程序的选择不正确。重新选择正确的驱动程序后，故障排除。

■提示：在使用串口打印时，如果打印机上的串口开关位置及 DIP 开关设置的接口参数不正确，也会出现这种故障。

2. 频繁出现更换碳粉报警

（1）故障现象

联想 LJ6P 型激光打印机在碳粉还未完全用完时，即频繁进行更换碳粉报警。

（2）故障分析

如果此时更换碳粉盒，就会有大量的碳粉被浪费。联想 LJ6P 型激光打印机检测碳粉是否用完是通过光电传感器来实现的，它根据碳粉的位置进行检测。只要对光电传感器进行屏蔽，就可以消除报警情况。

（3）处理方法

拆开机盖，取出感光鼓，在碳粉盒附近找到光电传感器，将其感光端用黑色胶带封住即可不出现报警，在打印图文过浅或不能打印时，再更换碳粉盒。

3. 打印文件时出现 "Print Over-run" 字符

（1）故障现象

联想 LJ2000P 型激光打印机，在 Windows 环境下打印文件时，常出现 "Print Over-run" 字符。

（2）故障分析

引起该故障的原因主要有以下几种：

1）打印驱动程序有问题。

2）打印机的分辨率调得过高，使打印机资源过于紧张无法打印。

3）打印机的内存容量过少。

(3) 处理方法

首先扩充打印机内存,具体方法如下:

1) 关掉打印机的电源开关,拔掉电源电缆及打印电缆;将固定主板后板的螺钉拧掉,拔出主板。

2) 从包装中取出内存条,放入主板上的扩充内存槽中,慢慢地将其推到位。

3) 把主板沿着导轨推入打印机,拧紧固定螺钉。

4) 重新连接好打印电缆及电源电缆,打开电源开关。

5) 检查内存条是否安装正确,之后打印打印机的配置自检样张,查看内存总量是否正确。

■提示:在拆卸或安装内存条之前,要用手拿住内存条的上边,不要触摸内存条上的芯片或其印制电路板,防止静电损坏内存条。

然后将 Windows 驱动程序中的 Device Option 菜单里的 Page Protection 和遥控面板程序设为"ON"试机,故障依旧。再在 Windows 驱动程序的 Device Option 菜单中,将 Error Recover 设为"ON"试机,故障排除。

4. 未打印完时出现"Print Over-run"字符

(1) 故障现象

联想 LJ2000P 型激光打印机,打印页未打印完,即出现"Print Over-run"字符。

(2) 故障分析

这种故障多是由于所设打印分辨率过高或画面过于复杂,使得打印机无法处理全部数据引起的。

(3) 处理方法

1) 若使用的是随机提供的 Windows 驱动程序,应按 Windows 下的驱动程序进行正确操作。

2) 适当降低打印分辨率或文件的复杂程度。

5. Alarm 指示灯闪烁

(1) 故障现象

联想 LJ2000P 型激光打印机面板上的 Alarm 指示灯闪烁。

(2) 故障分析

引起此故障的原因有以下几种:

1) 并行接口未连接好或有错误。

2) 内存使用已满(只发生在 DOS 或 Macintosh 环境)。

3) 打印溢出。

4) 串行接口帧错。

5) 串行接口奇偶校验错。

6) 串行接口输入缓冲溢出。

（3）处理方法

1) 按面板上的按钮，重新恢复打印；确认计算机与打印机之间连接正确；确认接口电缆无问题。

2) 按面板上的按钮，把留在打印机内的数据打印出来；降低打印分辨率或文件的复杂程度；或扩充打印机内存。

3) 按面板上的按钮，把留在打印机内的数据打出；若使用提供的 Windows 驱动程序，把驱动程序中的 Device Option 菜单里的 Error Recover 设为"ON"试试；扩充打印机的内存，并将 Windows 驱动程序或遥控面板中的 Device Option 菜单里的 Page Protection 设为"ON"；或改变 Windows 驱动程序中的以下设置，其最佳组合随打印文件的情况而变化；降低打印分辨率或文件复杂程度。

4) 按面板上的按钮，重新恢复打印；使计算机与打印机的波特率、停止位等通信参数设置正确。

5) 按面板上的按钮，重新恢复打印；使计算机与打印机的位长度、奇偶校验等通信参数设置正确。

6) 按面板上的按钮，重新恢复打印；使计算机与打印机的传送协议等通信参数设置正确；若问题依旧，应排除接口硬件可能损坏出现的问题。

6. 出现卡纸故障

（1）故障现象

联想 LJ2000P 型激光打印机打印时卡纸。

（2）故障分析

此故障大多是因为打印纸有问题，如质量不好、厚薄不适及受潮等。在卡纸时应首先检查纸卡在什么位置，再进行相应的排除。

（3）处理方法

下面列举经常卡纸的部位和排除方法。

1) 纸卡在多功能送纸器中。打开送纸器的前盖，向上直着拉出被卡的纸。然后关上送纸器的前盖，打开打印机顶盖，检查打印机里面是否有撕碎的纸片。若纸不能直接拉出，应打开顶盖，取出感光鼓组件，再将纸向前拉出。

2) 纸卡在加出纸盒里。向下拉出出纸器，打开支撑铁丝，向外拉出卡住的纸。

注意不能从出纸盒直接向外拉卡住的纸，以防加热辊上粘上墨粉，使后面的打印纸粘上墨粉。

3）纸卡在感光鼓附近。打开打印机顶盖，取出感光鼓组件并避光保存，将卡住的纸向前拉出，然后装回感光鼓，关上打印机顶盖。

4）纸卡在加热辊里。打开打印机顶盖，取出感光鼓组件并避光保存，然后将卡住的纸拉出。装回感光鼓组件，关上打印机顶盖。

■提示：对刚使用后的打印机，由于内部某些部件都很烫，应打开打印机顶盖，绝不能触摸高温部件。

7. 打印机不进纸

（1）故障现象

联想LJ2000P型激光打印机打印时不进纸。

（2）故障分析

1）计算机屏幕上显示"Paper Empty"提示，或 Alarm 及 Paper 指示灯在闪烁，即表示送纸器内缺纸。

2）送纸器内有纸，但纸张异常。

3）送纸器中装的纸张过满。

（3）处理方法

经检查为送纸器中装的纸张过满。将送纸器中的纸量适当减少后，故障排除。

■提示：如打印纸安装不正确也会发生上述故障，为了防止发生不进纸或卡纸现象，现介绍联想LJ2000P激光打印机的打印纸正确的安装方法。

首先安装多功能送纸器的纸张支撑铁丝；打开送纸器盖，然后把打印纸送入送纸器。最多可容纳200张打印纸或10个信封，送纸器中的纸张不能超出"▲"标记的下面，否则将导致卡纸现象发生。接下来移动送纸器内的打印纸导轨，使导轴轻轻夹住打印纸。如导轨不能将打印纸夹住，将造成打印纸跑偏及卡纸。最后关上送纸器盖，打开出纸槽，打开扩展支撑铁丝。

8. 打印机不能正常送纸

（1）故障现象

联想LJ2000P型激光打印机送纸器内有纸，但不能正常送纸。

（2）故障分析

此故障大多是送纸器内的纸张异常引起的，如纸张卷曲、折皱或撕裂破损而导致不能正常送纸。

（3）处理方法

应保证纸张平直，对于卷曲的纸在打印前要将其平整好，或将纸取出再重新放入。

9. 打印机不出纸

（1）故障现象

联想 LJ2000P 型激光打印机打印时不出纸。

（2）故障分析

引起不出纸的故障原因主要有感光鼓卡纸和出纸盒卡纸。经检查发现，打印纸卡在出纸盒内。

（3）处理方法

向下拉开出纸盒，打开支撑铁丝，向外拉出被卡的纸，故障排除。

10. 打印页面杂乱无章

（1）故障现象

联想 LJ2000P 型激光打印机，打印页面杂乱无章。

（2）故障分析

引起该故障的原因主要有以下几种：

1）应用软件对打印机设置不正确。

2）打印机的仿真方式设置不正确；若使用 RPC 程序，则需要改变设置，以符合其要求，可以用 RPC 程序或打印机控制面板打印出当前的设置。

3）计算机或打印机的接口类型设置不正确，与计算机不匹配。经检查发现，打印机的接口类型设置不正确。一般来说，PC 机用 RS-232C 串行接口，Macintosh 用 RS-422A 串行接口。

（3）处理方法

首先将打印机关机一段时间，再开机故障并未排除；然后将计算机与打印机的接口类型重新设置正确后，开机打印，故障排除。

11. 打印页面上有白条

（1）故障现象

联想 LJ2110P 型激光打印机，打印页面上有白条。

（2）故障分析

引起此故障的原因一般是打印机有脏物或感光鼓损坏或老化。

（3）处理方法

1）首先对打印机进行清洁维护，其方法如下：

①清洁外部时首先断电，取出多功能送纸器中的打印纸，使用蘸有水或中性洗

涤剂的布擦拭打印机的外部。为防止损伤打印机的表面，切忌使用挥发性的稀释剂或苯等液体。把打印机外部及送纸器上的脏物或尘土用布擦拭干净后，将纸装回送纸器。

②打开打印机的顶盖，取出感光鼓组件，避光保存好。用棉签蘸上酒精，清洁齿轮及导电端子，用软的干布擦拭扫描器窗口和墨粉传感器。清洁扫描器窗口时，切忌用手指触摸，也不能用酒精擦拭。小心地将感光鼓倒过来放置。感光鼓组合可能偶然会漏一些墨粉，最好将感光鼓组合放在摊开的较厚的纸或布上。轻轻地左右滑动主电晕丝上的清洁环几次，使主电晕丝得到清洁。主电晕丝清洁完毕，清洁环应滑回原来带有"▲"标志的位置。将感光鼓组合放回打印机中，关上打印机顶盖。

2) 开机打印，打印页面上仍有白条，说明感光鼓有问题或已接近使用寿命，需要更换新的感光鼓。更换方法如下：

①关上出纸盒，打开打印机顶盖，取出旧感光鼓，将其严密包装好，防止其中的墨粉外溢，不要随地乱扔，以避免污染。

②取出感光鼓组件中的墨粉盒，将其放在安全的地方。

③从包装盒中取出新感光鼓，水平地摇晃5～6次，将墨粉盒装入新感光鼓。

④将新感光鼓装入打印机，关上打印机顶盖，插上电源插头，打开打印机电源开关，打印机即自动吐出"启动"塑料片，之后开机打印，故障排除。

■提示：安装感光鼓时应注意以下两点：一是为防止感光鼓损坏，其外裸露曝光时间不宜超过3 s；二是不能取掉"启动"塑料片，待安装新的感光鼓组件后，打印机在热启动时会自动将其吐出。

12. 指示灯不亮

(1) 故障现象

联想LJ2210P型激光打印机，新机联机后不打印，所有指示灯均不亮。

(2) 故障分析

引起此故障的原因有以下几种：

1) 电源部分有问题。
2) 机内的保护物未全部去掉。
3) 计算机与打印机之间的接口电缆接触不良。
4) 机内缺纸、卡纸或缺粉。
5) 感光鼓及墨粉盒有问题。
6) 打印机内的温度过高。

(3) 处理方法

首先检查确认电源插头已插入电源插座，电源开关正常，电缆线连接良好且所有的保护物已去掉。但发现 Ready 指示灯快速闪烁，说明打印机内的温度过高，需要降温，打开打印机的顶盖，使打印机内的温度降低后再开机打印，故障排除。

13. 打印机不打印

(1) 故障现象

联想 LJ2210P 型激光打印机开始打印时，Alarm 指示灯与 Paper 指示灯闪烁，并显示"Paper Empty"符号。

(2) 故障分析

Alarm 指示灯闪烁，说明打印机存在缺纸、卡纸或缺粉现象，而 Paper 指示灯闪烁，则说明打印机内的温度过高。

(3) 处理方法

首先检查送纸器内有纸，但纸量装得过多。减少送纸器内的装纸量后试机，故障排除。

(4) 检修经验

为了防止卡纸，应注意以下事项：

1) 安装打印纸时，应打开送纸器盖。

2) 送纸器的纸张不能装得太多。

3) 应用导轨将打印纸夹住。

14. 打印页面中出现回波图像

(1) 故障现象

联想 LJ2210P 型激光打印机，打印页面中出现异常回波图像。

(2) 故障分析

经检查为驱动程序中的纸张选择错误。

(3) 处理方法

在驱动程序中选择适宜的打印纸张后，故障排除。

15. 打印页面有模糊条

(1) 故障现象

联想 LJ2210P 型激光打印机，打印页面中间或边上有模糊的条。

(2) 故障分析

引起这种故障的原因有以下几种：

1) 打印环境潮湿、高温。

2) 打印机放置歪斜、不平，感光鼓内墨粉不均匀。

3) 打印机的扫描窗口不清洁。

4) 感光鼓损坏。

(3) 处理方法

将打印机安放在平坦、水平的桌面上。从打印机中取出感光鼓，从一头到另一头轻轻地摇晃振动，使感光鼓内的墨粉均匀。开机打印，故障排除。

16. 打印页面上有横条

(1) 故障现象

联想 LJ2210P 型激光打印机，打印页面上有规律性间隔的黑色横条。

(2) 故障分析

引起此故障的原因有以下几种：

1) 感光鼓表面有划伤。

2) 打印机长时间未使用。

3) 感光鼓在拆装时曝光时间过长而损坏。

(3) 处理方法

将感光鼓拆下观察，并没有问题，开机后多打印几张后，故障现象自动消失。

■提示：在拆装感光鼓时一定要避光保存，切不可较长时间暴露在光照之下，这样易使感光鼓损坏。

17. 打印页面上沾有墨粉或出现竖直黑条

(1) 故障现象

联想 LJ2210P 型激光打印机，打印页面上沾有墨粉或出现竖直黑条。

(2) 故障分析

打印机能打印，说明打印机无问题，引起这种故障的原因有以下几种：

1) 打印机内部的扫描器脏污。

2) 感光鼓组合中的主电晕丝脏污。

3) 感光鼓有问题。

(3) 处理方法

经检查为打印机内部的扫描器脏污。首先用柔软的干布将扫描器擦拭干净，并清除打印机内部溅洒的墨粉及纸屑等，试机时故障依旧。再对主电晕丝进行清洁，左右移动主电晕丝上的清洁环，使主电晕丝清洁干净，之后把清洁环移回有"▲"标记的原处后，故障仍未排除，说明感光鼓有问题。更换新感光鼓后，开机打印，故障排除。

18. 打印页面有墨粉洒落并沾在纸上

(1) 故障现象

联想 LJ2210P 型激光打印机，有墨粉洒落并沾在打印页面上。

(2) 故障分析

引起这种故障的原因有以下几种：

1) 打印纸的纸张不符合要求。

2) 打印机内部脏污。

3) 打印浓度设置不当。

4) 感光鼓有问题。

(3) 处理方法

以上故障的排除方法分别说明如下：

1) 更换符合要求的纸张。

2) 清洁打印机内扫描器及感光鼓组件。

3) 逆时针调整打印浓度旋钮，使打印浓度适宜，无墨粉洒落。

4) 若经过上述三项处理后仍不能排除，说明感光鼓有问题，应更换感光鼓。

19. 打印页面字符模糊、底灰加重，字表变长

(1) 故障现象

联想 LJ2210P 型激光打印机，打印字符模糊、底灰加重，字表变长。

(2) 故障分析

这是典型的感光鼓老化故障。其原因是感光鼓使用时间过长，表面的光敏特性减弱，表面电位下降，残余电压升高所致。

(3) 处理方法

解决此类故障最好的办法是更换感光鼓。如不更换感光鼓，也可采用以下方法进行应急处理：用脱脂棉直接蘸取三氧化二铬 3～5 g，顺鼓轴方向均匀、全面地擦拭一遍，以去掉失效的感光鼓表面层，露出新表面层。经如此处理后，可打印近 5 万张纸。

■提示：如感光鼓出现表面脱落，则不能采用此方法，只能更换新感光鼓。

20. 打印机虚报无墨粉

(1) 故障现象

联想 LJ2110P 型激光打印机新换上的墨粉盒打印数页后，打印机提示墨粉已用完。

(2) 故障分析

将墨粉盒取出，晃动后发现里面有很多粉末，打开粉盒窗，检查两个墨粉盒中剩余的粉末基本上都是墨粉，再重新装回打印机上，打印机又可打印，但不久又提示墨粉已用完。打开机壳检查，发现该机设有一个墨粉传感器，一旦探测到墨粉盒中的墨粉用尽，打印机会立即亮灯提示，若不更换新墨粉盒就不能打印。而该打印机粉尽提示是虚警，属于错报，其原因是墨粉传感器过于敏感。

（3）处理方法

更换墨粉传感器即可排除。但考虑到激光打印机耗材昂贵，也可将墨粉传感器用遮蔽物遮挡起来，使其无法报警，而是根据打印效果来直接判断墨粉是否用完。

21. 打印速度慢

（1）故障现象

联想 LJ2312P 型激光打印机打印较复杂图像时速度较慢。

（2）故障分析

一般激光打印机输出速度的快慢主要取决于以下几方面：

1）内置的处理器工作频率及运算能力。它是决定打印机速度的重要标志（常见的是采用 RISC 处理器，工作频率至少在 50 MHz，高速产品可达到 100 MHz）。

2）内存大小。内存容量越大打印速度就会越快。

3）接口传输的方式。

（3）处理方法

检查结果是打印机分辨率调节不当所致。一般为提高激光打印机打印速度，只能尽量降低打印分辨率。打印分辨率以每英寸点数（dpi）作为度量标准，较高的分辨率（600 dpi）能锐化图形图像，并显示更为细微的细节，而较低的分辨率（300 dpi）则允许更快速地进行打印。将打印机分辨率调节到 300 dpi 即可。

22. 打印色偏淡

（1）故障现象

联想 LJ3116A 型激光打印机打印页面整版色彩偏淡。

（2）故障分析

墨粉盒内的墨粉较少、显影辊的显影电压偏低和墨粉感光鼓的感光强度不够、感光鼓加热器工作状态不良等都会造成打印色彩偏淡现象。首先取出墨粉盒轻轻摇动，使其内部的墨粉分布均匀，试机发现打印效果无改善。再检查墨粉感光鼓，发现感光强度不够。

（3）处理方法

调节激光的强度，使其与墨粉的感光灵敏度很好地匹配即可。

23. 打印件全白

(1) 故障现象

联想 LJ4318S 型激光打印机打印页面均出现全白现象。

(2) 故障分析

检查充电器正常，在打印时切断电源，拆下感光鼓，发现无图像，怀疑感光鼓组件有问题，试更换感光鼓，故障无改善。检查高压发生器、转印电晕器，发现转印电晕器上沉积墨粉过多，使高压发生器漏电，充电器无高压，从而引发故障。

(3) 处理方法

将转印电晕器上沉积的墨粉清除干净后试机，故障排除。

24. 打印页面变黑

(1) 故障现象

联想 LJ4208S 型激光打印机打印页面左边或右边变黑。

(2) 故障分析

引起这种故障的原因有以下几种：

1) 激光束扫描到正常范围以外。
2) 感光鼓上方的反射镜位置改变。
3) 墨粉盒失效。
4) 墨粉盒内的墨粉集中在盒内的某一边。

对上述项目进行逐步检查，发现是激光束扫描到正常范围以外所致。

(3) 处理方法

适当调整多面转镜，使激光束扫描至感光鼓的正常范围后，故障排除。

25. 虚报无法找到打印机

(1) 故障现象

联想 LJ5116C 型激光打印机，向打印机发出打印命令后，系统发出警报，告知当前系统没有检测到打印机或打印机没有任何响应。

(2) 故障分析

此故障一般是因打印机处于等待状态，即打印机的缓存中已经有不少任务在等候打印，而此时单击打印命令，缓存就无法接受新增任务，故打印机无任何反应。

(3) 处理方法

重启计算机，重启后打印机缓存中的内容就自动清空。

■提示：若激光打印机长时间没有使用而处于休眠状态时，可按下打印机控制面板上的激活键即可排除故障。

26. 打印后的纸张褶皱

（1）故障现象

联想 LJ6206MFC 型激光打印机打印输出纸张出现褶皱，有时出现卡纸现象。

（2）故障分析

引起此故障的原因一般是分离爪不良。分离爪是紧靠着加热辊的小爪，其尖爪平时与加热辊长期轻微接触摩擦，而背部与输出的纸张长期摩擦，时间一长，会把外层的膜层磨掉，从而使背部沾上废粉，结块后变得不够光滑，阻止纸张的输送，使纸张褶皱甚至卡纸。

（3）处理方法

清洁分离爪。方法是小心地将分离爪取下，仔细擦掉沾在下面的废粉结块，并将背部磨光滑，擦拭干净。重新装上时可将两个分离爪调换使用，使各处的磨损相近。

27. 打印页面出现不规则的划痕

（1）故障现象

联想 LJ6206MFC 型激光打印机打印页面上出现不规则的划痕。

（2）故障分析

此故障一般是因感光鼓磨损严重所致。

（3）处理方法

更换感光鼓后，故障排除。

■提示：在激光打印机使用过程中，拆装感光鼓时要避光，不能随意触碰感光鼓，也不能随便清洁感光鼓。非清洁感光鼓不可时，亦只能用镜头纸或不起毛、柔软的布蘸墨粉轻拭，切忌把感光鼓擦伤划坏。

6.3 USB 存储设备损坏的确认与维修

6.3.1 确认 USB 存储设备损坏的程度

 学习目标

➢ 了解 USB 存储设备产生故障的原因
➢ 能判断 USB 存储设备的损坏程度

一、USB 存储设备产生故障的原因

1. 计算机系统引起故障

（1）前置 USB 线接错。主板上的 USB 线和机箱上的前置 USB 接口对应相接，若把正负接反就会发生这类故障，因为正负接反很可能会使得 USB 设备烧毁。

（2）USB 接口电压不足。当把移动硬盘接在前置 USB 口上时就有可能发生系统无法识别出设备的故障。原因是移动硬盘功率比较大，电压要求相对比较严格，前置接口可能无法提供足够的电压，当然劣质的电源也可能会造成这个问题。

（3）主板和系统出现兼容性问题，使得系统不能识别 USB 设备。

（4）BIOS 或系统问题。在 BIOS 或操作系统中禁用了 USB 接口时就会导致 USB 设备无法在系统中被识别。

（5）USB 接口接触不良。

2. USB 存储设备本身故障

（1）USB 线缆不匹配。
（2）USB 接口接触不良。
（3）内部出现短路等引起 USB 供电故障。
（4）固件过期或损坏。
（5）设备内部出现断线、虚焊等。

二、USB 存储设备损坏程度的确认

1. USB 存储设备不能被系统识别

排除 USB 接口供电不足和禁用 USB 接口设置等原因，可能是电缆断线或 USB 接口接触不良引起，否则为设备损坏。

2. 插入 USB 存储设备引起系统死机

多数为设备内部短路造成。

3. 存储的数据丢失

由于内部的存储介质损坏使数据丢失，或是移除时未弹出"设备安全移除"的信息。

4. 移动硬盘类设备有异响

可能是内部的硬盘损坏，或 USB 接口供电不足。

5. MP3 等设备播放时间缩短

多为内置锂电池容量减小或失效。

6.3.2 维修 USB 存储设备

 学习目标

➢ 能判断 USB 存储设备的故障部位
➢ 能维修 USB 存储设备

一、移动硬盘故障维修

1. 移动硬盘的拆卸

移动硬盘由外壳、控制电路和硬盘盘体三部分组成。拆卸时需拧开四周的固定螺钉将外壳分离，再将盘体与控制电路分离，如图 6—8 所示。

2. 移动硬盘的更换

如果确定硬盘损坏，一般情况下是不可维修的，只有更换。

更换的方法是拆下硬盘，重新安装新的硬盘到控制电路板，再将其装入外壳内用螺钉固定。新的硬盘需要重新分区和格式化后才能使用。

3. 控制电路板的维修和更换

控制电路板的故障一般是接口接触不良、焊接点虚焊等，可检查后补焊或更换

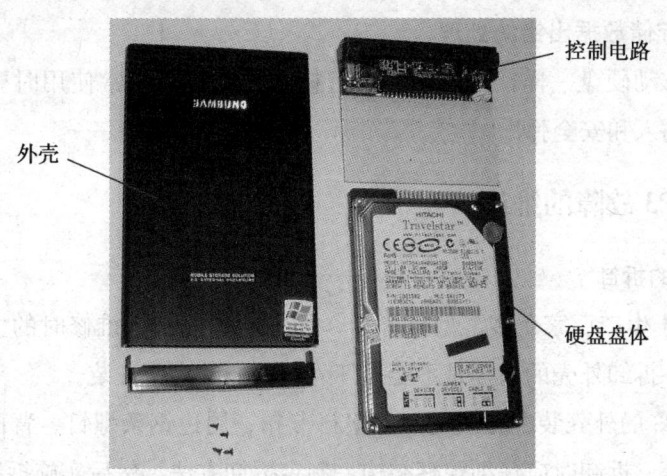

图 6—8 移动硬盘结构图

接口。

如果出现不可修复的故障,可更换控制电路板。但多数情况下是更换一个新的移动硬盘盒。

4. 硬盘存储数据出错的处理

由于未安全弹出移动硬盘,或硬盘出现坏磁道、感染病毒从而引起文件损坏等故障,可以对硬盘重新进行格式化处理。

二、U 盘故障的维修

1. U 盘的拆卸

U 盘封装的外壳没有固定螺钉,使用塑料卡扣连接并用胶黏合在一起,拆卸时要用刀片撬开外壳,安装时需用胶黏合加固。

2. U 盘的维修

U 盘的大多数故障是由 USB 接口和电路板接触处松动、虚焊引起的,一般用电烙铁加焊即可。如果控制电路和存储芯片出现故障,则要更换相应的元器件,同时需要用专用的焊接工具完成。

插入 U 盘后,若计算机不能识别,应主要检查供电电路和 U 盘的时钟振荡电路。供电电路是将 USB 接口提供的 5 V 电压经稳压变为 3.3 V,若稳压电路损坏则不能提供工作电压,重点测量和 5 V 连接的三端稳压集成块。U 盘时钟振荡电路用的晶振若损坏,则不能提供稳定的时钟脉冲,也会使 U 盘控制电路工作异常。

3. U 盘存储数据出错的处理

U 盘同移动硬盘一样，需要对其进行格式化处理。正常使用时要经常查杀病毒，正确地插入和安全弹出。

三、MP3 故障的维修

1. MP3 的拆卸

MP3 由于生产厂家众多、型号各异，外观结构复杂，维修时的主要难点是如何拆卸外壳，拆卸外壳的前提是不能损坏外观并能够还原安装。

目前 MP3 的外壳装配方式主要有塑料卡扣、周边钢条螺钉、背面螺钉和前面板螺钉固定等。拆卸时应仔细观察结构，制定拆卸方法，然后实施拆卸过程。

（1）塑料卡扣式 MP3 的拆卸

用薄刀片和小平口旋具或仪表旋具小心从四周插入缝隙，以合适的力度撬开外壳。

（2）周边钢条螺钉式 MP3 的拆卸

拧开固定螺钉，取下四周钢条，再将扣在一起的外壳撬开。

（3）背面螺钉固定式 MP3 的拆卸

只需拧下并取出 4 颗固定螺钉即可打开后盖。值得注意的是，若要取出机芯，印制板上可能还有固定螺钉，必须拆下后取出，不可强行取出以防损坏。

（4）前面板螺钉固定式 MP3 的拆卸

前面板固定的螺钉大多在显示屏保护盖板下，拆卸时需将透明盖板取下才能露出螺钉孔。透明盖板使用不干胶粘贴，要用小刀片小心取下，一般情况是使用热风枪吹热后取下。

2. MP3 故障的确认

（1）不能被计算机识别

可能是 USB 信号线断线、USB 口接触不良、内部断线、电源开关未打开等。但多数 MP3 无论开关是否打开均可被计算机识别。

（2）存储的歌曲或文件丢失

可能是控制电路或存储芯片故障，文件格式错误等。可对存储单元重新格式化。

（3）不能播放音乐

可能是固件版本过期或损坏。需重新升级固件。

（4）按键不灵敏或不起作用

可能是由于频繁按键使得按键接触不良或损坏，需更换按键。

（5）播放时只有一个声道有声音

可能是经常插拔耳机使耳机插孔接触不良，或者是由插座虚焊引起的，重新焊接即可修复。

3. MP3 故障的维修

（1）死机

1）故障现象。MP3 使用时死机，不能播放音乐，重新开机后也不能恢复。

2）故障分析。由于 MP3 软件设计上的问题，或使用不当（如摔、压等），致使内部固件程序损坏或丢失。

3）处理方法。将 MP3 连接到计算机，下载并升级 MP3 固件程序。

（2）耳机故障

1）故障现象。只有一只耳机有声音。

2）故障分析。这种现象最大的可能是耳机插座松动、接触不良，摇动插头偶尔也会有声音。也有可能是音频 DA 转换或放大器故障。

3）处理方法。插座松动、接触不良可重新焊接，音频 DA 转换或放大器故障需要测量电路并更换相应的芯片。

（3）电池故障

1）故障现象。MP3 播放器充电时间长而使用时间短。

2）故障分析。这种现象是锂离子电池不良或损坏引起的。

3）处理方法。MP3 使用的是锂离子电池，电池内部含有充放电控制电路，而 MP3 中只提供 5 V 电压，这为更换电池提供了方便。

①打开 MP3 外壳，找到电池及焊接位置，记下并做好标记，红线为正极（+），黑线为负极（-）。

②焊下电池与电路板的连接线，小心拆下电池。电池是用不干胶粘接在电路板上的，拆下时注意不要损坏电路板。

③购买和原电池尺寸相当的电池，辨认好极性，焊接到电路板上并固定。

④重新盖好外壳。

6.4 扫描仪损坏的确认与维修

6.4.1 确认扫描仪损坏的程度

 学习目标

➢ 了解扫描仪产生故障的原因
➢ 能确认扫描仪的损坏程度

一、扫描仪产生故障的原因

扫描仪作为文稿和图像的录入工具，由于使用方便、价格低廉得到广泛应用。扫描仪属于专用设备，使用中难以掌握其正确的使用方法，会产生许多问题，多数不属于硬件故障。

1. 放置位置不正确，会产生异响。
2. 驱动程序安装不正确或不全，会导致设备不识别。
3. 计算机内存过小，开启的窗口太多会显示内存不够。
4. USB 端口供电不足，导致扫描仪不能与计算机连接。
5. 与计算机连接的接插件接触不良，导致扫描仪不能和计算机联机。
6. 周围有较大功率的用电器，启停时产生的干扰可使扫描仪工作异常。
7. 扫描仪本身的机械故障和内部电路损坏。
8. 扫描仪光学器件老化、损坏。
9. 玻璃平面有灰尘或杂物、设置分辨率过低导致扫描效果不好。

二、扫描仪损坏程度的确认

扫描仪损坏程度的确认主要分清是设备本身的故障还是使用方法不当而引起的故障。

1. 扫描仪不能开机

应检查供电系统，一般扫描仪都带有一个交直流变换器，看是否连接正确、有无断线、开关是否打开等。

2. 不能连接计算机

保证 USB 连接线、USB 口设置正确，否则可能是扫描仪出现故障，也可能是 USB 供电不足引起。

3. 连接计算机后不能扫描

应确认驱动程序安装正确，扫描应用程序安装正常。

4. 扫描时出现异响

应将仪器放置平稳，若异响继续存在，则是机械部件产生故障。

5. 扫描中断

应保证供电正常，和周围的大功率电器的插座分开，避免受干扰，否则应检查扫描仪的控制电路。

6. 扫描效果差

应设置合适的分辨率，保证玻璃平面无杂物和灰尘，扫描原件与平面完全接触，否则应检查光学部件和转换电路。

7. 扫描过程中出现内存不足或磁盘空间不够

这不是扫描仪本身的故障，应保证有足够的磁盘空间和内存，尽量不要开启过多的窗口。

6.4.2 维修扫描仪

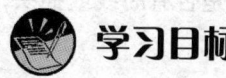 学习目标

➢ 能判断扫描仪的故障部位

➢ 能维修扫描仪

一、机械、光学部件故障的维修

1. 扫描时产生异响

（1）故障现象

扫描时产生的声音与以往不同，比较刺耳。

（2）故障分析

产生较大的声音一般发生在搬动扫描仪或长期不用扫描仪后，有异物挡在机械传动部分，或长期不用扫描头，滑动杆失去润滑作用。

(3) 处理方法

检查扫描仪的传动机构是否有障碍物,清理内部灰尘并给扫描头滑动部分涂仪表润滑油,即可消除异响。

2. 扫描图像不清晰

(1) 故障现象

打开扫描仪后扫描的图像不清晰,长时间开机后有好转。

(2) 故障分析

此类故障多为扫描灯管亮度不够引起。

(3) 处理方法

开机后要预热,最好是检查灯管电压是否正常,必要时更换扫描灯管。

二、控制部件故障的维修

1. 扫描仪不能开机

(1) 故障现象

打开扫描仪电源开关无反应。

(2) 故障分析

扫描仪因有外接的直流电源,可能是电源损坏、断线、插头松动等引起,电源开关损坏或内部稳压电路故障也会导致打开电源后无反应。

(3) 处理方法

用万用表检查外接电源的电压是否为扫描仪标称电压,检查是否有断线或插头接触不良,最后检查内部稳压电路。

2. 扫描仪不能连接到计算机

(1) 故障现象

扫描仪连接到前置USB口,不能被计算机识别,但插到主板上的USB口可以识别。

(2) 故障分析

这是由于计算机USB口提供的电流过小引起的,特别是前置USB口有一段连接线,插入扫描仪后不能被识别。

(3) 处理方法

使用扫描仪自带的USB连接线,插到主板上的USB口,或连接到另外的计算机上使用。

6.5 主板损坏程度的确认与维修

6.5.1 确认主板损坏的程度

 学习目标

➢了解主板产生故障的原因
➢能判断主板的损坏程度

一、主板产生故障的原因

1. 人为故障

在操作时不注意操作规范及安全,在计算机运行时移动位置,会产生机壳变形,使板卡接触不良,造成损伤或硬盘损坏。带电插拔设备及板卡,安装设备及板卡时用力过度,会造成设备接口、芯片和板卡等损伤或变形,从而引发故障。

2. 环境引发的故障

因外界环境引起的故障,一般是指人们在未知的情况下或不可预测、不可抗拒的情况下引起的。如雷击、市电供电不稳定,都有可能会直接损坏主板,这种情况一般都没有办法预防。外界环境引起的另外一种故障就是因温度、湿度和灰尘等引起的故障,表现出来的症状有经常死机、重启,或有时能开机有时又不能开机等,从而造成机器的性能不稳定。

3. 元器件质量引起的故障

这种情况是指主板的某个元器件因自身质量问题而损坏。这种故障一般会导致主板的某部分功能无法正常使用,系统无法正常启动,自检过程中报错等现象。

二、主板损坏程度的确认

1. CMOS 参数丢失

开机后提示 "CMOS Battery State Low",有时可以启动,使用一段时间后死机,这种现象大多是 CMOS 供电不足引起的。对于不同的 CMOS 供电方式,可采取不同的措施：

（1）焊接式电池

用电烙铁重新焊上一块新电池即可。

（2）纽扣式电池

直接更换。

（3）芯片式电池

最好更换相同型号的芯片电池。如果更换电池后时间不长又出现同样现象，很可能是主板漏电，可检查主板上的二极管或电容是否损坏，也可以跳线使用外接电池。

2. 主板上键盘接口不能使用

接上完好键盘，开机自检时出现提示"Keyboard Interface Error"后死机，拔下键盘，重新插入后又能正常启动系统，使用一段时间后键盘无反应。这种现象主要是多次插拔键盘引起主板键盘接口松动，拆下主板，用电烙铁重新焊接好即可；也可能是带电插拔键盘，导致主板上的保险电阻（在主板上标记为 Fn 的电阻）断了，换上一个 1 Ω/0.5 W 的电阻即可。

3. 集成在主板上的显示适配器故障

一般来说，计算机开机伴有连续响声，大多数是主板内存没插好或显示适配器故障，而连续响声的次数一般有不同含义，可以查看主板说明书。如果主板说明书丢失，可以查看主板上的跳线标示，屏蔽掉主板上集成的显示设备，然后在扩展槽上插上完好的显示卡后故障排除（有些主板可能是通过 CMOS 设置允许或禁止该功能）。

4. 集成在主板上的打印机并口损坏

品牌计算机及多数 486 以上计算机的打印机并口大多集成在主板上，使用的时候带电插拔打印机信号电缆线最容易引起主板上的并口损坏。遇到类似情况，可以查看主板说明书，通过禁止或允许主板上并口功能的相关跳线，设置屏蔽主板上并口功能；另一种方法是通过 CMOS 设置来屏蔽，然后在 ISA 扩展槽中加上一块多功能卡即可。

5. 主板上的软、硬盘控制器损坏

从 486 计算机开始，大多数主板均集成软、硬盘控制器。如果软盘控制器损坏，也可以仿照上面的方法加一块多功能卡即可（相应更改主板上跳线或 CMOS 设置）。如果硬盘控制器损坏，则要针对不同情况处理。如果所接硬盘小于 528 MB，可以加多功能卡；如果不是，则要更新主板 BIOS 或利用相关的软件。

6. 主板上的 Cache 损坏

主板上的 Cache 损坏，表现为运行软件死机或根本无法安装软件。可以在 CMOS 设置中将 "External Cache" 项设为 "Disable"，即可将故障排除。

7. 主板上的开关电源损坏

主板工作不正常，往往是由于供电电源不良或损坏引起的。主板上的电源多为开关电源，所用的功率管为分离器件，如有损坏，则更换功率管、电容等即可。

6.5.2 更换或维修主板

学习目标

➢能准确判断主板故障部位
➢能更换主板
➢能维修主板

一、主板的维修

主板的集成度越来越高，维修主板的难度也就越来越大，往往需要借助专门的数字检测设备才能完成。有时主板常见故障并不需要专门的检测设备，现以一些最典型的主板故障维修实例（主要为开机无显示故障、CMOS 故障、I/O 设备运行故障、电源故障、硬件兼容性故障等）说明解决主板故障的基本方法。

1. 开机无显示，有内存报警声

（1）故障现象

主板不启动，开机无显示，有内存报警声（"嘀嘀"地叫个不停）。

（2）故障分析

内存报警的故障较为常见，主要是内存接触不良引起的。例如，内存条不规范而有点薄，当插入内存插槽时，留有一定的缝隙；内存条的金手指工艺差，金手指的表面镀金不良，时间一长，金手指表面的氧化层逐渐增厚，导致内存接触不良；内存插槽质量低劣，簧片与内存条的金手指接触不实等。

（3）处理方法

打开机箱，用橡皮仔细地把内存条的金手指擦干净，把内存条取下来重新插一下，用热熔胶把内存插槽两边的缝隙填平，防止在使用过程中继续氧化。

■**注意**：在插拔内存条时一定要拔掉主机的电源线，防止意外烧毁内存。

2. 主板不启动，开机无显示，有显卡报警声（一长两短的鸣叫）

（1）故障现象

主板不启动，开机无显示，有显卡报警声，出现一长两短的鸣叫。

（2）故障分析

一般是由于显卡松动或显卡损坏引起的。该故障易发生在搬动计算机以后。

（3）处理方法

打开机箱，把显卡重新插好即可。要检查 AGP 插槽内是否有小异物，否则会使显卡不能插接到位。对于使用语音报警的主板，应仔细辨别语音提示的内容，再根据内容解决相应故障。

如果用以上办法处理后仍报警，就可能是显卡的芯片坏了，需要更换或修理显卡。如果开机后听到"嘀"的一声自检通过，显示器正常但就是没有图像，把该显卡插在其他主板上使用正常，则是显卡与主板不兼容，应该更换显卡。

3. 主板不启动，开机无显示，无报警声

（1）故障现象

主板不启动，开机无显示，无报警声。

（2）故障分析

原因有很多，主要有以下几种故障及处理方法。

（3）处理方法

针对以下故障，逐一排除。运用数字电路、模拟电路知识，使用万用表，并借助 DEBUG 卡检查故障。

1) CPU 方面的问题。CPU 没有供电，可用万用表测试 CPU 周围的 3 个（或 1 个）场效应管及 3 个（或 1 个）整流二极管，检查 CPU 是否损坏。

①CPU 插座有缺针或松动。这类故障表现为点不亮或不定期死机。需要打开 CPU 插座表面的上盖，仔细用眼睛观察是否有变形的插针。

②CPU 插座的风扇固定卡子断裂。可考虑使用其他固定方法，一般不要更换 CPU 插座，因为手工焊接容易留下故障隐患。Socket370 的 CPU 其散热器的固定是通过 CPU 插座，如果固定弹簧片太紧，拆卸时就一定要小心谨慎，否则会造成塑料卡子断裂，没有办法固定 CPU 风扇。

③CMOS 里设置的 CPU 频率不对。只要清除 CMOS 即可解决。清除 CMOS 的跳线一般在主板的锂电池附近，其默认位置一般为 1、2 短路，只要将其改跳为 2、3 短路几秒钟即可解决问题。对于老主板，如找不到该跳线，只要将电池取下，待开机显示进入 CMOS 设置后再关机，将电池安装上去，也可让 CMOS 放电。

2) 主板扩展槽或扩展卡有问题。因为主板扩展槽或扩展卡有问题，导致插上显卡、声卡等扩展卡后，主板没有响应，从而造成开机无显示。例如，蛮力拆装 AGP 显卡，导致 AGP 插槽开裂，即可造成此类故障。

3) 内存方面的问题

① 主板无法识别内存、内存损坏或者内存不匹配。某些老的主板比较挑剔内存，一旦插上主板无法识别的内存，主板就无法启动，甚至某些主板还没有故障提示（鸣叫）。另外，如果插上不同品牌、类型的内存，有时也会导致此类故障。

② 内存插槽断针或烧灼。有时因为用力过猛或安装方法不当，会造成内存插槽内的簧片变形断裂，以致该内存插槽报废。

■**注意**：在插拔内存条时，应垂直用力，不要左右晃动。在拔插内存条前，一定要拔去主机的电源，防止使用 STR 功能时内存带电而烧毁内存条。另外，内存条不要安装反了，以免加电后烧毁内存条。不过现在的主板一般都有防呆设计，不会插反。

4) 主板 BIOS 被破坏。主板的 BIOS 中储存着重要的硬件数据，同时 BIOS 也是主板中比较脆弱的部分，极易受到破坏，一旦受损就会导致系统无法运行。

出现此类故障一般是因为主板 BIOS 被 CIH 病毒破坏。一般 BIOS 被病毒破坏后，硬盘里的数据将全部丢失，可以通过检测硬盘数据是否完好来判断 BIOS 是否被破坏；在有 DEBUG 卡的时候，也可以通过卡上的 BIOS 指示灯是否亮来判断。当 BIOS 的 BOOT 块没有被破坏时，启动后显示器不亮，PC 扬声器有"嘟嘟"的报警声；如果 BOOT 块被破坏，这时加电后，电源和硬盘灯亮，CPU 风扇转，但是主机不启动，此时只能通过编程器来重写 BIOS。

也可以插上 ISA 显卡，查看是否有显示，如有提示，可按提示步骤操作即可。若没有开机画面，可制作一张自动更新 BIOS 的软盘，重新刷新 BIOS，但有的主板 BIOS 被破坏后，软驱就不工作了，必须使用专用编程器将 BIOS 更新文件写入 BIOS 中。

5) CMOS 使用的电池有问题。按下电源开关时，硬盘和电源灯亮，CPU 风扇转，但是主机不启动。当把电池取下后，就能够正常启动。说明 CMOS 电池有问题，应更换。

6) 主板自动保护锁定。有的主板具有自动侦测保护功能，当电源电压有异常或者 CPU 超频、调整电压过高等情况出现时，会自动锁定而停止工作，表现就是主板不启动。这时可把 CMOS 放电后再加电启动，有的主板需要在打开主板电源时按住 RESET 键才可解除锁定。

7) 主板上的电容损坏。检查主板上的电容是否冒泡或炸裂。电容因电压过高或长时间受高温烘烤，会冒泡或淌液，这时电容的容量减小或失容，电容便会失去滤波的功能，使提供负载电流中的交流成分加大，造成 CPU、内存、相关板卡工作不稳定，表现为容易死机或系统不稳定，经常出现蓝屏。

4. 主板温控失常，导致开机无显示

（1）故障现象

华硕 P3B-F 主板可对 CPU 温度进行监视，将一根 2Pin 的温度监控线插在 CPU 插槽旁的 JTP 针脚上后，机器突然蓝屏，重启后，等到光驱、硬盘自检完后显示器不亮。

（2）故障分析

接在主板上的温控线脱落后掉在主板上，导致主板自动进入保护状态，拒绝加电。由于现在的 CPU 发热量非常大，所以许多主板都提供了严格的温度监控和保护装置。一般 CPU 温度过高或主板上的温度监控系统出现故障，主板就会自动进入保护状态，拒绝加电启动或给出报警提示。

（3）处理方法

重新连接温度监控线，再开机即可。

■提示：当主板无法正常启动或报警时，应该先检查主板的温度监控装置是否正常。

5. 计算机频繁死机

（1）故障现象

计算机频繁死机，在进行 CMOS 设置时也会出现死机现象。

（2）故障分析

一般是主板设计散热不良或者主板 Cache 有问题引起的。

（3）处理方法

如果因主板散热不够好而导致该故障，可以在死机后触摸 CPU 周围的主板元件，会发现其温度非常高，在更换大功率风扇之后，死机故障即可解决。

如果是 Cache 有问题造成的，可以进入 CMOS 设置，将 Cache 禁止后即可（Cache 禁止后，机器运行速度肯定会受到影响）。如果按上述方法仍不能排除故障，那就是主板或 CPU 有问题，只有更换主板或 CPU 了。

6. CMOS 参数丢失

（1）故障现象

CMOS 参数丢失，开机后提示"CMOS Battery State Low"，有时可以启动，

但使用一段时间后死机。

(2) 故障分析

这种现象大多是 CMOS 供电不足引起的。

(3) 处理方法

如果是焊接式电池，可以用电烙铁重新焊上一块新电池即可。如果是纽扣式电池，可以直接更换。如果是芯片式电池，可以更换此芯片，但最好采用相同型号芯片替换。

如果更换电池后，时间不长又出现同样现象，那么很可能是主板漏电，可以检查主板上的二极管或电容是否损坏，也可以跳线使用外接电池。

7. CMOS 设置不能保存

(1) 故障现象

CMOS 设置不能保存，每次开机需重新进行设置。

(2) 故障分析

该故障一般是由主板电池电压不足造成，更换电池即可。如果电池更换后还不能解决问题，应该检查主板 CMOS 跳线是否有问题，有时候因为将主板上的 CMOS 跳线误设为清除选项或外接电池，也会使得 CMOS 数据无法保存。

8. 主板防病毒设置未关闭，导致系统无法安装

(1) 故障现象

安装系统初始阶段，屏幕上出现一个黑色矩形区域提示信息，随后就停止系统安装。用杀毒软件查杀后未发现任何病毒。

(2) 故障分析

此现象比较容易出现在新购的主板中，因为默认情况下，新主板 BIOS 中的防病毒设置大多为 Enabled，所以会出现类似故障。

(3) 处理方法

进入 CMOS 设置程序，将 "BIOS Features Setup"（BIOS 功能设置）中的 "Virus Warning"（病毒警告）选项由 "Enabled"（允许）设置成 "Disabled"（禁止）后，即可解决问题。

9. 主板上 Cache 损坏

(1) 故障现象

主板上 Cache 损坏，表现为运行软件死机或根本无法安装软件。

(2) 处理方法

在 CMOS 设置中将 "External Cache" 项设为 "Disable" 即可。

10. 主板 COM 口或并行口、IDE 口不能用

(1) 故障现象

主板 COM 口或并行口、IDE 口失灵，不能连接相关设备。

(2) 故障分析

一般是由于带电插拔相关硬件造成。

(3) 处理方法

可以用多功能卡代替。但在代替之前，必须先禁止主板上自带的 COM 口与并行口，有的主板连 IDE 口都要禁止，方能正常使用。

11. 键盘接口不能使用

(1) 故障现象

主板上的键盘接口不能使用，接上一好键盘，开机自检时出现提示"Keyboard Interface Error"后死机，拔下键盘，重新插入后又能正常启动系统，但使用一段时间后键盘无反应。

(2) 故障分析

多次插拔键盘，引起主板键盘接口松动。

(3) 处理方法

拆下主板，用电烙铁重新焊接好键盘接口即可。如果是带电插拔键盘，引起主板上保险电阻（该电阻在主板上标记为 Fn）烧断，则换上一个 $1\,\Omega/0.5\,W$ 的电阻即可。

12. 主板上的打印机并行口损坏

(1) 故障现象

并行口损坏，不能连接打印机和其他仿真设备。486 以上计算机的打印机并行口大多集成在主板上，由于其产生故障，造成不能打印。

(2) 故障分析

带电插拔打印机信号电缆线，最容易引起主板上并行口损坏。

(3) 处理方法

确认打印机正常，然后通过禁止或允许主板上并行口功能的相关跳线，设置屏蔽主板上并行口功能（或者通过 CMOS 设置来屏蔽），再加上一块多功能卡即可。

13. 找不到硬盘

(1) 故障现象

增加一块硬盘或光驱后，找不到硬盘。

(2) 故障分析

此类故障经常发生。一般不是硬盘或光驱本身损坏,而是主板的 IDE 线接错或 IDE 口损坏。连接硬盘或光驱时,如果没有及时更改跳线,也会出现类似情况。

(3) 处理方法

将其系统硬盘更换为 Master 接口即可。

14. 开机几秒钟后自动关机

(1) 故障现象

按下电源开关,开机以后,过几秒钟就自动关机。

(2) 故障分析

有些机箱上的电源开关质量不合格或因长时间使用而不能正常弹起,造成开机后按钮保持接通状态,计算机识别为关机命令而关机。

(3) 处理方法

打开机箱,修复电源开关。主板上的电源多为开关电源,所用的功率管或电容为分离器件,如有损坏,只要更换功率管或电容即可。

15. 不定期出现重启现象

(1) 故障现象

计算机在使用中,会不定期出现重启现象。

(2) 故障分析

该故障多数是由电源供电插座有虚接或松动引起的。

(3) 处理方法

检查时可以在开机状态下,用手晃动各个接口部分的电源线,看是否有故障现象出现。如果出现故障,则需重新插紧电源插头,属于插座质量问题的则需更换电源插座。如果不出现故障,则应检查其他供电线路或机箱内部线路。

16. 主板上的保险电阻熔断

(1) 故障现象

出现找不到键盘、鼠标,USB 移动设备不能使用等现象。

(2) 故障分析

该故障是由主板上的保险电阻熔断引起的。

(3) 处理方法

判断的方法很简单,使用万用表的电阻挡测量其通断。如果是保险电阻熔断,可使用 0.5 Ω 的电阻代替。

17. 主板与显示器不兼容

（1）故障现象

计算机配置为精英 P6ISA-II 主板（i815E 芯片组）、三星 750S 显示器，安装完驱动程序后，开机时显示器出现横纹，重新启动后显示器不显示。改用替换法依次更换了所有配件，发现当采用 P6ISA-II 主板与三星 750S 配机时，故障就会出现，而如果用此块主板与其他显示器相配，故障不会出现。

（2）故障分析

主板与显示器不兼容。

（3）处理方法

更换主板或显示器即可解决问题。

18. 主板与显卡驱动不兼容

（1）故障现象

计算机主要配置为联想 SX2EP 主板（i815EP）、UNIKA 速配 1500 显卡。装机、格式化硬盘及安装系统都一切正常。但安装完驱动程序后出现计算机关机不正常，从"开始"菜单单击"关闭计算机"后，关机画面不消失，接着计算机自动启动。如果先安装显卡驱动，则关机正常，但安装完主板驱动后，计算机关机时会自动重启。

（2）故障分析

主板与 UNIKA 速配 1500 的驱动程序不兼容。

（3）处理方法

更换主板或显卡即可排除故障。

19. 增加内存后自动重启或死机

（1）故障现象

计算机的主板是 nForce2，加了一条 256 MB 内存，与原来的内存组成了双通道模式，但随后系统变得很不稳定，会不定期自动重启或死机。

（2）故障分析

nForce2 主板对内存比较挑剔，有些内存和主板也都存在着不兼容的问题。

（3）处理方法

nForce2 主板与 Kingston 的 DDR333（Infenion 颗粒）、DDR400（Winbond 颗粒）以及三星的原装内存兼容性较好，换装此类内存即可排除故障。

二、主板的更换

如果通过对主板故障的确认，认为有不可修复的故障，就可以考虑更换主板。

1. 主板的选择

主板的选择原则是选用原型号主板，条件许可时可以选择新型号主板，但应能保证与原主板的 CPU、内存兼容。

2. 主板的拆卸和安装

按照前面章节中的方法拆卸和安装主板，在此不再叙述。

3. 操作系统的处理

更换同型号主板后可直接启动计算机运行。若更换了不同型号的主板，由于系统的硬件发生了变化，一般情况下操作系统不能启动，必须重新安装操作系统。

还有一种方法可以在更换了主板以后不用重新安装操作系统，前提条件是旧主板仍可以启动，如果旧主板损坏不能启动，此方法不可用。现以 Windows XP 为例，其操作步骤如下。

步骤 1：使用 Ghost 制作一个 Windows XP 所在硬盘分区的镜像备份，以防万一出错，也可以恢复到以前的正常状态。

步骤 2：将除显示卡以外的所有 PCI 插卡全部拔掉。

步骤 3：在 Windows XP 的"开始"→"设置"→"控制面板"→"添加/删除程序"中，将所有硬盘加速程序全部删除，包括 Intel 芯片组的 IAA 加速程序和 VIA 芯片组的 IDE Tool。

步骤 4：在"控制面板"中将主板芯片组的驱动程序卸载，但千万不要重新启动计算机。

步骤 5：进入"控制面板"→"系统"→"硬件"→"设备管理器"，单击"IDE ATA/ATAPI 控制器"项目，它下面的第一个子项就是主板芯片组，如图 6—9 所示。

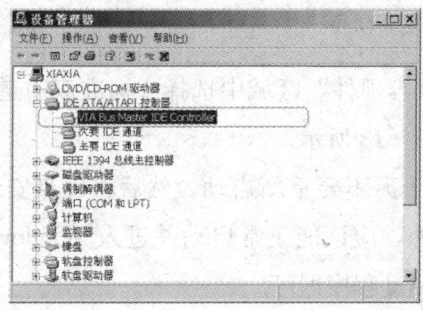

图 6—9　设备管理器 IDE ATA/ATAPI 控制器

步骤6：双击该主板芯片组名称，在随后出现的属性对话框的"驱动程序"页面中，单击"更新驱动程序"按钮，如图6—10所示。

图6—10 驱动程序

步骤7：进入"硬件更新向导"对话框后，选择"从列表或指定位置安装"，单击"下一步"按钮，如图6—11所示。

步骤8：随后选择"不要搜索。我要自己选择要安装的驱动程序"，再单击"下一步"按钮，如图6—12所示。

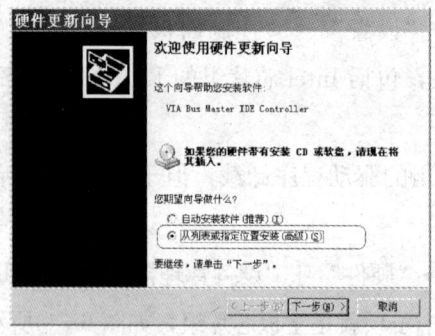

图6—11 硬件更新向导

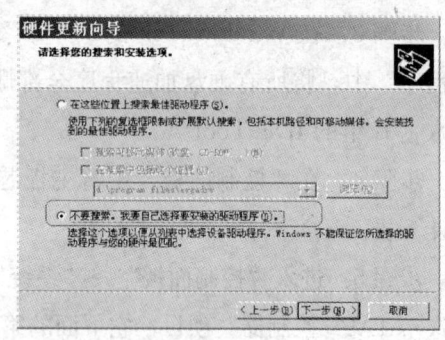

图6—12 搜索和安装选项

步骤9：在"显示兼容硬件"区域中选择"标准双通道PCI IDE控制器"，按照指示完成安装，如图6—13所示。

步骤10：关机，但千万不要重新启动。然后将硬盘安装到新的主板上，插上显示卡后开机。如无意外，应该能正常启动并进入Windows XP。进入系统之后，再安装新主板芯片组的驱动程序即可。

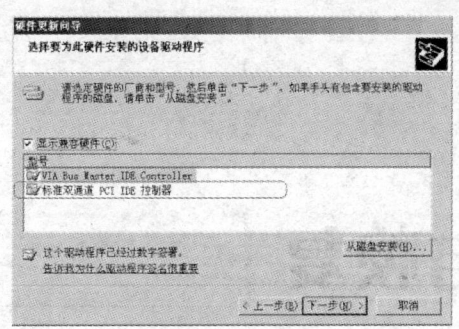

图 6—13 安装设备驱动程序

本章练习题

1. 列举常见的光驱故障现象及维修方法。
2. 如何调整和维护激光头？
3. 如何确认打印机故障类型？
4. 常见的打印机故障应如何维修？
5. 如何确定 USB 存储设备的故障？
6. 常见的 USB 存储设备的故障应如何维修？
7. 如何确定扫描仪的故障类型？
8. 如何维修扫描仪？
9. 如何确定主板的损坏程度？
10. 如何维修主板？

第7章 数据备份与恢复

通过本章的学习,应了解数据库数据分离、附加、备份及恢复的相关概念,掌握数据库的分离和附加的方法,掌握数据库数据复制和恢复的方法。

7.1 数据的存储与处理

7.1.1 数据备份的必要性

 学习目标

➢ 了解数据备份的概念
➢ 了解数据备份的必要性

在当今信息化时代,数据已经成为企业最重要的财富,数据、信息和信息系统的安全是企业命运攸关的大事。要把数据备份提到战略高度来考虑,充分认识到数据备份的必要性和重要性。

一、数据备份的概念

数据备份是指为防止系统出现操作失误或系统故障导致数据丢失,而将全系统或部分数据集合从应用主机的硬盘或阵列复制到其他存储介质的过程。

二、数据备份的必要性

1. 企业数据、信息面临着越来越大的危险

（1）计算机硬件故障

随着企业信息化程度的提高，企业对 IT 系统的依赖性越来越大，企业的关键数据甚至核心商业机密资料，都会保存在计算机系统里。一旦计算机硬件出现某种故障，这些宝贵的信息有可能损失殆尽，且无法挽回，造成企业的重大损失。

（2）软件故障

软件设计上的失误或用户使用不当可能会引起数据破坏。

（3）网络安全威胁

企业的 IT 系统基本上都已经（或就要）网络化，因此，网络病毒、黑客入侵等对信息的威胁与日俱增，轻则信息被破坏，无法使用；重则信息被盗、流失，会给企业造成不可挽回的损失，甚至使企业面临灭顶之灾。

（4）误操作

用户（包括管理人员）的误操作，会造成系统数据的致命破坏。

（5）自然灾害

地震、洪水、火灾等自然灾害会毁坏计算机系统及其数据。

2. 数据备份可以解决其中的大部分问题

对于软硬件故障问题，由于数据进行了备份，这些信息可以迅速恢复，避免重大损失。

若系统遭到黑客或病毒的袭击，在把危险因素排除之后，系统还可以用备份数据进行恢复。

现在，IT 系统的信息安全问题已经越来越引起重视，人们可以采用防火墙、入侵检测、物理隔离等手段进行防范，取得了明显的效果。但是基于安全成本和因此造成的系统性能下降等原因，一般的 IT 系统的安全防范措施还是有限的。使用数据备份的方法，可以作为安全防范的最后一道屏障。

对于误操作造成的系统问题，因为重要数据都已经进行了备份，所以一般的误操作造成的系统问题，也可以用备份恢复的办法将系统恢复如初。

三、数据备份的可行性

用户对数据备份的共同要求包括功能适用、性能稳定、简单易用、服务支持、价格合适等。

近些年，在存储产品（如硬盘、磁带、光盘）和软件解决方案方面，都有长足的进展，性能得到很大提高，同时其性价比越来越高。企业在建立备份设施时，有了更多的选择余地。

数据备份的大部分工作是进行全自动备份，然后利用在线索引进行自动快速恢复，因而对操作、管理人员的技术水平要求不是太高。

7.1.2　数据备份的常用方法

 学习目标

➢掌握数据备份的常用方法
➢了解数据备份常用方法的特点

一、全量备份

全量备份是拷贝整个磁盘卷的内容。换句话说，全量备份就是备份一个系统的C：驱动器或D：驱动器，如此等等。术语"全量备份"可以适用于服务器，包括所有分配的逻辑卷，它也适用于卷对卷的备份。执行全备份的主要原因是提供更方便的磁盘卷恢复。使用在单一磁带或一组磁带上的整个卷内容，恢复将是十分简单和容易理解的过程。

二、增量备份

增量备份是备份自从上次备份操作以来新产生或更新的数据。增量备份的主要优点是所要求的备份时间最短。当使用增量备份时，恢复过程需要使用全量备份中的数据，所有的增量备份都是在最近一次全量备份以后执行的。这并不意味着，增量备份和全量备份需要使用不同的磁带。事实上，根据容量和离线（off-site）存储需求，每天备份既可以使用同一磁带，也可以使用不同的磁带。

三、差量备份

差量备份是拷贝所有新产生的或更新的数据，这些数据都是上一次完全备份后产生或更新的。例如，假如全量备份是在周末进行的，那么，在星期一工作日结束时，差量备份与增量备份是一样的；但在星期二，差量备份将包含所有星期一和星期二的增量数据；到了星期四，差量备份将包括从星期一到星期四的所有增量数据。差量备份的主要目的是限制完全恢复的磁带数量。

备份介质可以用硬盘（磁盘阵列）、光盘（光盘库）、磁带（磁带库）等多种，而且在进行备份时，还可以使用数据压缩的办法减少信息占用的存储空间，进一步降低存储成本。

7.2 分离和附加数据库

7.2.1 分离和附加数据库的概念

 学习目标

➢ 了解分离数据库的概念
➢ 了解附加数据库的概念

一、分离数据库

SQL Server 2000 允许分离数据库的数据和事务日志文件。分离数据库将从 SQL Server 删除数据库，但是组成该数据库的数据文件和事务日志文件完好无损。分离的数据库文件与一般的磁盘文件一样可以进行复制。

二、附加数据库

可以将分离的数据库附加到任何 SQL Server 实例上，包括从中分离该数据库的服务器。这时数据库的使用状态与它分离时的状态完全相同。

附加数据库主要用于在不同的数据库服务器之间转移数据库。在 SQL Server 2000 中，与一个数据库相对应的数据文件和日志文件都是 Windows 系统中的一般磁盘文件，用标准的方法直接进行文件复制后，再"附加"到另一台 SQL Server 2000 服务器中，就能够达到复制和恢复数据库的目的。

利用分离和附加数据库也可以实现数据库的备份和还原，但它们的概念是不同的。

三、注意事项

1. 复制文件

复制数据库相对应的数据文件和日志文件前,除了使用分离数据库的方法外,还可以选择下列操作之一:

(1)停止服务管理器,然后再复制。

(2)使数据库脱机,然后再复制。

2. 附加数据库

附加数据库时,必须指定主数据文件的名称和物理位置,还必须指出其他任何已改变位置的文件,否则不能成功附加数据库。

7.2.2 分离和附加数据库的方法

 学习目标

➢掌握使用 SQL 语句分离和附加数据库的方法
➢掌握使用 SQL-EM 分离和附加数据库的方法

一、分离数据库

1. 使用 SQL 语句

分离数据库可以通过执行系统存储过程 sp_detach_db 实现。其基本语法格式为:

sp_detach_db '<数据库名>'

[例 7—1] 对数据库 student 进行分离操作。

步骤 1:启动"SQL 查询分析器",输入 SQL 语句,如图 7—1 所示。

步骤 2:单击"执行查询"按钮。

2. 使用 SQL-EM

步骤 1:启动 SQL-EM,指向左侧"数据库"节点,选择 student 数据库,单击右键,打开快捷菜单,选择"所有任务"→"分离数据库"命令,打开"分离数据库"对话框,如图 7—2 所示。

步骤 2:在"分离数据库"对话框中,若"数据库状态"中显示"状态:数据库已就绪,可以分离",或在"分离选项"中选中"在分离前更新统计信息",则可

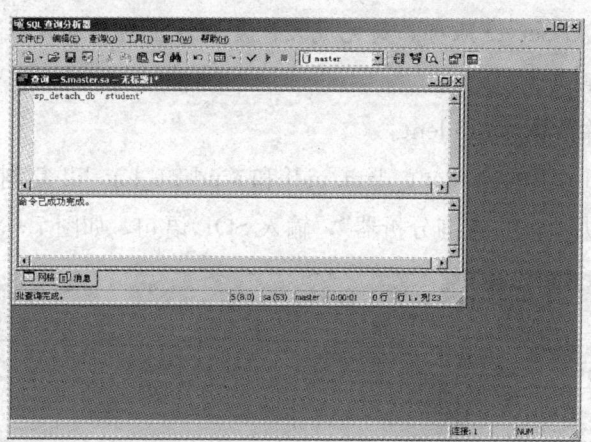

图 7—1　分离数据库 student

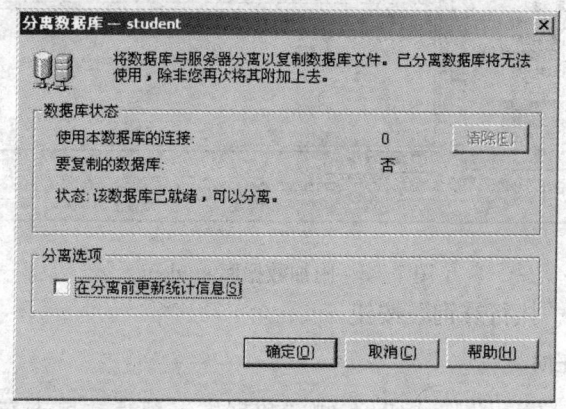

图 7—2　"分离数据库"对话框

成功分离数据库。

步骤 3：若要终止任何现有的数据库连接，可单击"清除"按钮。

步骤 4：单击"确定"按钮，完成数据库分离。

二、附加数据库

1. 使用 SQL 语句

附加数据库可以通过执行系统存储过程 sp_attach_db 实现。其基本语法格式为：
sp_attach_db '＜数据库名＞','＜数据文件名＞','＜事务日志文件名＞'

［例 7—2］　对数据库 student 进行附加操作。

步骤 1：打开"我的电脑"，将 d:\example\student_data.mdf 和 d:\example\student_log.ldf 复制到 d:\。

■提示：如果系统提示源文件正在使用无法复制，可以先在 SQL Server 服务管理器中停止 SQL Server 服务，待完成文件复制后重新启动该服务；也可以先分离数据库，然后再复制。

步骤2：删除数据库 student。

步骤3：将 d:\ 下的 student_data.mdf 和 student_log.ldf 复制到 d:\example。

步骤4：启动"SQL 查询分析器"，输入 SQL 语句，如图7—3所示。

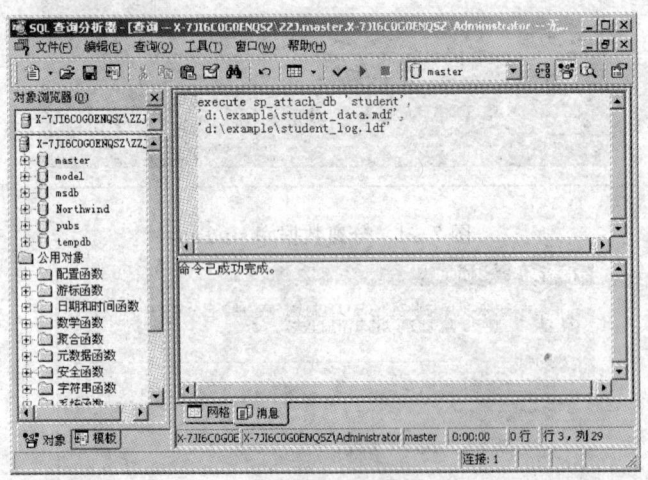

图7—3 附加数据库 student

步骤5：单击"执行查询"按钮。

2. 使用 SQL-EM

步骤1：启动 SQL-EM，指向左侧"数据库"节点，单击右键，打开快捷菜单，选择"所有任务"→"附加数据库"命令，打开"附加数据库"对话框，如图7—4所示。

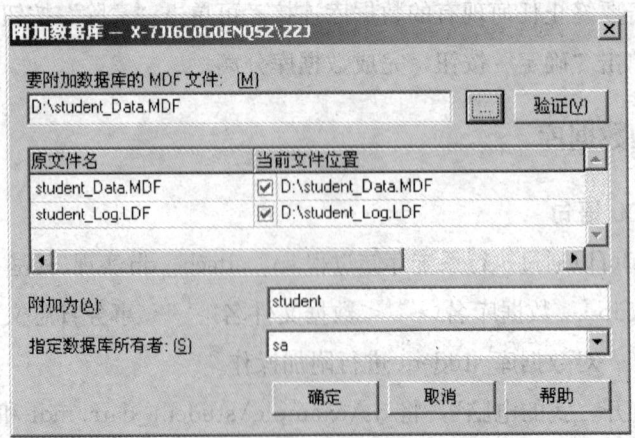

图7—4 "附加数据库"对话框

步骤 2：在"要附加数据库的 MDF 文件"输入框中指定要附加的主数据文件。如果不能确定文件位于何处，单击浏览按钮（"…"）搜索。

步骤 3：若要确保指定的 MDF 文件正确，可单击"验证"按钮。"原文件名"栏中列出了数据库中的所有文件（数据文件和日志文件）。

步骤 4：在"附加为"输入框中输入数据库的名称 student。

步骤 5：单击"确定"按钮，完成数据库附加。

7.3 数据库备份和恢复

7.3.1 数据库备份和恢复的概念

 **学习目标**

➢了解数据库备份、还原的概念

为了保证数据的安全性，必须定期进行数据库的备份，当数据库损坏或系统崩溃时可以将过去制作的备份还原到数据库服务器中。

一、数据库备份的概念

数据库备份包括了数据库结构和数据的备份。同时，备份的对象不仅包括用户数据库，而且还包括系统数据库。

1. 备份设备

在进行备份前，首先必须创建备份设备。备份设备是用来存储备份内容的存储介质。在 SQL Server 2000 中，支持"disk（硬盘文件）""tape（磁带）"和"pipe（命名管道）"3 种类型的备份介质。其中，硬盘文件是最常用的备份介质。备份设备在硬盘中是以文件形式存在的。

2. 备份类型

在 SQL Server 2000 中，备份类型主要包括以下几种：

（1）完全备份

对数据库整体的备份。

(2) 差异备份

对数据库自前一个完全备份后改动的部分的备份。

(3) 事务日志备份

对数据库事务日志的备份。利用事务日志备份可以将数据库还原到任意时刻。

(4) 文件或文件组备份

对组成数据库的数据文件的备份。

二、数据库还原的概念

数据库的还原是指将数据库的备份加载到系统中。还原是与备份相对应的操作。备份是还原的基础，没有备份就无法还原。一般来说，因为备份是在系统正常的情况下执行的操作，而还原是在系统非正常的情况下执行的操作，所以还原相对要比备份复杂。

在 SQL Server 2000 中，有简单还原（Simple Recovery）、完全还原（Full Recovery）和大容量日志记录还原（Bulk-logged Recovery）3 种数据库还原模型。

1. 简单还原

简单还原是指在进行数据库还原时仅使用数据库备份或差异备份，而不涉及事务日志备份。简单还原模型可使数据库还原到上一次备份的状态，但由于不使用事务日志备份来进行还原，所以无法将数据库还原到失败点状态。简单还原模型通常使用的备份策略是首先进行数据库备份，然后进行差异备份。

2. 完全还原

完全还原模型是指通过使用数据库备份和事务日志备份将数据库还原到发生失败的时刻，几乎不造成任何数据丢失，是还原数据库的最佳方法。为了保证数据库的这种还原能力，所有对数据的操作都被写入事务日志文件。

3. 大容量日志记录还原

大容量日志记录还原在性能上要优于简单还原和完全还原，能尽量减少批操作所需要的存储空间。这些批操作主要是查询语句 SELECT INTO、批装载操作、创建索引和针对大文本或图像的操作。大容量日志记录还原模型所采用的还原策略与完全还原所采用的还原策略基本相同。

在 SQL-EM 中，指向指定数据库节点，单击右键，选择"属性"命令，打开数据库属性对话框，单击"选项"选项卡中的"模型"下拉列表，可以查看和修改数据库还原模型，如图7—5所示。

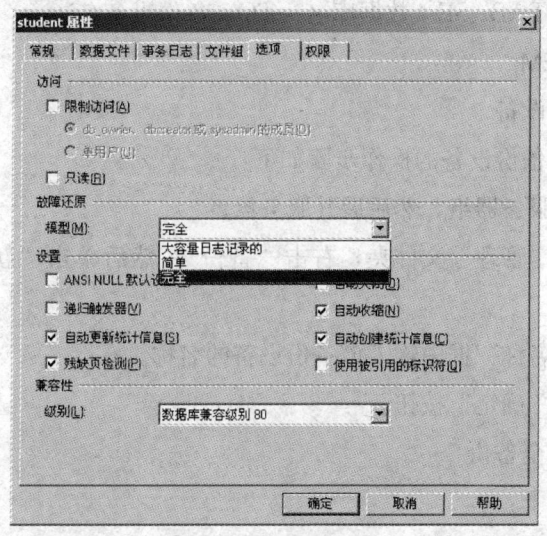

图7—5　数据库属性对话框的"选项"选项卡

7.3.2　数据库完全备份和恢复

 学习目标

➢掌握数据库完全备份的方法
➢掌握数据库完全恢复的方法

一、数据库完全备份

1. 使用 SQL 语句

（1）创建备份设备

创建备份设备可以通过执行系统存储过程 sp_addumpdevice 实现。其基本语法格式为：

sp_addumpdevice '＜设备介质＞','＜备份设备名＞','＜物理文件＞'

执行系统存储过程 sp_dropdevice 可以删除创建的备份设备。其基本语法格式为：

sp_dropdevice '＜备份设备名＞','＜物理文件＞'

（2）数据库完全备份

数据库完全备份语句的基本语法格式为：

BACKUP DATABASE<数据库名>TO<备份设备名>

2. 使用 SQL-EM

(1) 创建备份设备

创建逻辑磁盘备份设备的操作步骤如下：

步骤1：展开服务器组，然后展开服务器。

步骤2：展开"管理"文件夹，右击"备份"，然后单击"新建备份设备"命令。

步骤3：在"名称"框中输入该备份设备的名称。

步骤4：单击"确定"按钮。

(2) 数据库完全备份

其操作步骤如下：

步骤1：展开服务器组，然后展开服务器。

步骤2：展开"数据库"文件夹，右击数据库，指向"所有任务"子菜单，然后单击"备份数据库"命令。

步骤3：在"名称"框中，输入备份集名称，在"描述"框中输入对备份集的描述（可选）。

步骤4：在"备份"选项下单击"数据库—完全"。

步骤5：在"目的"选项下单击"磁带"或"磁盘"，然后指定备份目的地。

步骤6：如果没出现备份目的地，则单击"添加"按钮以添加现有的目的地或创建新目的地。

步骤7：单击"确定"按钮。

[例7—3] 制作数据库 student 的完全备份。

方法一：先创建设备，然后备份。在查询分析器中输入 SQL 语句并执行，如图7—6所示。

方法二：直接备份。在查询分析器中输入 SQL 语句并执行，如图7—7所示。

方法三：使用 SQL-EM

(1) 创建备份设备

步骤1：启动 SQL-EM，展开左侧服务器组，指定数据库服务器"管理"文件夹，单击"备份"节点，如图7—8所示。

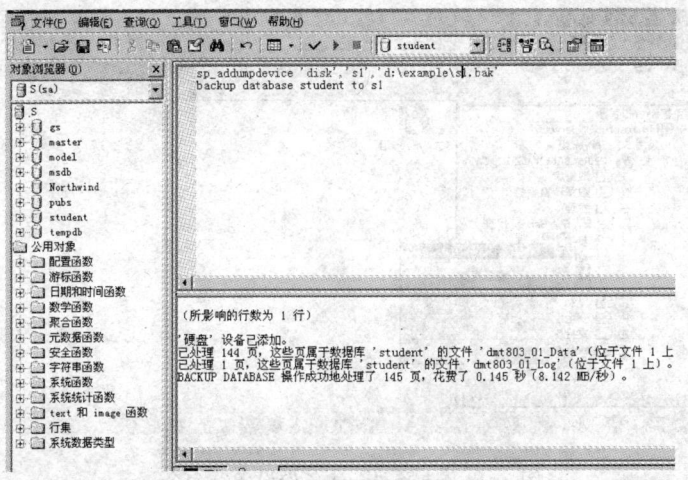

图 7—6　备份数据库 student

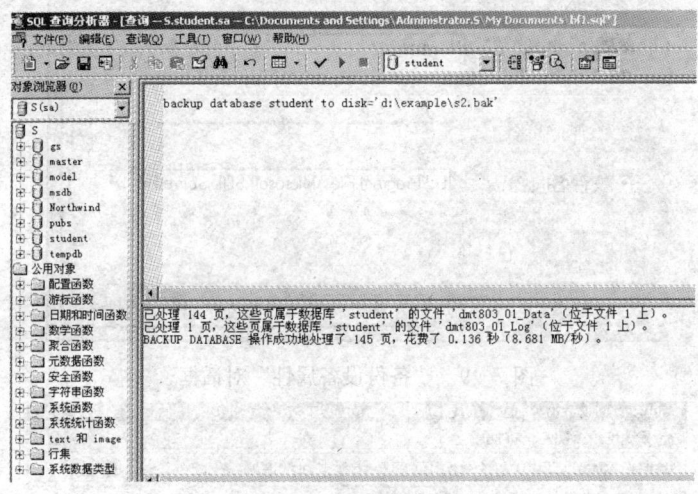

图 7—7　备份数据库 student

步骤 2：指向左侧"备份"节点，单击右键，打开快捷菜单，选择"新建备份设备"命令，打开"备份设备属性"对话框，如图 7—9 所示。

步骤 3：在"名称"框中输入备份设备名，在"文件名"框指定备份设备名所对应的物理文件名。单击"确定"按钮，完成创建备份设备。如果在 SQL-EM 中单击"备份"节点，可以查看备份设备，如图 7—10 所示。

（2）备份数据库

步骤 1：启动 SQL-EM，在左侧要备份的数据库节点上单击右键，打开快捷菜单，选择"所有任务"→"备份数据库"命令，打开"SQL Server 备份"对话框，

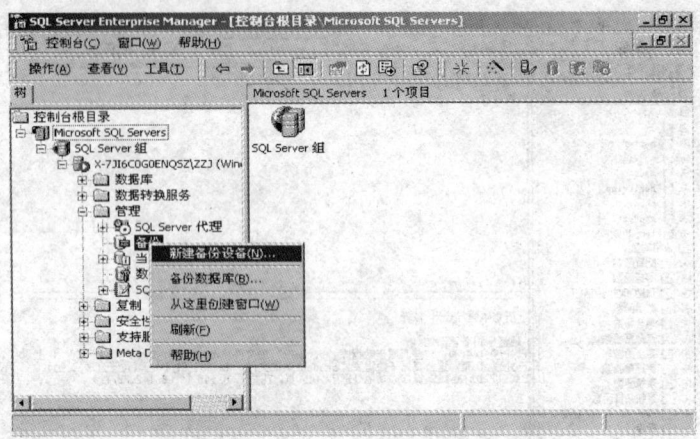

图 7—8 选择"新建备份设备"命令

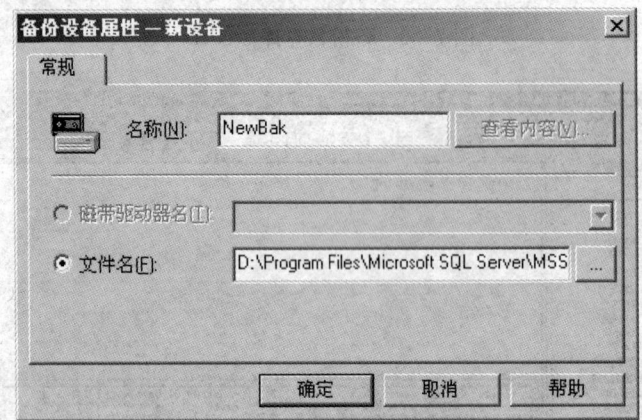

图 7—9 "备份设备属性"对话框

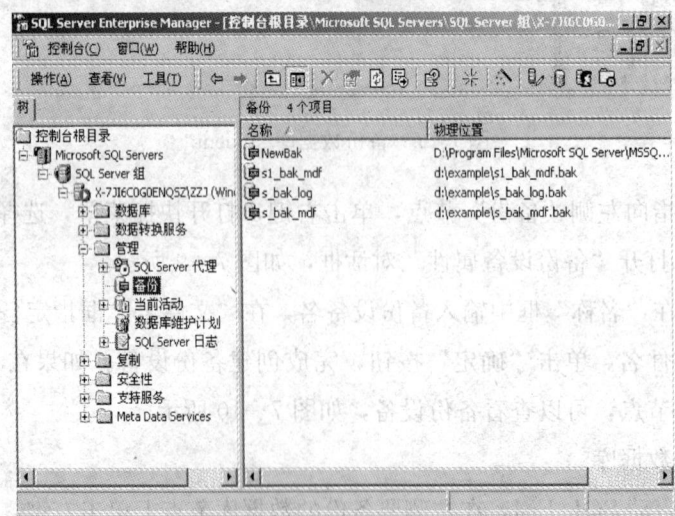

图 7—10 "查看备份设备"窗口

如图 7—11 所示。

步骤 2：设置备份类型为"数据库—完全"。单击"添加"按钮，打开"选择备份目的"对话框，如图 7—12 所示。

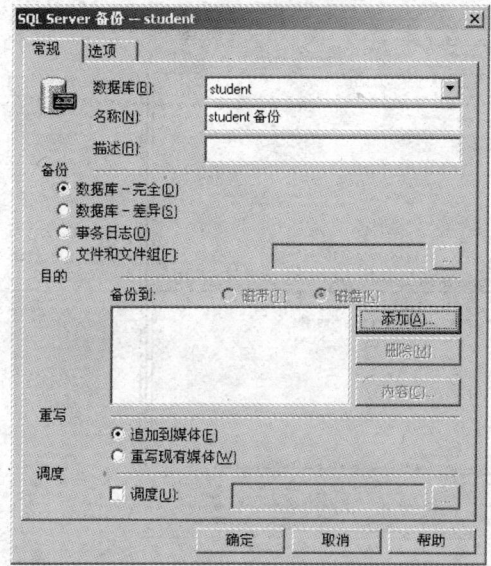
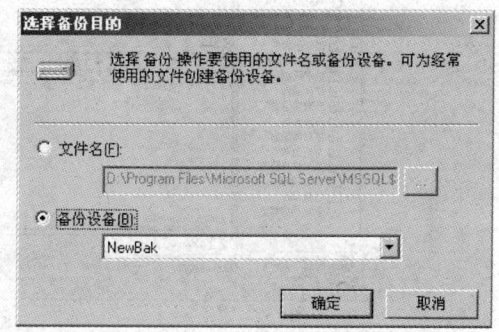

图 7—11　"SQL Server 备份"对话框　　　7—12　"选择备份目的"对话框

步骤 3：可以在"文件名"输入框中指定备份的物理文件名，也可以在"备份设备"输入框中指定备份的备份设备名。单击"确定"按钮，返回"SQL Server 备份"对话框。

步骤 4：设置备份的各项参数，单击"确定"按钮，完成备份。

二、数据库完全恢复

1. 使用 SQL 语句

基本语法格式为：

RESTORE DATABASE＜数据库名＞FROM＜备份设备名＞

2. 使用 SQL-EM

步骤 1：启动 SQL-EM，在左侧要还原的"数据库"节点上单击右键，打开快捷菜单，选择"所有任务"→"还原数据库"命令，打开"还原数据库"对话框。

步骤 2：单击选中"还原"单选框中的"从设备"选项。

步骤 3：选择或添加设备。

步骤 4：单击"还原备份集"，选择"数据库—完全"。

步骤5：单击"确定"按钮，完成还原。

[例7—4]　用例7—3制作的数据库 student 的备份还原数据库 student。

方法一：在查询分析器中输入 SQL 语句并执行，如图7—13所示。

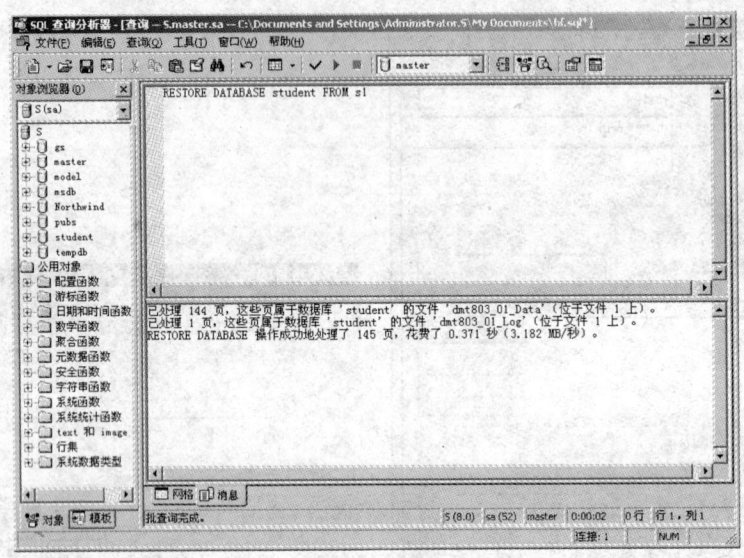

图7—13　还原数据库 student

方法二：使用 SQL-EM

步骤1：启动 SQL-EM，在左侧要备份的"数据库"节点上单击右键，打开快捷菜单，选择"所有任务"→"还原数据库"命令，打开"还原数据库"对话框，如图7—14所示。

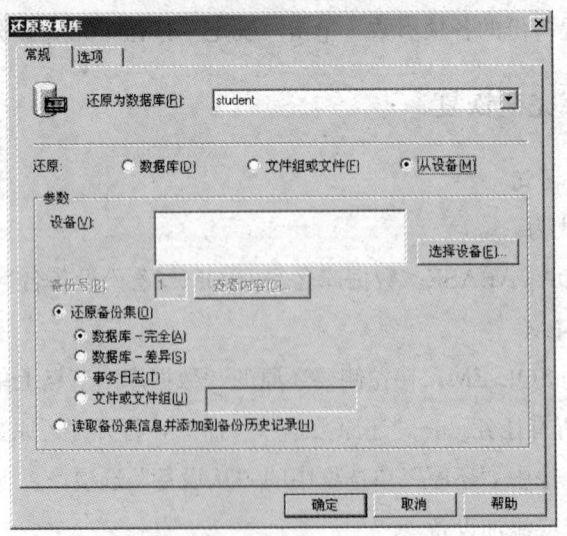

图7—14　"还原数据库"对话框

步骤 2：在"还原为数据库"编辑框中输入 student。

步骤 3：单击选中"还原"单选框中的"从设备"选项。

步骤 4：选择或添加设备，如图 7—15 所示。

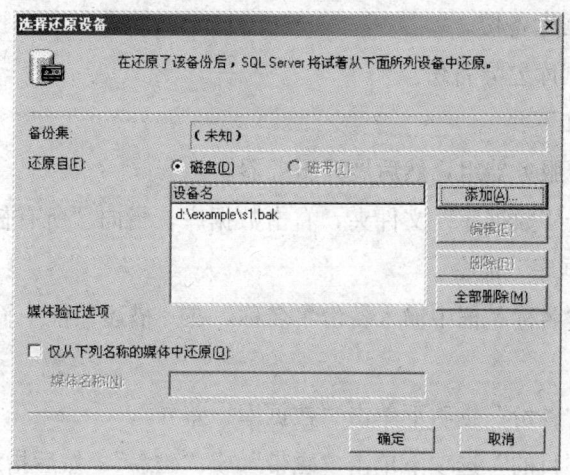

图 7—15　"选择还原设备"对话框

步骤 5：单击"还原备份集"，选择"数据库—完全"。

步骤 6：单击"确定"按钮，完成还原。

7.3.3　数据库差异备份和恢复

 学习目标

➢掌握数据库差异备份的方法

➢掌握数据库差异恢复的方法

一、数据库差异备份

要创建差异数据库备份，首先要创建数据库备份，然后才能创建数据库差异备份。

1. 使用 SQL 语句

（1）创建数据库备份。

（2）创建数据库差异备份。

数据库差异备份语句的基本语法格式为：

BACKUP DATABASE<数据库名>TO<备份设备名>WITH DIFFERENTIAL

2. 使用 SQL-EM

(1) 创建数据库备份。

(2) 创建数据库差异备份。

其操作步骤如下：

步骤1：展开服务器组，然后展开服务器。

步骤2：展开"数据库"文件夹，右击数据库，指向"所有任务"子菜单，然后单击"备份数据库"命令。

步骤3：在"名称"框中输入备份集名称，在"描述"框中输入对备份集的描述（可选）。

步骤4：在"备份"选项下单击"数据库—差异"。

步骤5：在"目的"选项下单击"磁带"或"磁盘"，然后指定备份目的地。

步骤6：如果没出现备份目的地，则单击"添加"按钮以添加现有的目的地或创建新目的地。

步骤7：单击"确定"按钮。

[例7—5] 制作数据库 student 的差异备份。

方法一：在查询分析器中输入 SQL 语句并执行，如图 7—16 所示。

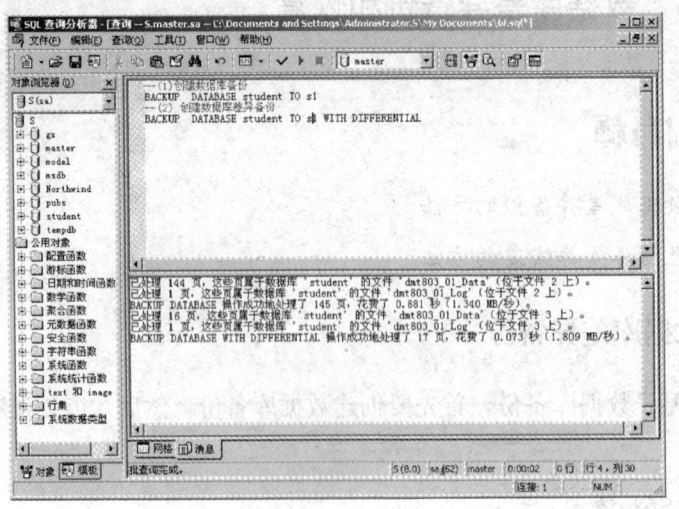

图 7—16 进行数据库差异备份

方法二：使用 SQL-EM

其操作步骤如下：

步骤1：展开服务器组，然后展开服务器。

步骤2：展开"数据库"文件夹，右击数据库，指向"所有任务"子菜单，然后单击"备份数据库"命令。打开"SQL Server 备份"对话框，如图7—17所示。

步骤3：在"名称"框中输入备份集名称。在"描述"框中输入对备份集的描述。

步骤4：在"备份"选项下单击"数据库—差异"。

步骤5：在"目的"选项下单击"磁盘"，然后指定备份目的地。

步骤6：如果没出现备份目的地，则单击"添加"按钮以添加现有的目的地或创建新目的地。

步骤7：单击"确定"按钮。

步骤8：单击"内容"按钮，打开"查看备份媒体内容"对话框，如图7—18所示。

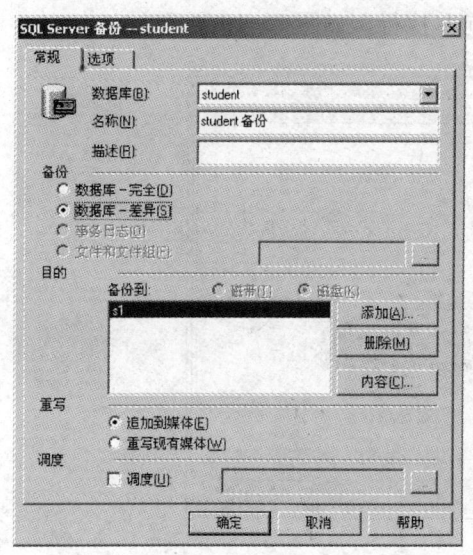
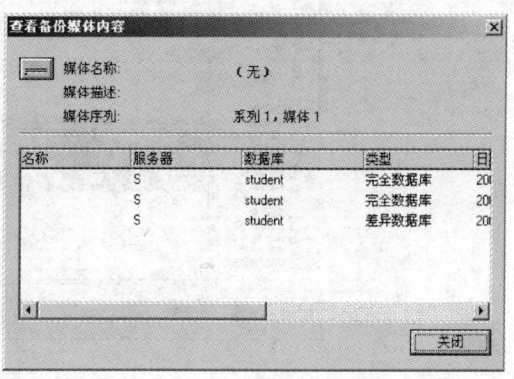

图7—17 数据库差异备份对话框　　图7—18 "查看备份媒体内容"对话框

二、数据库差异恢复

要恢复差异数据库备份，首先要恢复数据库备份，然后才能恢复差异数据库备份。

1. 使用SQL语句

（1）恢复数据库备份。

（2）恢复数据库差异备份。

基本语法格式为：

RESTORE DATABASE＜数据库名＞FROM＜备份设备名＞WITH NORE-COVERY

2. 使用 SQL-EM

步骤 1：恢复数据库备份。

步骤 2：启动 SQL-EM，在左侧要还原的"数据库"节点上单击右键，打开快捷菜单，选择"所有任务"→"还原数据库"命令，打开"还原数据库"对话框。

步骤 3：单击选中"还原"单选框中的"从设备"选项。

步骤 4：选择或添加设备。

步骤 5：单击"还原备份集"，选择"数据库—差异"。

步骤 6：单击"确定"按钮，完成还原。

[例 7—6] 用实例 7—5 制作的数据库 student 的备份还原数据库 student。

方法一：在查询分析器中输入 SQL 语句并执行，如图 7—19 所示。

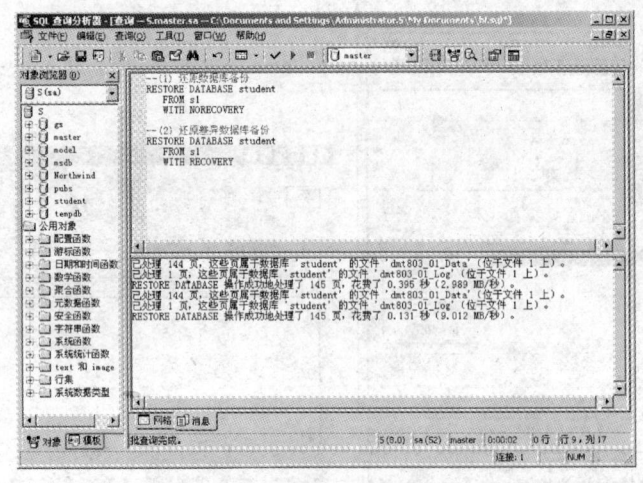

图 7—19 还原数据库 student

方法二：使用 SQL-EM

步骤 1：启动 SQL-EM，指向左侧窗口要备份的"数据库"节点，单击右键，打开快捷菜单，选择"所有任务"→"还原数据库"命令，打开"还原数据库"对话框，如图 7—20 所示。

步骤 2：单击选中"还原"单选框中的"从设备"选项，添加设备"s1"。

步骤 3：单击"查看内容"按钮，选择备份号"2"。

步骤 4：单击"还原备份集"，选择"数据库—完全"。

步骤 5：单击"选项"选项卡，如图 7—21 所示。

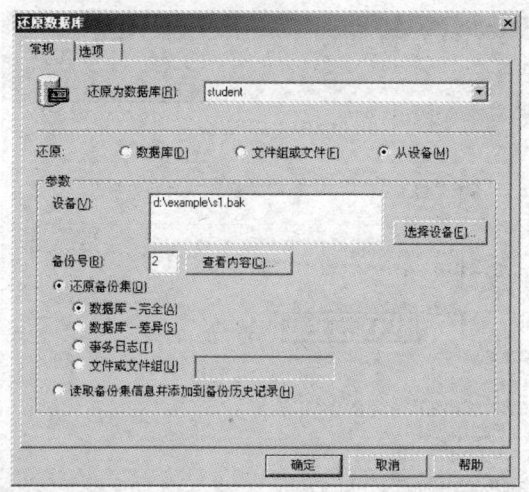

图 7—20　还原数据库 student 备份

步骤 6：在"恢复完成状态"单选框中单击选中"使数据库不再运行，但能还原其他事务日志"选项。

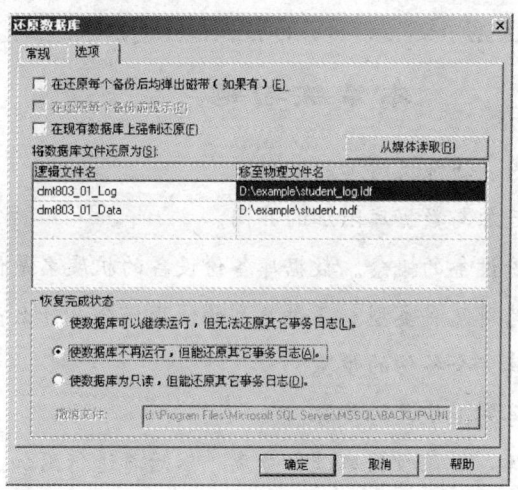

图 7—21　还原数据库 student 备份

步骤 7：单击"确定"按钮，完成数据库还原。
步骤 8：再次打开"还原数据库"对话框。添加设备"s1"
步骤 9：单击"查看内容"按钮，选择备份号"3"，如图 7—22 所示。
步骤 10：单击"还原备份集"，选择"数据库—差异"。
步骤 11：单击"确定"按钮，完成差异数据库还原。

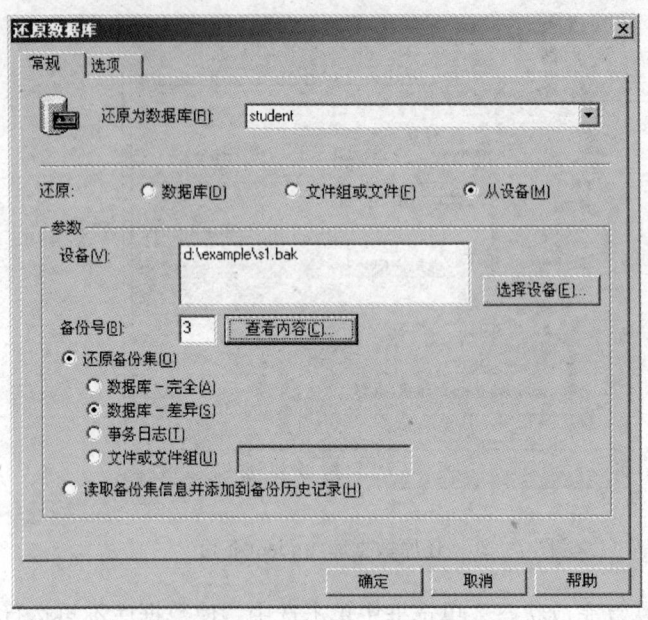

图 7—22 还原数据库 student 备份

本章练习题

1. 简述数据库备份、还原及附加的概念。
2. 试比较数据库还原与数据库附加的异同。
3. 简述数据库备份设备的概念。数据库备份设备的扩展名是什么？
4. 数据库备份分为哪几种类型？各种类型的使用场合是什么？
5. 简述进行数据库完全备份的步骤。
6. 简述进行数据库完全恢复的步骤。
7. 创建一个数据库，对该数据库进行分离，然后再进行附加。
8. 创建一个数据库，对该数据库进行完全备份，然后再删除该数据库，对该数据库进行完全恢复。

附录

POST 代码表

一、Award BIOS

01	处理器测试1,处理器状态核实,如果测试失败,循环是无限的
02	确定诊断的类型(正常或者制造)。如果键盘缓冲器含有数据就会失效
03	清除8042键盘控制器,发出TEST-KBRD命令(AAH)
04	使8042键盘控制器复位,核实TEST-KBRD
05	如果不断重复制造测试1至测试5,可获得8042控状态
06	使电路片作初始准备,停用视频、奇偶性、DMA电路片,以及清除DMA电路片,所有页面寄存器和CMOS停机字节
07	处理器测试2,核实CPU寄存器的工作
08	使CMOS计时器作初始准备,正常地更新计时器的循环
09	EPROM检查总和且必须等于零才通过
0A	使视频接口作初始准备
0B	测试8254通道0
0C	测试8054通道1
0D	1. 检查CPU速度是否与系统时钟相匹配。2. 检查控制芯片已编程值是否符合初设置。3. 视频通道测试,如果失败,则鸣扬声器
0E	测试CMOS停机字节
0F	测试扩展的CMOS
10	测试DMA通道0
11	测试DMA通道1
12	测试DMA页面寄存器
13	测试8471键盘控制器接口
14	测试存储器更新触发电路
15	测试开头64 KB的系统存储器
16	建立8259所用的中断矢量表
17	调准视频输入/输出工作,若装有视频BIOS则启用
18	测试视频存储器,如果安装选用的视频BIOS通过,则可绕过
19	测试第1通道的中断控制器(8259)屏蔽位

续表

1A	测试第 2 通道的中断控制器（8259）屏蔽位	
1B	测试 CMOS 电池电平	
1C	测试 COMS 检查总和	
1D	调定 COMS 的配置	
1E	测定系统存储器的大小，并且把客观存在和 COMS 值比较	
1F	测试 64 KB 存储器至最高 640 KB	
20	测量固定的 8259 中断位	
21	维持不可屏蔽中断（NMI）位（奇偶性或输入/输出通道的检查）	
22	测试 8259 的中断功能	
23	测试保护方式 8086 虚似方式和 8186 页面方式	
24	测定 1 MB 以上的扩展存储器	
25	测试除头一个 64 KB 之后的所有存储器	
26	测试保护方式的例外情况	
27	确定超高速缓冲存储器的控制或屏蔽 RAM	
28	确定超高速缓冲存储器的控制或者特别的 8042 键盘控制器	
2A	使键盘控制器作初始准备	
2B	使磁盘驱动器和控制器作初始准备	
2C	检查串行端口，并使之作初始准备	
2D	检查并行端口，并使之作初始准备	
2E	使磁盘驱动器和控制器作初始准备	
2F	检测数学协处理器，并使之作初始准备	
30	建立基本内存和扩展内存	
31	检测从 C800:0 至 EFFF:0 的选用 ROM，并使之作初始准备	
32	对主板上的 COM/LTP/FDD/声音设备等 I/O 芯片编程使之适合设置值	
3B	用 OPT 电路片（只是 486）使辅助超高速缓冲存储器作初始准备	
3C	建立允许进入 CMOS 设置的标志	
3D	初始化键盘/PS2 鼠标/PNP 设备及总内存节点	
3E	尝试打开 L2 高速缓存	
41	中断已打开，将初始化数据以便于 0:0 检测内存变换（中断控制器或内存不良）	
42	显示窗口进入 SETUP	
43	若是即插即用 BIOS，则串口、并口初始化	
45	初始化数学处理器	
4E	若检测到错误，在显示器上显示错误信息，并等待用户按 F1 键继续	

续表

4F	读写软、硬盘数据，进行 DOS 引导
50	将当前 BIOS 临时区内的 CMOS 值存到 CMOS 中
52	所有 ISA 只读存储器 ROM 进行初始化，最终给 PCI 分配 IRQ 号等初始化工作
53	如果不是即插即用 BIOS，则初始化串口、并口和设置时钟值
60	设置硬盘引导扇区病毒保护功能
61	显示系统配置表
62	开始用中断 19H 进行系统引导
BE	程序缺省值进入控制芯片，符合可调制二进制缺省值表
BF	测试 CMOS 建立值
C0	初始化高速缓存
C1	内存自检
C3	第一个 256 KB 内存测试
C5	从 ROM 内复制 BIOS 进行快速自检
C6	高速缓存自检
CA	检测 Micronies 超高速缓冲存储器（如果存在），并使之作初始准备
CC	关断不可屏蔽中断处理器
EE	处理器意料不到的例外情况
FF	给予 INT19 引导装入程序的控制，主板 OK

二、AMI BIOS

00	已显示系统的配置；即将控制工 INT19 引导装入
01	处理器寄存器的测试即将开始，不可屏蔽中断即将停用
02	停用不可屏蔽中断；通电延迟开始
03	通电延迟已完成
04	键盘控制器软复位/通电测试
05	已确定软复位/通电；即将启动 ROM
06	已启动 ROM 计算 ROM BIOS 检查总和，以及检查键盘缓冲器是否清除
07	ROM BIOS 检查总和正常，键盘缓冲器已清除，向键盘发出 BAT（基本保证测试）命令
08	已向键盘发出 BAT 命令，即将写入 BAT 命令
09	核实键盘的基本保证测试，接着核实键盘命令字节
0A	发出键盘命令字节代码，即将写入命令字节数据
0B	写入键盘控制器命令字节，即将发出引脚 23 和 24 的封锁/解锁命令
0C	键盘控制器引脚 23 和 24 已封锁/解锁；已发出 NOP 命令

续表

0D	已处理 NOP 命令，接着测试 CMOS 停开寄存器
0E	CMOS 停开寄存器读/写测试，将计算 CMOS 检查总和
0F	已计算 CMOS 检查总和写入诊断字节，CMOS 开始初始准备
10	CMOS 已作初始准备，CMOS 状态寄存器即将为日期和时间作初始准备
11	COMS 状态寄存器已作初始准备，即将停用 DMA 和中断控制器
12	停用 DMA 控制器 1 以及中断控制器 1 和 2，即将停用视频显示器并使端口 B 作初始准备
13	视频显示器已停用，端口 B 已作初始准备；即将开始电路片初始化/存储器自动检测
14	电路片初始化/存储器自动检测结束，8254 计时器测试即将开始
15	第 2 通道计时器测试了一半，8254 第 2 通道计时器即将完成测试
16	第 2 通道计时器测试结束，8254 第 1 通道计时器即将完成测试
17	第 1 通道计时器测试结束，8254 第 0 通道即将完成测试
18	第 0 通道计时器测试结束，即将开始更新存储器
19	已开始更新存储器，接着将完成存储器的更新
A1	正在触发存储器更新线路，即将检查 15 μs 通/断时间
B1	完成存储器更新时间 30 μs 测试；即将开始基本的 64 KB 存储器测试
20	开始基本的 64 KB 存储器测试，即将测试地址线
21	通过地址线测试，即将触发奇偶性
22	结束触发奇偶性，将开始串行数据读/写测试
23	基本的 64 KB 串行数据读/写测试正常，即将开始中断矢量初始化之前的任何调节
24	矢量初始化之前的任何调节完成，即将开始中断矢量的初始准备
25	完成中断矢量初始准备，将为旋转式断续开始读出 8042 的输入/输出端口
26	读写 8042 的输入/输出端口
27	全 1 数据初始准备结束，接着将进行中断矢量之后的任何初始准备
28	完成中断矢量之后的初始准备，即将调定单色方式
29	已调定单色方式，即将调定彩色方式
2A	已调定彩色方式，即将进行 ROM 测试前的触发奇偶性
2B	触发奇偶性结束，即将控制任选的视频 ROM 检查前所需的任何调节
2C	完成视频 ROM 控制之前的处理，即将查看任选的视频 ROM 并加以控制
2D	已完成任选的视频 ROM 控制，即将进行视频 ROM 回复控制之后任何其他处理的控制
2E	使视频 ROM 控制之后的处理复原，如果没发现 EGA/VGA 就要进行显示存储器读写测试
2F	没发现 EGA/VGA，即将开始显示存储器读/写测试
30	通过显示存储器读/写测试，即将进行扫描检查
31	显示存储器读/写测试失败，即将进行另一种显示存储器读/写测试

续表

32	通过另一种显示存储器读/写测试,即将进行另一种显示器扫描检查
33	视频显示器检查结束,将开始利用调节开关和实际插卡检验显示器的类型
34	已检验显示适配器,接着将调定显示方式
35	完成调定显示方式,即将检查 BIOS ROM 的数据区
36	已检查 BIOS ROM 数据区,即将调定通电信息的游标
37	识别通电信息的游标调定已完成,即将显示通电信息
38	完成显示通电信息,即将读出新的游标位置
39	已读出保存游标位置,即将显示引用信息串
3A	引用信息串显示结束,即将显示发现(ESC)信息
3B	已显示发现信息,虚拟方式的存储器测试即将开始
40	已开始准备虚拟方式的测试,即将从视频存储器检验
41	从视频存储器检验之后复原,即将准备描述符表
42	描述符表已准备好,即将进行虚拟方式的存储器测试
43	进入虚拟方式,即将为诊断方式实现中断
44	已实现中断(如已接通诊断开关),即将使数据作初始准备以检查存储器在 0:0 返转
45	数据已作初始准备,即将检查存储器在 0:0 返转以及找出系统存储器的规模
46	测试存储器已返回;存储器大小计算完毕,即将写入页面来测试存储器
47	即将在扩展的存储器试写页面,即将把基本 640 KB 存储器写入页面
48	已将基本存储器写入页面,即将确定 1 MB 以上的存储器
49	找出 1 MB 以下的存储器并检验,即将确定 1 MB 以上的存储器
4A	找出 1 MB 以上的存储器并检验,即将检查 BIOS ROM 的数据区
4B	BIOS ROM 数据区的检验结束,即将检查和为软复位清除 1 MB 以上的存储器
4C	清除 1 MB 以上的存储器(软复位),即将清除 1 MB 以上的存储器
4D	已清除 1 MB 以上的存储器(软复位),将保存存储器的大小
4E	开始存储器的测试(无软复位),即将显示第一个 64 KB 存储器的测试
4F	开始显示存储器的大小,正在测试存储器将使之更新;将进行串行和随机的存储器测试
50	完成 1 MB 以下的存储器测试
51	测试 1 MB 以上的存储器
52	已完成 1 MB 以上的存储器测试,即将准备回到实址方式
53	保存 CPU 寄存器和存储器的大小,将进入实址方式
54	成功地开启实址方式,即将复原准备停机时保存的寄存器
55	寄存器已复原,将停用门电路 A—20 的地址线
56	成功地停用 A—20 的地址线,即将检查 BIOS ROM 数据区

续表

57		BIOS ROM 的数据区检查了一半，继续进行
58		BIOS ROM 的数据区检查结束，将清除发现信息
59		已清除信息，信息已显示，即将开始 DMA 和中断控制器的测试
60		通过 DMA 页面寄存器的测试，即将检验视频存储器
61		视频存储器检验结束，即将进行 DMA♯1 基本寄存器的测试
62		通过 DMA♯1 基本寄存器的测试，即将进行 DMA♯2 寄存器的测试
63		通过 DMA♯2 基本寄存器的测试，即将检查 BIOS ROM 数据区
64		BIOS ROM 数据区检查了一半，继续进行
65		BIOS ROM 数据区检查结束，将把 DMA 装置 1 和 2 编程
66		DMA 装置 1 和 2 编程结束，即将使用 59 号中断控制器作初始准备
67		8259 初始准备已结束，即将开始键盘测试
80		键盘测试开始，正在清除和检查有没有键卡住，即将使键盘复原
81		找出键盘复原的错误卡住的键，即将发出键盘控制端口的测试命令
82		键盘控制器接口测试结束，即将写入命令字节和使循环缓冲器作初始准备
83		已写入命令字节，已完成全局数据的初始准备；即将检查有没有键锁住
84		已检查有没有锁住的键，即将检查存储器是否 CMOS 失配
85		已检查存储器的大小，即将显示软错误和口令或旁通安排
86		已检查口令，即将进行旁通安排的编程
87		完成安排前的编程，将进行 CMOS 安排的编程
88		从 CMOS 安排程序复原清除屏幕，即将进行后面的编程
89		完成安排后的编程，即将显示通电屏幕信息
8A		显示头一个屏幕信息
8B		显示了信息，即将屏蔽主要和视频 BIOS
8C		成功地屏蔽主要和视频 BIOS，将开始 CMOS 后的安排任选项的编程
8D		已经安排任选项编程，接着检查鼠标和进行初始准备
8E		检查了鼠标并完成初始准备，即将把硬、软磁盘复位
8F		软磁盘已检查，该磁盘将作初始准备，随后配置软磁盘
90		软磁盘配置结束，将测试硬磁盘的存在
91		硬磁盘存在测试结束，随后配置硬磁盘
92		硬磁盘配置完成，即将检查 BIOS ROM 的数据区
93		BIOS ROM 的数据区已检查一半，继续进行
94		BIOS ROM 的数据区检查完毕，即将调定基本和扩展存储器的大小
95		因应鼠标和硬磁盘 47 型支持而调节好存储器的大小，即将检验显示存储器

续表

96	检验显示存储器后复原,即将进行 C800:0 任选 ROM 控制之前的初始准备
97	C800:0 任选 ROM 控制之前的任何初始准备结束,接着进行任选 ROM 的检查及控制
98	任选 ROM 的控制完成,即将进行任选 ROM 回复控制之后所需的任何处理
99	任选 ROM 测试之后所需的任何初始准备结束,即将建立计时器的数据区或打印机基本地址
9A	调定计时器和打印基本地址后的返回操作,即将调定 RS—232 基本地址
9B	在 RS—232 基本地址之后返回,即将进行协处理器测试的初始准备
9C	协处理器测试之前所需初始准备结束,接着使协处理器作初始准备
9D	协处理器已作初始准备,即将进行协处理器测试之后的任何初始准备
9E	完成协处理器之后的初始准备,将检查扩展键盘、键盘识别符及数字锁定
9F	已检查扩展键盘,调定识别标志,数字锁接通或断开,将发出键盘识别命令
A0	发出键盘识别命令,即将使键盘识别标志复原
A1	键盘识别标志复原,接着进行高速缓冲存储器的测试
A2	高速缓冲存储器测试结束,即将显示任何软错误
A3	软错误显示完毕,即将调定键盘打击的速率
A4	调好键盘的打击速率,即将调定存储器的等待状态
A5	存储器等候状态调定完毕,接着将清除屏幕
A6	屏幕已清除,即将启动奇偶性和不可屏蔽中断
A7	已启用奇偶性和不可屏蔽中断,即将进行控制任选 ROM 在 E000:0 之前的任何初始准备
A8	控制 ROM 在 E000:0 之前的初始准备结束,接着将控制 E000:0 之所需的任何初始准备
A9	从控制 E000:0 ROM 返回,即将进行控制 E000:0 任选 ROM 之后所需的任何初始准备
AA	在 E000:0 控制任选 ROM 之后的初始准备结束,即将显示系统的配置

三、Phoenix 和 Tandy 3000 BIOS

01	CPU 寄存器测试正在进行或失灵
02	CMOS 写入/读出正在进行或失灵
03	ROM BIOS 检查部件正在进行或失灵
04	可编程间隔计时器的测试正在进行或失灵
05	DMA 初始准备正在进行或失灵
06	DMA 初始页面寄存器读/写测试正在进行或失灵
08	RAM 更新检验正在进行或失灵
09	第一个 64 KB RAM 测试正在进行
0A	第一个 64 KB RAM 芯片或数据线失灵、移位
0B	第一个 64 KB RAM 奇/偶逻辑失灵

续表

0C	第一个 64 KB RAM 的地址线故障	
0D	第一个 64 KB RAM 的奇偶性失灵	
0E	初始化输入/输出端口地址	
10	第一个 64 KB RAM 第 0 位故障	
11	第一个 64 KB RAM 第 1 位故障	
12	第一个 64 KB RAM 第 2 位故障	
13	第一个 64 KB RAM 第 3 位故障	
14	第一个 64 KB RAM 第 4 位故障	
15	第一个 64 KB RAM 第 5 位故障	
16	第一个 64 KB RAM 第 6 位故障	
17	第一个 64 KB RAM 第 7 位故障	
18	第一个 64 KB RAM 第 8 位故障	
19	第一个 64 KB RAM 第 9 位故障	
1A	第一个 64 KB RAM 第 10 位故障	
1B	第一个 64 KB RAM 第 11 位故障	
1C	第一个 64 KB RAM 第 12 位故障	
1D	第一个 64 KB RAM 第 13 位故障	
1E	第一个 64 KB RAM 第 14 位故障	
1F	第一个 64 KB RAM 第 15 位故障	
20	从属 DMA 寄存器测试正在进行或失灵	
21	主 DMA 寄存器测试正在进行或失灵	
22	主中断屏蔽寄存器测试正在进行或失灵	
23	从属中断屏蔽寄存器测试正在进行或失灵	
24	设置 ES 段地址寄存器注册表到内存高端	
25	装入中断矢量正在进行或失灵	
26	开启 A20 地址线，使之参入寻址	
27	键盘控制器测试正在进行或失灵	
28	CMOS 电源故障/检查总和计算正在进行	
29	CMOS 配置有效性的检查正在进行	
2A	置空 64 KB 基本内存	
2B	屏幕存储器测试正在进行或失灵	
2C	屏幕初始准备正在进行或失灵	
2D	屏幕回扫测试正在进行或失灵	

续表

2E	检查视频 ROM 正在进行	
30	认为屏幕是可以工作的	
31	单色监视器是可以工作的	
32	彩色监视器（40 列）是可以工作的	
33	彩色监视器（80 列）是可以工作的	
34	计时器滴答声中断测试正在进行或失灵	
35	停机检测正在进行或失灵	
36	门电路中 A—20 失灵	
37	保护方式中的意外中断	
38	RAM 测试正在进行或者地址故障＞FFFFh	
3A	间隔计时器通道 2 测试或失灵	
3B	按日计算的日历时钟测试正在进行或失灵	
3C	串行端口测试正在进行或失灵	
3D	并行端口测试正在进行或失灵	
3E	数学处理器测试正在进行或失灵	
40	调整 CPU 速度，使之与外围时钟精确匹配	
41	系统插件板选择失灵	
42	扩展 CMOS RAM 故障	
44	BIOS 中断进行初始化	
46	检查只读存储器 ROM 版本	
48	视频检查，CMOS 重新配置	
4A	进行视频的初始化	
4C	屏蔽视频 BIOS ROM	
4E	显示版权信息	
50	将 CPU 类型和速度送到屏幕	
52	进入键盘检测	
54	扫描"打击键"	
56	键盘测试结束	
58	非设置中断测试	
5A	显示按 F2 键进行设置	
5B	测试基本内存地址线	
5C	测试 640 KB 基本内存	
60	测试扩展内存	

续表

62	测试扩展内存地址线
65	Cache 注册表进行优化配置
68	使外部 Cache 和 CPU 内部 Caehe 都工作
6A	测试并显示外部 Cache 值
6C	显示被屏蔽内容
6E	显示附属配置信息
70	将检测到的错误代码送到屏幕显示
72	检测配置是否错误
74	测试实时时钟
76	扫查键盘错误
7A	锁键盘
7C	设置硬件中断矢量
7E	测试是否安装数学处理器
80	关闭可编程 I/O 设备
82	检测和安装固定 RS232 接口（串口）
84	检测和安装固定并行口
86	重新打开可编程 I/O 设备，检测和固定 I/O 是否有冲突
88	初始化 BIOS 数据区
8A	进行扩展 BIOS 数据区初始化
8C	进行软驱控制器初始化
90	进行硬盘控制器初始化
91	进行局部总线硬盘控制器初始化
92	跳转到用户路径 2
94	关闭 A20 地址线
96	"ES 段"注册表清除
98	查找 ROM 选择
9A	屏蔽 ROM 选择
9C	建立电源节能管理
9E	开放硬件中断
A0	设置时间和日期
A2	检查键盘锁
A4	进行键盘重复输入速率初始化
A8	清除 F2 键提示

续表

AA	扫描 F2 键打击
AC	进入设置
AE	清除通电自检标志
B0	检查非关键性错误
B2	通电自检完成，准备进入操作系统引导
B4	蜂鸣器响一声
B6	检测密码设置（可选）
B8	清除全部描述表
BC	清除校验检查值
BE	清除屏幕（可选）
BF	检测病毒，提示进行资料备份
C0	用中断 19 试引导
C1	查找引导扇区中的"55""AA"标记